21 世纪全国高职高专计算机案例型规划教材

网站建设与管理案例教程
(第 2 版)

主　编　徐洪祥　刘书江
副主编　李跃田　李秋敬
参　编　吴跃飞　吴英宾　赵　科
　　　　冯志祥　郑桂昌

U0305850

北京大学出版社
PEKING UNIVERSITY PRESS

内 容 简 介

本书第 1 版是山东省省级精品课程"网站建设与管理实务"的配套教材,是教育部第六届全国信息技术应用水平大赛(简称 ITAT 大赛)"移动互联网站设计"的指定参考教材,2011 年荣获教育部"2010 年高职高专计算机教指委优秀教材"荣誉称号。本书以网站建设应用实务为目的,从网站建设与管理的角度,对网站的相关法律法规、域名注册及备案、网站开发技术、网站发布、网站服务器搭建与管理、网站管理、网站的搜索引擎优化、网站运营与推广等方面进行了详细介绍。

本书通俗易懂,适合各种层次的网站建设从业人员与管理者学习,既可以作为初学者的入门教材,也可以作为网站建设与管理者的工具书。

图书在版编目(CIP)数据

网站建设与管理案例教程/徐洪祥,刘书江主编. —2 版. —北京:北京大学出版社,2013.1
(21 世纪全国高职高专计算机案例型规划教材)
ISBN 978-7-301-21776-4

Ⅰ. ①网…　Ⅱ. ①徐…②刘…　Ⅲ. ①网站—建设—高等职业教育—教材　Ⅳ. ①TP393.092

中国版本图书馆 CIP 数据核字(2012)第 301018 号

书　　　　名:	网站建设与管理案例教程(第 2 版)
著作责任者:	徐洪祥　刘书江　主编
策 划 编 辑:	刘国明　李彦红
责 任 编 辑:	刘国明
标 准 书 号:	ISBN 978-7-301-21776-4/TP·1264
出 版 发 行:	北京大学出版社
地　　　　址:	北京市海淀区成府路 205 号　100871
网　　　　址:	http://www.pup.cn　新浪官方微博:@北京大学出版社
电 子 信 箱:	pup_6@163.com
电　　　　话:	邮购部 62752015　发行部 62750672　编辑部 62750667　出版部 62754962
印 刷 者:	北京京华虎彩印刷有限公司
经 销 者:	新华书店
	787 毫米×1092 毫米　16 开本　16 印张　372 千字
	2010 年 5 月第 1 版
	2013 年 1 月第 2 版　2015 年 3 月第 5 次印刷(总第 7 次印刷)
定　　　　价:	31.00 元

前　　言

作为网络世界支撑点的网站，已经逐步渗透到人类社会的各行各业。例如，政府利用网站宣传自己的施政纲领；企业利用网站宣传自己的形象，创造无限商机；个人利用网站展示个性风采，搭建彼此沟通的桥梁；等等。与此同时，网站管理员也成为当今社会重要的工作岗位之一。

本书从网站建设的实际工作流程入手，对网站建站的基础、需求分析、网站的建设再到网站的管理与推广，都通过案例进行了逐一讲解。一个网站的建设过程并不是单纯的技术上的实现，还包括网站的相关法律法规、域名的选择与购买、空间的选择、网站的备案、网站的推广及优化等诸多问题。其中任何一个环节出了问题，该网站都不能正常运行。本书侧重从管理的角度对网站建设的各个环节及其应注意的问题进行详尽而又清晰的表达，并没有侧重网站开发技术。

本书第 1 版自 2010 年出版后，得到了使用者的广泛好评和中肯的建议，一些学校的教师和读者提出了不少好的建议。本次我们根据收集到的反馈意见，对教材做了部分修订。

本书再版坚持第 1 版的指导思想，面向全国高职高专院校，满足高职高专学生掌握应用网站管理的需要。与第 1 版相比，本书对"域名的备案"部分进行了重写，根据最新的备案方法，将新的备案步骤直接加入书中，紧跟信息技术的新应用和新技术，更有利于教学和学生练习使用。本次修订，对第 5 章网站服务器搭建与管理作了补充，加入了文件属性设置的内容，便于读者更好地理解网站的服务器搭建。对第 7 章网站的搜索引擎优化进行了更新，加入了最新的优化知识，并对影响搜索引擎优化的各种因素进行了介绍，便于读者在学习和以后的工作中更好地掌握搜索引擎优化的知识和方法。

本书第 1 版是山东省省级精品课程"网站建设与管理实务"的配套教材（精品课程网址为 http://jsj.lcvtc.edu.cn/wzgl/index.asp），是教育部第六届全国信息技术应用水平大赛（简称 ITAT 大赛）"移动互联网站设计"指定参考教材，2011 年荣获教育部"2010 年高职高专计算机教指委优秀教材"荣誉称号。

本书共分为 8 章，建议 64 学时。第 1 章(6 学时)主要介绍了网站的开发流程及涉及的相关法律、法规，指导广大读者在法律允许的范围内从事网站建设及推广活动。第 2 章(8 学时)主要讲解域名注册及备案，介绍了域名注册及管理、网站备案的流程。第 3 章(12 学时)主要介绍了网站的开发技术，包括前台页面设计与后台编码及数据库的选择，让读者知道做一个网站需要用到哪些技术，针对不同类型的网站如何选择网站开发技术。第 4 章(8 学时)介绍了网站发布的过程，讲解了网站发布的几个常用工具及每个工具的优缺点，读者可以根据需要及空间的不同选择网站上传工具。第 5 章(8 学时)讲解了网站服务器的搭建与管理，便于网站管理员参考。第 6 章(8 学时)介绍了网站管理中的一些方法，包括网站的日志管理、数据管理、安全管理及网站的升级等。第 7 章(8 学时)介绍了网站优化技术，主要通过网站优化的原理、实现的技术向读者介绍网站优化的过程，通过网站优化的实例，让读者掌握网站优化的步骤。第8章(6学时)介绍了网站的运营与推广，主要包括网站运营的概念、网站运营方式、网站的盈利模式、网站推广方法及注意事项。

本书由聊城职业技术学院徐洪祥和军事科学院刘书江主编，在征集了教师和学生意见的基础上对本书进行了部分修订，聊城职业技术学院李跃田、李秋敬对于修订部分提出了宝贵意见，聊城职业技术学院郑桂昌、赵科、吴跃飞、吴英宾、冯志祥参与了修订。

本书在编写过程中参考并引用了国内有关书刊和网上有关部分内容，选用了部分网站的页面，在此对原作者予以感谢！

由于时间仓促，编者水平有限，书中不足和错误之处在所难免。恳请广大读者将本书使用情况及各种意见、建议及时反馈给我们，以便我们在今后的工作中不断地改进和完善。

联系方式：hongxiangxu@sohu.com

编　者

2012 年 10 月

目　　录

第1章　认识网站的建设过程.................... 1

1.1　网站的基本知识.......................... 2
  1.1.1　任务分析.......................... 2
  1.1.2　相关知识.......................... 2
1.2　网站开发流程.......................... 7
  1.2.1　任务分析.......................... 7
  1.2.2　相关知识.......................... 7
1.3　网站相关重要法律法规.................... 14
  1.3.1　任务分析.......................... 14
  1.3.2　相关知识.......................... 14
本章小结.................................. 16
习题...................................... 16
实训指导.................................. 17

第2章　域名注册及备案...................... 18

2.1　认识域名.............................. 19
  2.1.1　任务分析.......................... 19
  2.1.2　相关知识.......................... 19
2.2　域名的选择与注册...................... 22
  2.2.1　任务分析.......................... 22
  2.2.2　相关知识.......................... 22
  2.2.3　域名注册及交易实例................ 25
2.3　网站空间的申请........................ 28
  2.3.1　任务分析.......................... 28
  2.3.2　相关知识.......................... 28
  2.3.3　网站空间申请实例.................. 32
2.4　域名的备案............................ 34
  2.4.1　任务分析.......................... 34
  2.4.2　相关知识.......................... 34
  2.4.3　ICP备案流程实例.................. 35
2.5　域名解析.............................. 47
  2.5.1　任务分析.......................... 47
  2.5.2　相关知识.......................... 47
  2.5.3　域名解析及二级域名设置
      实例.............................. 49

本章小结.................................. 51
习题...................................... 52
实训指导.................................. 53

第3章　网站开发技术........................ 55

3.1　网站前台设计.......................... 56
  3.1.1　任务分析.......................... 56
  3.1.2　相关知识.......................... 56
3.2　网站后台开发.......................... 67
  3.2.1　任务分析.......................... 67
  3.2.2　相关知识.......................... 67
3.3　网站开发工具介绍...................... 73
  3.3.1　任务分析.......................... 73
  3.3.2　相关知识.......................... 74
3.4　CMS网站系统.......................... 78
  3.4.1　任务分析.......................... 78
  3.4.2　相关知识.......................... 78
3.5　网站常用特效.......................... 81
  3.5.1　任务分析.......................... 81
  3.5.2　相关知识.......................... 82
  3.5.3　网页特效相关案例.................. 82
本章小结.................................. 89
习题...................................... 89
实训指导.................................. 90

第4章　网站发布............................ 92

4.1　网站上传.............................. 93
  4.1.1　任务分析.......................... 93
  4.1.2　相关知识.......................... 93
  4.1.3　网站上传实例...................... 105
4.2　网站测试.............................. 107
  4.2.1　任务分析.......................... 107
  4.2.2　相关知识.......................... 107
  4.2.3　性能测试实例...................... 110
  4.2.4　网站安全性测试案例................ 115

本章小结 ························· 120
习题 ······························ 120
实训指导 ························· 121

第 5 章　网站服务器搭建与管理 ······ 122

5.1　网站服务器设计 ············· 123
　　5.1.1　任务分析 ············· 123
　　5.1.2　相关知识 ············· 123
　　5.1.3　服务器选购实例 ······ 130
5.2　网站服务器搭建实例 ········ 132
　　5.2.1　任务分析 ············· 132
　　5.2.2　网站服务器搭建实例 ·· 132
5.3　网站服务器管理 ············· 153
　　5.3.1　任务分析 ············· 153
　　5.3.2　相关知识 ············· 154
本章小结 ························· 159
习题 ······························ 160
实训指导 ························· 160

第 6 章　网站管理 ·············· 162

6.1　网站管理概述 ··············· 163
　　6.1.1　任务分析 ············· 163
　　6.1.2　相关知识 ············· 163
6.2　网站日常管理 ··············· 166
　　6.2.1　任务分析 ············· 166
　　6.2.2　相关知识 ············· 166
　　6.2.3　网站数据库备份与
　　　　　　恢复实例 ··········· 176
6.3　网站更新与升级 ············· 178
　　6.3.1　任务分析 ············· 178
　　6.3.2　相关知识 ············· 179
　　6.3.3　网站更新实例 ········ 180
本章小结 ························· 186
习题 ······························ 186
实训指导 ························· 187

第 7 章　网站的搜索引擎优化 ······ 188

7.1　认识 SEO ·················· 189

7.1.1　任务分析 ············· 189
7.1.2　相关知识 ············· 189
7.2　SEO 工作原理及关键技术 ·· 192
　　7.2.1　任务分析 ············· 192
　　7.2.2　相关知识 ············· 192
7.3　SEO ······················· 200
　　7.3.1　任务分析 ············· 200
　　7.3.2　相关知识 ············· 200
　　7.3.3　网站优化实例 ········ 208
7.4　影响 SEO 的几种因素 ······ 214
　　7.4.1　任务分析 ············· 214
　　7.4.2　相关知识 ············· 214
本章小结 ························· 216
习题 ······························ 216
实训指导 ························· 217

第 8 章　网站运营与推广 ········· 219

8.1　认识网站运营 ··············· 220
　　8.1.1　任务分析 ············· 220
　　8.1.2　相关知识 ············· 220
8.2　网站盈利模式 ··············· 221
　　8.2.1　任务分析 ············· 221
　　8.2.2　相关知识 ············· 221
　　8.2.3　商业网站的运营 ······ 229
8.3　认识网站推广 ··············· 231
　　8.3.1　任务分析 ············· 231
　　8.3.2　相关知识 ············· 231
8.4　常用网站推广方式 ·········· 232
　　8.4.1　任务分析 ············· 232
　　8.4.2　相关知识 ············· 232
　　8.4.3　网站推广注意事项 ···· 240
本章小结 ························· 241
习题 ······························ 242
实训指导 ························· 242

附录 ························· 244

参考文献 ····················· 248

第 1 章　认识网站的建设过程

教学任务

网站是网络设计师应用各种网络设计技术，为企事业单位和个人在全球互联网(Internet)上建立自己的站点并进行域名注册和主机托管等服务。网站的作用主要为展现公司形象，加强客户服务，完善网络业务。网站建设要突出个性，注重浏览者的综合感受，从而在众多的网站中脱颖而出。网站建设要遵守相关法律法规，并按网站开发流程进行。

该教学过程可分为如下 3 个任务。

任务1：认识网站。主要包括网站的相关概念、网站的作用、网站的分类及发展趋势等。

任务2：网站开发流程。

任务3：网站相关重要法律法规。

教学过程

本章首先对网站有个初步的认识，然后熟悉网站开发流程，并了解相关的法律法规。

教学目标	主要描述	学生自测
了解网站的基本知识	(1) 掌握网站的相关概念 (2) 了解网站的作用 (3) 了解网站的分类 (4) 了解网站的发展趋势	认识网站
掌握网站开发流程	掌握网站开发的具体流程	分析一个网站的建设流程
了解网站相关重要法律法规	(1) 了解电子公告的相关法律 (2) 了解网站新闻的相关法律 (3) 了解视听内容的相关法律 (4) 了解网站相关其他法律	在建设网站过程中能指出哪些是法律法规不允许的

1.1 网站的基本知识

1.1.1 任务分析

网站是企事业单位不可缺少的部分，它不但可以展示自身形象、发布产品信息、联系网上客户，而且还可以通过电子商务开拓新的市场，以较少的投入获得较大的收益。

1.1.2 相关知识

1. 网站的相关概念

网站(Website)：是指在互联网上，根据一定的规则，使用 HTML 等工具制作的用于展示特定内容的相关网页的集合。简单地说，网站是一种通信工具，就像布告栏一样，人们可以通过网站发布自己想要公开的资讯，或者利用网站提供相关的网络服务。人们可以通过网页浏览器访问网站，获取自己需要的资讯或者享受网络服务。世界上第一个网站由蒂姆·伯纳斯·李于 1991 年 8 月 6 日建立。

如今网络已经成为我们生活中不可或缺的一部分，互联网、局域网，甚至手机通信的GPRS，生活处处反映着网络的力量。在互联网的早期，网站只能保存单纯的文本。经过几年的发展，当 Internet 出现之后，图像、声音、动画、视频，甚至 3D 技术开始流行起来，网站也慢慢地发展成我们现在看到的图文并茂的样子。通过动态网页技术，用户也可以与其他用户或者网站管理者交流。

Web 2.0：它并没有准确的定义，而是对现象的一种描述。让用户自己主导信息的生产和传播，从而打破原来门户网站所惯用的单向传输模式。Web 2.0 相对于 Web 1.0(传统的门户网站为代表)具有更好的交互性和黏性。Web 2.0 并不是一个革命性的改变，而只是应用层面的改变。它是以 Flickr、43Things.com 等网站为代表，以 Blog、TAG、SNS、RSS、wiki等社会软件的应用为核心，依据六度分隔、XML、Ajax 等新理论和技术实现的新一代互联网模式。

博客(Blog)：是一个易于使用的网站，用户可以在其中迅速发布想法、与他人交流以及从事其他活动。Blog 通常由简短且经常更新的帖子构成，这些帖子一般是按照年份和日期倒序排列的。而 Blog 的内容，可以是纯粹的个人想法和心得，如对时事新闻、国家大事的个人看法，或者对一日三餐、服饰打扮的精心料理等，也可以是基于某一主题或在某一共同领域内由一群人集体创作的内容。图 1.1 所示为新浪网上的老徐博客。

论坛：就是大家常说的 BBS。BBS 的英文全称是 Bulletin Board System，翻译为中文就是"电子公告板"。BBS 最早是用来公布股市信息的，现在 BBS 的功能得到了扩展。通过BBS 系统可随时取得各种最新的信息，也可以通过 BBS 系统来和别人讨论计算机以及各种有趣的话题，还可以利用 BBS 系统来发布一些信息。图 1.2 所示是 CSDN 论坛。

播客：又被称为"有声博客"，是 Podcast 的中文直译。用户可以利用"播客"将自己制作的"广播节目"上传到网上与广大网友分享。如土豆网、优酷、56、6 间房等。

RSS(Really Simple Syndication，聚合内容)：是站点用来和其他站点之间共享内容的一种简易方式(也称聚合内容)的技术。如果把一个网站的信息发布成 RSS 格式的文件，其他人就可以通过这个文件查看网站上发布的信息。一般情况下，通过一个 RSS 阅读器可以浏览多个网站上的信息。

图 1.1　新浪网上的老徐博客

图 1.2　CSDN 论坛

SNS(Social Network Software，社会网络)：社会性网络软件，依据六度理论，以认识朋友的朋友为基础，扩展自己的人脉，如人人网。

留言板：提供了一个公共的信息发布平台，特别适用于企业内部个人办公以及企业与企业之间进行信息交流。留言板是一个网站必不可少的部分，它主要充当了网站和浏览者交互的媒介。

互联网：广域网、局域网及单机按照一定的通信协议组成的国际计算机网络。互联网是指将两台计算机或者两台以上的计算机终端、客户端、服务端通过计算机信息技术的手段互相联系起来的结果。

URL(Uniform Resource Locator，统一资源定位符)：也称为网页地址，是 Internet 上标准的资源地址。它是用于完整地描述 Internet 上网页和其他资源地址的一种标识方法。Internet 上的每一个网页具有一个唯一的名称标识，可以是本地磁盘，也可以是局域网上的某一台计算机，更多的是 Internet 上的站点。简单地说，URL 就是 Web 地址，俗称"网址"。它的格式为协议，域名，文件路径，文件名。例如：协议://域名/文件路径/文件名，http://jsj.lcvtc.edu.cn/ts/index.html。

2. 网站的作用

全球大约有 2.3 亿个网站，那么为什么网站这么多呢？网站对于一个企业有什么作用呢？

建设网站不是为了赶潮流，而是要通过互联网这个全球性的网络来宣传企业、开拓市场、降低企业的管理成本、交易成本和售后服务成本，还可以通过开展一系列的电子商务活动获得更多的利润，这些均与企业的经营目的是一致的。所以，只有把信息技术同企业的管理体系、生产流程和商务活动紧密结合起来，才能正确地建设和维护这个网站，并使网站发挥其作用，为企业服务。

建设网站的主要作用体现在以下 6 个方面。

1) 充分利用网络资源

近年来随着 Internet 的发展，网络已经成为强有力的宣传工具。现在人们了解信息的主要途径是互联网。截至 2009 年 6 月底，中国网民规模已达到 3.38 亿户，宽带用户已达到 3.2 亿户，占总网民数的 94.3%。如此大的群体是任何企业也不会错过的，通过网络能以较低的成本将产品或服务的信息传递到全世界的每个角落。全世界所有的客户都能通过网站，了解企业并且与企业建立联系，发展业务。

2) 与客户互动来往

建立网站后，可将企业信息、产品信息或单位信息放到网上，对浏览者提供信息服务。这样可与外部建立实时的、专题的或个别的信息交流渠道。在网站上公开电子邮件地址，使客户与企业能够通过电子邮件进行沟通。因为电子邮件的传递速度很快，网站人员能够迅速得到客户信息并及时给予答复。一些网站以 BBS 或公告板的形式联系客户，客户可以发表意见，同时也能够看到其他客户的信息，还可以全面和客观地了解企业和企业的服务及产品。

3) 建立企业形象

企业信息化已经是当今企业发展的大趋势，企业网站更是必不可少。网站可以让别人了解自己，展示企业的实力。企业能够建立自己的网站无疑是一种宣传企业、产品和服务的机会。从广告意义上看，企业网站事关企业形象建设，没有网站也谈不上企业形象。网站就是企业的窗口，通常客户先从网站了解企业，一个好的网站可以建立良好的企业形象。

4) 主动抢占先机

企业网站是时代发展的必然，任何一家企业要想跟上时代发展，必须尽快上网建立网站。为了不被竞争对手建立网站抢占先机，为了不落后于时代潮流，企业应该考虑建站的必要性。公司网站的一个最基本的功能，就是能够全面、详细地介绍公司及公司产品。事实上，公司可以把任何想让人们知道的东西放入网站，如公司简介、公司的厂房、生产设施、研究机构、产品的外观、功能及其使用方法等。

5) 可以与潜在客户建立商业联系

挖掘潜在客户是企业网站的重要功能之一，也是国外许多企业非常重视网站建设的根本原因。现在，世界各国大的采购商都是主要利用互联网络来寻找新的产品和新的供应商，因为这样做，费用最低，效率最高。原则上，全世界任何地方的人，只要知道公司的网址，就可以了解公司的产品。因此，关键在于如何将公司网址推介出去。一种非常实用而有效的方法是将公司的网址登记在全球著名的搜索引擎上，并选择与公司的产品及服务有关的关键字。这样做可以使潜在的客户能够轻松地找到公司的网站及产品服务。

6) 可以实现盈利

网站盈利的基本模式有出售广告位、收取会员费、提取经纪费等。

各大型网站主要是靠出售广告位来盈利的，如百度、搜狐、新浪等网站都提供图片、文字链接广告的业务。其他的如电子商务网可以通过在网上进行交易而获取利润。

3. 网站的分类

网站从不同的方面可划分为不同的类型，分类方法主要有以下几种。

(1) 根据网站所用编程语言分类，可分为 ASP 网站、PHP 网站、JSP 网站、ASP.NET 网站等。

ASP 是 Active Server Page 的缩写，意为动态服务器页面。ASP 是微软公司开发的代替 CGI 脚本程序的一种应用，它可以与数据库和其他程序进行交互，是一种简单、方便的编程工具。ASP 的网页文件的扩展名是.asp，现在常用于各种动态网站中。

PHP 是 Hypertext Preprocessor 的缩写，意为英文超级文本预处理语言。PHP 是一种 HTML 内嵌式的语言，是一种在服务器端执行的嵌入 HTML 文档的脚本语言，语言的风格类似于 C 语言，被广泛运用。PHP 的网页文件的扩展名是.php。

JSP(Java Server Pages)是由 Sun Microsystems 公司倡导、许多公司参与建立的一种动态网页技术标准。JSP 技术有点类似 ASP 技术，它是在传统的网页 HTML 文件(*.htm,*.html)中插入 Java 程序段和 JSP 标记，从而形成 JSP 文件(*.jsp)。用 JSP 开发的 Web 应用是跨平台的，既能在 Linux 操作系统下运行，也能在其他操作系统下运行。

ASP.NET 文件与 ASP 差不多，是微软推出的一种新的网络编程方法。它不是 ASP 的简单升级，因为它的编程方法和 ASP 有很大的不同，它是在服务器端靠服务器编译执行的程序代码。ASP 使用脚本语言，每次请求时，服务器调用脚本解析引擎来解析执行其中的程序代码，而 ASP.NET 则可以使用多种语言编写，且是全编译执行的，比 ASP 执行速度快，还有很多其优点。

(2) 根据网站的用途分类，可分为门户网站(综合网站)、行业网站、娱乐网站等。

门户网站，指通向某类综合性互联网信息资源并提供有关信息服务的应用系统。门户网站最初提供搜索引擎、目录服务，后来由于市场竞争日益激烈，门户网站不得不快速地拓展各种新的业务类型，希望通过门类众多的业务来吸引和留住互联网用户，以至于目前门户网站的业务包罗万象，成为网络世界的"百货商场"或"网络超市"。目前，门户网站主要提供新闻、搜索引擎、网络接入、聊天室、电子公告牌、电子邮箱、影音资讯、电子商务、网络社区、网络游戏、免费网页空间等。典型的门户网站有新浪、网易、搜狐和 Tom

等。

行业网站就是服务于某一个行业的专业网站,全部内容都是专业的行业信息,或是各个公司的专用内部网站。

娱乐网站就是以向用户提供娱乐内容如音乐、电影、图片、娱乐新闻等为主的网站,如风行、迅雷等。

(3) 根据网站的持有者分类,可分为个人网站、企业网站和政府网站等。

个人网站是指个人或团体因某种兴趣、拥有某种专业技术、提供某种服务或将自己的作品、商品展示销售而制作的具有独立空间域名的网站。

企业网站是为了外界了解企业自身、树立良好企业形象、并适当提供一定服务的网站。根据行业特性的差别,以及企业的建站目的和主要目标群体的不同,大致可以把企业网站分为以下 3 种。

① 基本信息型:主要面向客户、业界人士或者普通浏览者,以介绍企业的基本资料、树立企业形象为主;也可以适当提供行业内的新闻或者知识信息。这种类型网站通常也被形象地比喻为企业的网络目录。

② 电子商务型:主要面向供应商、客户或者企业产品(服务)的消费群体,以提供某种直属于企业业务范围的服务或交易、或者为业务服务或者以交易为主;这样的网站正处于电子商务化的一个中间阶段,由于行业特色和企业投入的深度、广度的不同,其电子商务化程度可能处于从比较初级的服务支持、产品列表到比较高级的网上支付的其中某一阶段。通常这种类型可以形象地称为网上××企业,如网上银行、网上酒店等。电子商务网站又可以分为 B2B(企业对企业之间的营销模式)、B2C(商业机构对消费者的营销模式)和 C2C(个人向个人销售的经营模式)。

③ 多媒体广告型:主要面向客户或者企业产品(服务)的消费群体,以宣传企业的核心品牌形象或者主要产品(服务)为主。这种类型无论从目的上还是实际表现手法上,相对于普通网站而言更像一个平面广告或者电视广告,因此用多媒体广告称呼这种类型的网站更贴切一点。

政府网站是我国各级政府机关履行职能、面向社会提供服务的官方网站,是政府机关实现政务信息公开、服务企业和社会公众、互动交流的重要渠道。

除了通常讲的计算机上浏览的网站,还有一种可以在其他设备上浏览的网站——WAP网站。

WAP(Wireless Application Protocol)是一种无线应用协议,是一个全球性的开放协议。WAP 定义可通用的平台,把目前互联网上 HTML 语言的信息转换成用 WML 描述的信息,显示在手机或者其他手持设备的显示屏上。它不依赖某种网络而存在,今天的 WAP 服务在3G 到来后仍然可能继续存在,不过传输速率更快,协议标准也随之升级。

WAP 是在手机、Internet 或其他个人数字助理机(PDA)、计算机应用之间进行通信的无线应用协议。无论在何地、何时,只要需要信息,就可以通过 WAP,享受丰富的网络服务。

4. 网站发展趋势

新业务发展带动互联网新的并购潮或业务增长点。强势网络媒体通过并购实现多元化发展，其中有潜力的 Web 2.0 网站是主要的收购目标。众多具有创意的网站不断涌现，成为新的收购目标，收购金额不断上升，其中以 Google 收购 You Tube、Double Click 为代表。现在流行的开心农场类游戏成为了网站新的业务增长点。

视频、社交是互联网新时代的应用。网络视频服务开始成为人们登录互联网络的主要诉求之一。Web 2.0 的互动性所带来的社交类网站的网络广告收入在未来几年内将持续快速增长，如迅雷、You Tube 等。

社区网站将左右未来的竞争格局。传统网络巨头在保持特色服务的基础上，通过多元化发展，巩固其持续的强势地位。社区性所体现的理念是，无论交友、浏览信息、网上交易、娱乐，还是其他行为，这些网络服务都成为网民日常生活中一个不可缺少的元素。

浏览平台正在发生变化。随着国内 3G 网络的开通，手机上网速度越来越快，手机上网的用户也越来越多，网站运营商抓住这部分人的需求，大力推行 WAP 网。这必然是网络的一个发展趋势。

从内容形式的变化上看，现在的网站大多数以提供内容为主，如新闻、产品等。有些网站以提供服务为主，现在出现的一些软件公司推广它们的网上软件服务，即用户不用下载安装就可以直接在网上使用的软件，如 Photoshop 软件，用户不用安装此软件，直接进入一个网站就可以完成图片处理的所有操作。

Web 技术的发展给网页带来新的内容，如 Ajax、RIA 等。随着网络速度的提高及技术的发展，网站上出现了 3D 的应用，更好地提高了用户的体验与交互。

1.2 网站开发流程

1.2.1 任务分析

网站建设就是制作一个网站。然而没有规范的流程很难做出完美的网站。通常不同的公司开发网站的具体步骤会有所不同，但概括起来要经过以下几步，见表 1-1。

表 1-1 网站开发流程

阶　　段	客　　户	开发人员
客户提出网站建设申请	提出要求，提供文本及图片	做出需求分析
制订网站建设方案	对建设内容与价格等情况进行协商	制订网站建设方案
签订网站相关协议	签订网站建设合同	制定网站建设合同
网站设计	审核确认初稿设计	完成整个网站的设计制作
网站建设	提供资料	建设网站
网站发布	验收	上传，测试，根据协议进行维护

1.2.2 相关知识

1. 客户提出网站建设申请

一个好的开始是成功的一半，建设网站的第一步就是，开发人员和客户进行沟通交流，弄清楚客户的要求，明确客户到底想要什么样的网站。这一步是一项重要的工作，也是最困难的工作，由于开发人员不是客户行业领域的专家，不熟悉客户的业务活动和业务环节，又很难在短期内搞清楚；而客户不熟悉计算机应用的相关问题，又缺乏共同语言，所以在交流时有一定困难，也容易在理解上存在分歧，为以后的工作埋下隐患。只有做好第一步，后续的工作才会很好地开展。如果第一步有问题，后面的工作做得再多也没有意义。

在提出建设网站要求后，客户最好能提供网站相关电子版的资料，包括图片、文本等，方便开发人员对网站有更深入的理解。双方就网站建设内容进行协商、达成共识后，开发人员根据客户建设网站的标准要求、风格及难易程度及工作量确定大体的价格。如果客户满意，开发人员就具体写出客户的需求说明书，最后双方签字。需求说明书中的主要内容是需求规定，具体格式见附录。

2. 制订网站建设方案

本阶段是以客户为中心进行策划、设计、运营和管理网站。首先要确定做的网站是否有市场，然后确定建设网站的目标。为了达到这个目标，要分析目标用户对站点的需求，即网站浏览者想要从网站上得到什么，以此为出发点来确定网站内容、风格、浏览器与分辨率、网络速度、交互性等相关内容。在建设时还要考虑网络技术、服务器等因素。

以上为网站规划书中应该体现的主要内容，根据不同的需求和建站目的，内容也会有所增加或减少。只有在建设网站之初，进行细致的规划，才能达到预期的建站目的。

3. 签订网站相关协议

在制订完网站建设方案后，委托方(客户)和受委托方(网站承建公司)签署网站建设协议书。网站建设协议书是网站建设顺利完成的重要保证，协议书中应明确网站建设委托方和受委托方的权利、责任和义务。

网站建设协议书的内容主要包括以下几个方面。

1) 双方的权利和义务

双方应在遵守相关法律法规的情况下，本着平等协商的精神确定网站建设过程中双方的责任和义务。例如，委托方有义务向被委托方提供网站建设所需的电子文档资料、图片等内容的义务，并享有网站的全部版权、域名所有权等权利；同时，被委托方有义务在规定期限内按照双方约定的标准完成网站的建设，网站验收后被委托方有获得网站开发费用的权利。

2) 网站验收标准

在网站建设前，双方应进行协商，确定网站的整体风格、内容和验收标准。标准制定后，双方需共同遵守，如要改动需双方协商决定。

3) 付款方式

网站建设协议书中应明确规定委托方支付被委托方费用的方式、日期等信息。

4) 协议期限约定

网站建设协议书中应对协议有效期做出详细的约定。

5) 违约责任

网站建设协议书中应对双方违约情况下的责任分担情况做出详细约定。

6) 权益归属

网站建设协议书中应对网站相关权益归属做出详细约定，如网站版权、网站源程序的所有权等相关权利。为了避免以后因网站版权引发纠纷，网站拥有者最好与网站开发者签订合同以转让网页的全部版权，具体包括开发人转让其创作或改编内容的版权，转让其设计页面的权利，转让或许可网站拥有者使用源程序的权利。尤其是后两项权利的转让，便于网站拥有者以后更新与改变网页及查看源程序以修改网页。

下面是某市汽车行业协会委托某软件企业进行汽车门户网站建设的网站建设协议书的基本格式。

信息平台建设协议书

编号：

甲方全称：   乙方全称：
详细地址：   详细地址：
联系电话：   联系电话：

鉴于甲方委托乙方建设汽车服务信息商务平台，帮助甲方树立自身企业形象，扩大宣传，拓宽销售渠道。为明确双方责任，本着双方互惠互利的原则，根据中华人民共和国相关法律经双方协商，签订如下合同，以期双方共同遵守。

一、授权

甲方授权乙方为甲方建立汽车服务信息商务平台，主要包括平台的建设、平台的管理维护，与平台相关服务的软件系统的开发、使用人员的培训，平台所需服务器、网络互联设备、网络带宽服务等。

二、双方的权利和义务

1. 甲方的权利和义务

1.1 ……

……

2. 乙方的权利和义务

2.1 ……

……

三、网站建设完成及发布时间

1. ……

……

四、合同金额及付款方式

1. ……

……

五、责任限制

1. ……

……

六、违约责任和争议解决

1. ……

……

七、免责条款

1. ……

……

八、权利保留

1. ……

……

九、协议的解释、法律适用、生效条件及其他

1. ……

……

甲方(盖章):   乙方(盖章):

法人代表人签字: 法人代表人签字:

年   月   日   年   月   日

4. 网站设计

协议签订后，就要设计网站了。在网站设计阶段要对整个网站的创意、风格、整体框架布局、文字编排、图片的合理利用、空间的合理安排等方面进行细致的考虑。网站设计阶段需要注意以下几个问题。

1) 网站风格、创意

风格(style)是抽象的。网站风格是指站点的整体形象给浏览者的综合感受。整体形象包括站点的版面布局、色彩、字体、浏览方式等。例如，娱乐网站是生动活泼的，而政府网站是严肃的。每一个网站都会给人们留下不同的感受。这里需要做到的是，根据网站的定位做出网站特有的风格。网页上所有的图像、文字，包括背景颜色、区分线、字体、标题、注脚都要统一风格，贯穿整个网站。这样用户看起来会比较舒服，进而对网站留下好的印象。

2) 网站 Logo

顾名思义，Logo 就是站点的标志图案。Logo 的作用在于用图形化的方式传递网站的定位和经营理念，同时便于人们识别。网站 Logo 的设计一般有以下 3 种思路。

(1) 直接以网站网址作为 Logo。

(2) 根据网站提供的产品、服务特点设计 Logo。

(3) 以传递网站运营商的经营理念为特色。

3) 视觉流程

人们在阅读某种信息时，视觉总有一种自然的流动习惯，先看什么，后看什么，再看

什么。心理学的研究表明，一般的浏览习惯是从上到下、从左到右。在一个平面上，上松下稳而压抑。同样，平面的左松右稳也让人觉得不舒服。所以平面的视觉影响力上方强于下方，左侧强于右侧。这样平面的上部和中上部被称为"最佳视域"，也就是最优选的地方。在网页设计中一些突出或推荐的信息通常都放在这个位置。当然，这种视觉流程只是一种感觉并非一种固定的公式，只要符合人们的心理顺序和逻辑顺序，就可以更为灵活地运用。在网页设计中，灵活而合理地运用视觉流程将会更加准确和有效地传达信息。

4) 网页框架与布局

网页布局大致可分为"国"字形、拐角形、"T"字形、"L"字形、综合框架型、Flash型和变化型。其实，我们在做设计的时候并没有过多地考虑什么形式。例如，我们在一张纸上看到一个圆形的东西，很容易联想到它像太阳，而有些人则会联想到月亮等。这都是一种形式比喻，最重要的是抓住客户的需求，把握网站的定位，做出合理的框架布局。

广告是一个网站的收入来源之一，可是浏览者对广告并不关心，如何把握这个平衡是一个需要重点考虑的问题。有一些网站的广告太多(弹出广告、浮动广告、大广告、Banner广告、通栏广告等)让人很烦，就很难再次吸引浏览者，网站的印象也受到了影响、广告也没达到目的。这些问题都是在设计网站之前需要考虑和规划的。

浮动广告有两种，一种是在网页两边空余的地方可以上下浮动的广告；另一种是满屏幕到处随机移动的广告。建议能使用第一种的情况下尽量使用第一种，不可避免使用第二种情况时尽量控制数量，最好不要超过一个。数量过多会直接影响到用户的心理、妨碍用户浏览信息，这样就适得其反了。首页广告不宜过多，适中即可，如在注册或者某个购买步骤的页面上最好不要出现过多的其他无关的内容让用户分心，避免用户流失。

空间的合理利用。很多的网页都具有一个特点，就是信息量太大，将各种各样的信息如字、图片、动画等不加考虑地放到页面上，却没有划分好区域，不加以规范，导致浏览时很不方便。这类网页的问题主要就是页面主次不分，喧宾夺主，没有很好的归类，整体就像大杂烩，让人难以找到需要的东西。与这种网站相反的是，网页中没有什么信息，即网页太空。

并非要把整个页面填满才不觉得空，也并非让整个页面空旷才不觉得满，而是要合理的安排、有机的组合，使页面达到平衡。这样即使在一边大面积留空，同样不会让人感到空，相反会给人留下广阔的思考空间，令人回味又达到了视觉效果。

文字编排。在网页设计中，字体的处理与颜色、版式、图形化等其他设计元素的处理一样非常关键。

文字图形化就是将文字用图片的形式来表现，这种形式在页面的子栏目或栏目标题里面最为常用。因为它既突出，又美化页面，使页面更加人性化且加强了视觉效果，这是文字无法达到的。

如果将个别文字作为页面的重点，则可以通过加粗、加下划线、加大字号、加指示性符号、倾斜字体、改变字体颜色等手段有意识地强化文字的视觉效果，使其在页面整体中显得夺目。这些方法实际上都是运用了对比的手法。如果在网页更新频率低的情况下也可以使用文字图形化。

5) 网站导航的设计

在设计导航的时候，需要考虑到的内容包括导航菜单的字体颜色、大小、变化及导航菜单的位置等。尽量不要将导航菜单做得太花，易操作最为重要。

6) 首页效果图设计

网页设计过程中的首页效果设计，和其他设计一样，要抓住客户的眼球，设计得有新意。清晰、靓丽是最基本的。当然，设计有新意不一定要很花，只要客户通过图片对公司的产品和公司有很好的印象即可。

7) 网站的内容要精选

企业网站不同于门户网站，在内容上应该有所选择。内容不是越多越好，而是越合适越好。内容如果太多太杂太乱，只会让客户眼花缭乱，不知所措。

在本阶段主要涉及下列相关的法律问题。

网页素材涉及的法律问题。主要是指资料的版权问题，要分清哪些是可用的，哪些是不可用的。

网页链接涉及的法律问题。主要是指不能非法链接他人的网站，如在本网站的某个区域内出现他人网站的内容而不进行说明。

网站收集个人信息的法律问题。主要是指个人信息的保密性。目前多数企业网站采用用户注册，在注册时需要填写个人资料。在注册前要有一个服务条款或注册相关说明，用户同意后方可注册。

5. 网站建设

1) 网站制作

根据设计阶段制作的示范网页，通过 Dreamweaver 等软件在各个具体网页中添加实际内容，包括文本、图像、声音、Flash 电影以及其他多媒体信息，完成整体网站的制作。

网站制作的基本步骤如下。

(1) 资料收集。收集的内容包括与主题相关的文字图片资料、一些优秀的页面风格、下载一些客户喜欢的交互页面、开放的源代码。

(2) 网页模型设计。根据事先规划的结构，在平面软件里设计客户想要的最终效果，并以平面图片的形式展示给客户，与客户及时沟通，及时发现并解决问题。

(3) 代码编写。将平面界面转化为 HTML 代码，添加相应的网页功能，如 Js、按钮、表单以及一些与数据库相关的操作代码。

2) 网站测试

网站制作完成后，根据客户需求分析，要对网站进行发布前的测试。网站测试主要包括可用性测试、兼容性测试和负载测试。

可用性测试过程就是用户使用网站的最初以及最真的体验。通过可用性测试，我们可以了解到各个代表性的目标用户对于产品界面的认可程度，获知改良界面的可能性方案，特别是在交互流程中能得出一些很不错的用户行为规律。

兼容性测试主要是针对不同的操作系统平台、浏览器以及分辨率进行的测试。对所有影响页面显示的细节因素进行测试。测试页面中的超链接是否能够正常跳转，可以将本地站点文件夹在计算机硬盘中移动位置，然后看超链接能否正常工作。

　　负载测试是测试一个 Web 站点在大量的负荷下，系统的响应何时会退化或失败，以发现设计上的错误或验证系统的负载能力。在这种测试中，将使测试对象承担不同的工作量，以评测和评估测试对象在不同工作量条件下的性能行为，以及持续正常运行的能力。

　　负载测试的目标是确定并确保系统在超出最大预期工作量的情况下仍能正常运行。此外，负载测试还要评估性能特征，如响应时间、事务处理速率和其他与时间相关的内容。

　　网站测试完成后，如果各种功能和性能满足客户的需求，整个网站的建设就完成了。接下来客户根据网站建设协议的内容进行验收工作，验收合格后，根据签订的协议，客户支付余款，即可进行网站发布。

6. 网站发布

1) 网站发布流程

　　用户创建了 Web 页之后，通常可以直接将其保存在磁盘或光盘上，作为一种电子文档；也可以将其发布到 Internet 或 Intranet 上，以便其他浏览者浏览。

　　网站最主要的形式是发布到服务器上供他人浏览。

　　发布流程如下。

　　(1) 申请域名(即网址)，可以通过专门的网络公司注册网站域名。至于域名的注册与申请，可以由企业或客户直接向域名服务机构申请，对于域名的法律审查应由其自身负责；也可委托网站开发商申请与注册域名，除合同约定外，网站开发商只负责技术上的义务，而非法律审查的义务。

　　(2) 购买空间(即存放网站文件的磁盘空间)，有专门的网络公司提供免费的网络空间，为了提高网站的可靠性和维护性，最好花钱购买网站空间。

　　(3) 网站页面上传。通过网络公司提供的 FTP 地址、账号及密码，就可以通过浏览器或专门上传工具上传做好的网页文件。之后即可通过域名来访问网站。

　　(4) 备案。申请到的域名和空间需要在互联网信息中心备案，地址是 http://www.miibeian.gov.cn/。也可以要求提供网络空间的网络公司帮助备案。

2) 网站运营

　　网站运营首先是一种思维活动，然后才到具体的执行环节。网站运营的内容是策略，核心是决策。网站推广等具体工作，是将正确的决策加以有力的执行。也就是说，网站运营的核心，就是网站运营者为实现网站目标而做出的各种决策，如网站定位的决策、网站开发的决策、网站推广的决策等。从这一点来说，网站运营的重点仍然是网站策划，是离执行环节更进一步的策划。

　　随着网站的发布，应根据访问者的建议，不断地修改或更新网站中的信息，并从浏览者的角度出发，进一步完善网站。由于网站内容需要不断地更新，那么网站拥有者可以与开发商约定更新的频率、更新内容的多少及付费标准。

　　网站开发商必须保证服务器的正常运行，并应采取措施防止黑客入侵与袭击，防止病毒的感染，以维护网站的安全。尤其是电子商务网站，应该保证交易的安全进行，包括访问者个人资料的安全，电子合同签订的安全，电子数据传输的安全，电子支付的安全等。

在网站的宣传与推广过程中应注意相关法律问题。交换网站链接，应该审查被链接对象内容是否合法。例如是否涉及色情内容、政治敏感问题，是否侵犯他人名誉与隐私；病毒性营销是否有非法传销嫌疑；发布网络广告是否符合广告法，是否有虚假信息，是否构成不正当竞争；E-mail 宣传是否构成侵权等。

1.3　网站相关重要法律法规

1.3.1　任务分析

现在网站相关的法律法规正在逐步健全，不但要掌握现行建设网站的相关法律法规而且还要及时关注网站相关新的法律法规。使网站能够有法可依，为网站的良好运营打下坚实的基础。

1.3.2　相关知识

1. 电子公告

电子公告服务，是指在互联网上以电子布告牌、电子白板、电子论坛、网络聊天室、留言板等交互形式为上网用户提供信息发布条件的服务。

从事互联网信息服务的网站，拟开展电子公告服务的，应当在向省、自治区、直辖市电信管理机构或者信息产业部申请经营性互联网信息服务许可或者办理非经营性互联网信息服务备案时，提出从事电子公告服务的专项申请或者专项备案。

电子公告服务网站应有确定的电子公告服务类别和栏目，不能超出类别或者另设栏目提供服务。电子公告服务提供者应当对上网用户的个人信息保密，未经上网用户同意不得向他人泄露。电子公告服务提供者应当记录在电子公告服务系统中发布的信息内容及其发布时间、互联网地址或者域名。记录备份应当保存 60 日，并在国家有关机关依法查询时，予以提供。任何人不得在电子公告服务系统中发布非法信息。

2. 登载新闻

(1) 中央新闻单位、国家机关各部门新闻单位以及省、自治区、直辖市和省、自治区人民政府所在地的市直属新闻单位依法建立的互联网站，经批准可以从事登载新闻业务。其他新闻单位不单独建立新闻网站，经批准可以在中央新闻单位或者省、自治区、直辖市直属新闻单位建立的新闻网站上建立新闻网页，从事登载新闻业务。

(2) 非新闻单位依法建立的综合性互联网站，经批准可以从事登载中央新闻单位、中央国家机关各部门新闻单位以及省、自治区、直辖市直属新闻单位发布的新闻的业务，但不得登载自行采写的新闻和其他来源的新闻。非新闻单位依法建立的其他互联网站，不得从事登载新闻业务。

(3) 互联网站链接境外新闻网站、登载境外新闻媒体和互联网站发布的新闻，必须报国务院新闻办公室批准。

(4) 综合性非新闻单位网站从事登载中央新闻单位、中央国家机关各部门新闻单位以及省、自治区、直辖市直属新闻单位发布的新闻的业务，应当同有关新闻单位签订协议，并将协议副本报主办单位所在地省、自治区、直辖市人民政府新闻办公室备案。

(5) 综合性非新闻单位网站登载中央新闻单位、中央国家机关各部门新闻单位以及省、自治区、直辖市直属新闻单位发布的新闻，应当注明新闻来源和日期。

3. 传播视听节目

信息网络传播视听节目，是指通过互联网在内的各种信息网络，将视听节目登载在网络上或者通过网络发送到用户端，供公众在线收看或下载收看的活动，包括流媒体播放、互联网组播、数据广播、IP 广播和点播等。

国家广播电影电视总局对视听节目的网络传播业务实行许可管理。通过信息网络向公众传播视听节目必须持有《信息网络传播视听节目许可证》。申请《信息网络传播视听节目许可证》，应当具备一定的条件。传播时要注意版权问题和引用的出处。截至 2009 年 12 月，未取得广电总局的视听服务许可证的很多网站先后被取缔。

4. 其他法律问题

侵犯网络著作权的情形，有如下几种。

(1) 网站未经许可，登载他人已在网络上传播但已经声明不得转载、摘编的作品。

(2) 网络服务提供者通过网络参与他人侵犯著作权行为，或者通过网络教唆、帮助他人实施侵犯著作权行为。

(3) 提供内容服务的网络服务提供者，明知网络用户通过网络实施侵犯他人著作权的行为，或者经著作权人提出确有证据的警告，但仍不采取移除侵权内容等措施以消除侵权后果。

(4) 提供内容服务的网络服务提供者，对著作权人要求其提供的侵权行为人在其网络的注册资料(以追究行为人的侵权责任)，无正当理由拒绝提供。

(5) 网络服务提供者明知专门用于故意避开或者破坏他人著作权技术保护措施的方法、设备或者材料，而上载、传播、提供。

(6) 其他侵犯网站著作权的情形。相关法律法规有《互联网等信息网络传播视听节目管理办法》、《互联网电子公告服务管理规定》、《互联网文化管理暂行规定》、《互联网站从事登载新闻业务管理暂行规定》、《信息网络传播权保护条例》、《中华人民共和国计算机信息网络国际联网管理暂行规定》等。还有相关域名和备案法律法规等。

在网站方面还有很多问题需要法律来解决，随着时间的发展，相关法律法规会越来越健全。请及时关注相关网站法律的出台，及时关注中华人民共和国工业和信息化部网站(http://www.miit.gov.cn/)。

本 章 小 结

本章是网站建设的入门教程,主要目的是让学生对网站有一个整体性的认识,通过本章的介绍可以使学生从不同角度来认识网站的特点。网站建设需要一个详细而完整的流程,本章以网站建设的整个流程为主线,结合一些实例,使学生易于掌握网站建设的各个流程,以及每个流程中需要掌握的能力和相关法律知识,使学生在以后的工作岗位上能胜任不同的角色。

在基本概念中主要讲解了网站中常见的知识点,对一些深入的概念没有涉及,便于学生入门。在开发流程中分两个角色进行说明,使不同人员都参与到网站建设中来,从而使学生能够更深入地了解网站的开发流程。对相关法律并没有进行深入的讲解,因为随着社会的发展相关法律会越来越健全。主要是建立相关的法律意识,在今后的网站开发中知道要去查找相关法律法规即可。

习 题

1. 填空题

(1) Url 的中文名是_____。

(2) 作为一个组织或个人在 WWW(或其他 Web)上开始点的页面称为_____。

(3) _____是网页中的标记符,可以告诉浏览器如何显示网页,即确定内容的格式。

(4) 开发网站的流程是_____、_____、_____、_____、_____。

(5) 电子公告服务提供者应当记录在电子公告服务系统中发布的信息内容及其发布时间、互联网地址或者域名。记录备份应当保存_____日,并在国家有关机关依法查询时,予以提供。

(6) 互联网站申请从事登载新闻业务,应当填写并提交国务院新闻办公室统一制发的_____。

2. 简答题

(1) 什么是电子公告服务?

(2) 什么是互联网信息服务?

(3) 什么是经营性互联网信息服务?

(4) 什么是非经营性互联网信息服务?

实 训 指 导

项目 1：

以某一个汽车网站为例，学生按客户和开发人员的角色分组进行模拟练习，在网站的开发流程中掌握每一个阶段的不同角色应完成的工作，见表 1-2。

表 1-2　网站开发流程

阶　　段	客　　户	开 发 人 员
客户提出网站建设申请	提供什么	写出什么文档
制定网站建设方案	做什么	如何制定
签订网站相关协议	注意什么	如何写
网站设计	做什么	注意问题
网站建设	做什么	做什么
网站发布	做什么	如何发布

项目 2：

汽车网站中需要有公告栏、新闻中心、论坛，在建设中必须遵守国家相关法律，为了保证该网站在国家法律允许范围内运行，请在下列任务的基础上写出完整的报告。

任务 1：请找出网站中公告栏应该遵守的国家法律法规，该法规在哪个法律文件中提到？位于第几款第几条？

任务 2：请找出网站中新闻中心应该遵守的国家法律法规，该法规在哪个法律文件中提到？位于第几款第几条？

任务 3：请找出网站中论坛应该遵守的国家法律法规，该法规在哪个法律文件中提到？位于第几款第几条？

任务 4：请找出网站中域名及空间应该遵守的国家法律法规，该法规在哪个法律文件中提到？位于第几款第几条？

第 **2** 章　域名注册及备案

↘ 教学任务

域名，是互联网上的一个企业或机构的名称，是互联网上企业或机构的网络地址。只有通过注册域名，网站才能在互联网里确立一席之地。在网站的建设过程中，域名注册是不可缺少的一个环节，一个有意义的域名更容易使人记住。网站空间是用来存放网页文件及相关资料的，访问网站时所看到的内容都是从网站空间中读取的。有了域名和空间，放上网页文件这些还不够，还要取得 ICP 许可证。本章将对以上内容进行介绍，通过本章的介绍掌握网站域名的命名及注册、网站空间的申请以及 ICP 的备案为以后网站的发布做好准备。

该教学过程可分为如下 5 个任务。

任务 1：认识域名。主要包括域名定义、域名命名规则和域名分类。

任务 2：域名选择与注册。主要包括域名选择依据、域名注册过程和域名交易过程。

任务 3：网站空间的申请。主要包括网站空间介绍、网站空间分类和网站空间申请。

任务 4：域名的备案。主要包括域名备案的意义及流程。

任务 5：域名解析。主要包括域名解析过程及二级域名管理。

↘ 教学过程

本章根据网站建设过程中网站发布时所需的域名注册，空间申请以及域名备案的实际工作流程，从域名的命名规则、分类，域名的选择与注册，空间的选择及申请域名的备案以基于工作流程的教学方式进行讲解。

教学目标	主要描述	学生自测
了解域名相关知识	(1) 了解域名的含义 (2) 掌握域名的分类 (3) 学会根据需求选择域名 (4) 学会进行域名注册	为自己的网站选择一个合适的域名，并进行注册
了解网站空间的相关知识	(1) 理解网站空间的含义 (2) 掌握网站空间分类 (3) 学会根据需求选择合适的空间 (4) 学会独立申请网站空间	为自己的网站选择一个合适的空间，并进行申请

教学目标	主要描述	学生自测
掌握域名的 ICP 备案	(1) 了解 ICP 备案的含义 (2) 了解 ICP 备案中的相关规定 (3) 学会 ICP 备案	掌握 ICP 备案的方式，试着对自己的网站进行 ICP 备案
了解域名指向及二级域名的相关知识	(1) 了解域名指向的概念 (2) 学会根据域名设置域名指向 (3) 学会设置二级域名	上网了解二级域名，并给申请的网站设置一个二级域名

2.1　认 识 域 名

2.1.1　任务分析

从 Internet 的管理角度看，域名就是 Internet 主机的地址，由它可转换为该主机在 Internet 中的物理位置。但随着 Internet 中商业活动的急剧增加，域名的实际意义已经远远超出地址的作用。主机都是有所属单位的，所以域名也就是主机所属单位在网络空间中的永久地址和名称。本节的主要任务是介绍域名的相关知识，让读者对域名有一个初步认识。

2.1.2　相关知识

1.　域名定义

域名(Domain Name)是由一串用点分隔的字符组成的 Internet 上某一台计算机或计算机组的名称，用于在数据传输时标识计算机的电子方位(有时也指地理位置)。

域名的使用依赖于 DNS(Domain Name System)系统，即域名系统，有时也简称域名，是 Internet 的一项核心服务。它作为可以将域名和 IP 地址相互映射的一个分布式数据库，能够使用户更方便地访问互联网，而不用记那些能够被机器直接读取的 IP 地址。例如，著名搜索网站百度的域名 www.baidu.com 与 IP 地址 202.108.22.5 相对应。DNS 就像是一个自动的电话号码簿，我们可以直接"拨打"baidu 的名称来代替 IP 地址。

域名是 Internet 地址中的一项，是与互联网协议(IP)地址相对应的一串容易记忆的字符，由若干个 a～z，26 个拉丁字母及 0～9，10 个阿拉伯数字及"-"、"."符号构成并按一定的层次和逻辑排列。目前，也有一些国家在开发其他语言的域名，如中文域名。域名不仅便于记忆，而且即使在 IP 地址发生变化的情况下，通过改变解析对应关系，域名仍可保持不变。

Internet 是基于 TCP/IP 协议进行通信和连接的，在网络中的每一台主机都有一个唯一固定的 IP 地址，以区别其他用户和计算机。网络在区分所有与之相连的网络和主机时，均采用一种唯一、通用的地址格式，即每一个与网络相连接的计算机和服务器都被指派一个独一无二的地址。为了保证网络上每台计算机的 IP 地址的唯一性，用户必须向特定机构申请注册，该机构根据用户单位的网络规模和近期发展计划，分配 IP 地址。网络中的地址方案分为两类：IP 地址系统和域名地址系统。这两类地址系统是一一对应的关系。IP 地址用二进制数来表示，每个 IP 地址长 32bit，由 4 个小于 256 的数字组成，数字之间用点间隔，如 166.111.1.11 表示一个 IP 地址。由于 IP 地址是数字标识，使用时难以记忆和书写，因此在 IP 地址的基础上又发展出一种符号化的地址，来代替数字型的 IP 地址。每一个符号化的地址都与特定的 IP 地址对应，这样网络上的资源访问起来就容易得多。

域名是企业、政府、非政府组织等机构或者个人在互联网上注册的名称，是互联网上企业或机构间相互联络的网络地址。

从技术上讲，域名只是一个 Internet 中用于解决 IP 地址对应问题的一种方法，只是一个技术名词。但是，由于 Internet 已世界化，域名也自然地成为一个社会科学名词。无论是国际或国内域名，全世界接入 Internet 的人都能够准确无误地访问到。

从社会科学的角度看，域名已成为 Internet 文化的组成部分。从商界看，域名已被誉为"企业的网上商标"。没有一家企业不重视自己产品的标识——商标，而域名的重要性和其价值也已经被全世界的企业所认识。

可见，域名就是上网单位的名称，是一个通过计算机登上网络单位在该网中的地址。如果一个公司在网络上建立自己的主页，就必须取得一个域名，域名也是由若干部分组成，包括数字和字母。通过该地址，人们可以在网络上找到所需的详细资料。域名是上网单位和个人在网络上的重要标识，便于其他人识别和检索某一企业、组织或个人的信息资源，从而更好地实现网络上的资源共享。除了识别功能外，在虚拟环境下，域名还可以起到引导、宣传和代表作用。

2. 域名命名规则

由于 Internet 上的各级域名是分别由不同机构管理的，所以各个机构管理域名的方式和域名命名的规则也有所不同。但域名的命名也有一些共同的规则，主要有以下几点。

(1) 域名中包含以下字符：①26 个英文字母；②"0，1，2，3，4，5，6，7，8，9"十个数字；③"-"(英文中的连字符)。

(2) 域名中字符的组合规则：①在域名中，不区分英文字母的大小写；②对于一个域名的长度是有一定限制的。

总体来说，域名一般由英文字母和阿拉伯数字以及连字符"-"组成，最长可达 67 个字符(包括后缀)，并且英文字母不区分大小写，每个层次最长不能超过 22 个字符。这些符号构成域名的前缀、主体和后缀等几个部分，组合在一起构成一个完整的域名。

CN 域名为我国国家顶级域名。在我国，CN 域名由工业和信息化部管理，类似于美国的联邦通信委员会。CN 域名注册管理机构为中国互联网信息中心(CNNIC)。与其他国家一样，实际的注册是通过商业的域名注册服务机构完成的。例如，美国域名注册商 Neulevel 公司已经和 CNNIC 合作，在中国大陆之外进行商业的 CN 域名注册服务。

CN 域名命名的规则如下。

(1) 遵照域名命名的全部共同规则。

(2) 在早期，CN 域名只能注册三级域名。从 2002 年 12 月开始，CNNIC 开放了国内 CN 域名下的二级域名注册，可以在.cn 下直接注册域名。

(3) 不得使用，或限制使用以下名称(以下列出了一些注册此类域名时需要提供的材料)。

① 注册含有"CHINA"、"CHINESE"、"CN"、"NATIONAL"等的域名需经国家有关部门(指部级以上单位)正式批准。

② 公众知晓的其他国家或者地区名称、外国地名、国际组织名称不得使用。

③ 县级以上(含县级)行政区名称的全称或者缩写，得经过相关县级以上(含县级)人民政府正式批准。

④ 行业名称或者商品的通用名称不得使用。

⑤ 他人已在中国注册过的企业名称或者商标名称不得使用。

⑥ 对国家、社会或者公共利益有损害的名称不得使用。

⑦ 经国家有关部门(指部级以上单位)正式批准和相关县级以上(含县级)人民政府正式批准是指，相关机构要出具书面文件表示同意××××单位注册××× 域名。例如，要申请 beijing.com.cn 域名，则要提供北京市人民政府的批文。

3．域名分类

按地域范围对域名进行分类，域名可分为国际域名和国内域名。

(1) 国际域名(International Top-level Domain-names，ITDs)，也称国际顶级域名。这也是使用最早也最广泛的域名。例如，表示工商企业的.com，表示网络提供商的.net，表示非营利组织的.org 等。

(2) 国家域名，又称国内域名(National Top-Level Domainnames，NTLDs)，即按照国家的不同，分配不同后缀，这些域名即为该国的国内顶级域名。目前 200 多个国家和地区都按照 ISO 3166 国家代码分配了顶级域名，如中国是 cn，美国是 us，日本是 jp 等，表 2-1 是常见国家和地区域名表。

表 2-1　常见国家和地区域名表

国家(地区)	域名后缀
中国	cn
美国	us
日本	jp
德国	de
英国	uk
法国	fr
韩国	kr
中国台湾	tw
中国香港	hk

在实际使用和功能上，国际域名与国内域名没有任何区别，都是互联网上的具有唯一性的标识。只是在最终管理机构上，国际域名由美国商业部授权的互联网名称与数字地址分配机构(The Internet Corporation for Assigned Names and Numbers，ICANN)负责注册和管理；而国内域名则由中国互联网络管理中心(China Internet Network Infomation Center，CNNIC)负责注册和管理。

按域名的级别进行分类，域名可分为顶级域名和二级域名。

(1) 顶级域名。顶级域名又分为两类。

① 国内顶级域名，目前 200 多个国家都按照 ISO 3166 国家代码分配顶级域名，如中国是 cn，美国是 us，日本是 jp 等。

② 国际顶级域名(International Top-Level Domainnames，ITLDs)，根据组织或用途的不同，国际通用域名分为 7 类。例如，表示工商企业的.com，表示网络提供商的.net，表示非营利组织的.org 等。目前大多数域名争议都发生在 com 的顶级域名下，因为多数公司上网的目的都是为了赢利。为加强域名管理，解决域名资源的紧张，Internet 协会、Internet 分址机构及世界知识产权组织(WIPO)等国际组织经过广泛协商，在原来 3 个国际通用顶级域名(com.net.org)的基础上，新增加了 7 个国际通用顶级域名：firm(公司企业)、store(销售公司或企业)、web(突出 WWW 活动的单位)、arts(突出文化、娱乐活动的单位)、rec(突出消遣、娱乐活动的单位)、info(提供信息服务的单位)和 nom(个人)，并在世界范围内选择新的注册机构受理域名注册申请。

(2) 二级域名。二级域名是指顶级域名之下的域名，在国际顶级域名下，它是指域名注册人的网上名称，如 ibm、yahoo、microsoft 等；在国家顶级域名下，它是表示注册企业类别的符号，如 com、edu、gov、net 等。

我国在国际互联网络信息中心(Inter NIC)正式注册并运行的顶级域名是 CN，这也是我国的一级域名。在顶级域名之下，我国的二级域名又分为类别域名和行政区域名两类。类别域名共 6 个，包括用于科研机构的 ac，用于工商金融企业的 com，用于教育机构的 edu，用于政府部门的 gov，用于互联网络信息中心和运行中心的 net，用于非营利组织的 org。而行政区域名有 34 个，分别对应于我国各省、自治区和直辖市。三级域名用字母(A~Z，a~z)、数字(0~9)和连字符(-)组成，各级域名之间用实点(.)连接，三级域名的长度不能超过 20 个字符。如无特殊原因，建议采用申请人的英文名(或者缩写)或者汉语拼音名(或者缩写)作为三级域名，以保持域名的清晰性和简洁性。

2.2 域名的选择与注册

2.2.1 任务分析

尽管域名尚未被明确赋予法律上的意义，但它实质上是类似于企业名称和商标的一种工业产权，是网络中重要的无形资产，蕴涵着很高的商业价值。甚至可以说，域名将成为"21 世纪商业信息空间一个重要的'制空权'"。因此域名的选择具有非常重要的意义，本节将介绍域名的选择、注册及交易的步骤。

2.2.2 相关知识

1. 域名选择

域名资源是非常紧缺的重要资源。一个企业或组织网站的域名并不仅仅是一个标识而已，而是在很大程度上成为重要的营销资源，因此要慎重地选择域名。一个好的域名应该具备以下 6 个基本要素。

1) 短小

常用的.com、.net 等为后缀的域名中，许多字母少并且有一定字面含义的单词或者单词组合可能早就被别人注册了。不过仍然有一些方法可以组成比较短小的域名，通常可以利用一些单词的缩写，或者缩写字母加上一个有意义的简单词汇。例如最近和美国 CNN 产生域名纠纷的"cnnews.com"就属于这种情况，是中国的缩写"CN"加上英语"NEWS"所组成的，不过仍然可以让人看出其含义。

另外，有时英文单词虽然被注册过了，但碰巧汉语拼音比较短而且没有被人注册，这样的汉语拼音域名也是很好的选择。利用纯数字的域名也很常见，如 8848.com，85818.com.cn 等。

现在的规定是一个域名最多可以包含 67 个字母和数字的组合(其中包括后缀名的 3 个字母)。国际域名注册机构 networksolutions.com 的域名也很长，所以域名字符数的多少只是相对而言的。如果能做到 5 个字符以下当然最好，不过也不必拘泥于此，只作为参考。

2) 容易记忆

为了让别人了解，除了字符数少之外，容易记忆也是很重要的因素。一般来说，通用的词汇容易记忆，如 Art.com、business.com、pets.com、bank.com、china.com、internet.com 等。不过，其他有特殊效果或读音的域名也容易记忆，如 yahoo.com、Amazon.com 等。

容易记忆的另一个意义在于向别人推荐时比较容易解释。因此，发音容易混淆或者含有连字符的域名就不太理想。例如，四通集团的域名是 stone-group.com，在向别人推荐自己的网址时总要解释在"stone"和"group"之间有一个连字符。

3) 不容易与其他域名混淆

造成域名混淆的原因可能有以下几种，第一种情况是上面所说的组成一个域名的两部分使用连字符；第二种情况是后缀.com 或者.net 的域名分属不同所有人所有，如网易的"163.com"与 163 电子邮局的"163.net"两个域名就很容易造成混乱，许多人都分不清两者的关系；第三种情况是国际域名和国内域名之间的混乱，例如"85818.com.cn"是上海梅林正广和的一个网上购物网站的域名，而"85818.com"则属于另外一个网站。

4) 不容易发生拼写错误

这一点同样也很重要，拼写错误的域名，就如同拨错的电话号码，有时甚至会被竞争对手利用而造成不可估量的损失，甚至有些网站专门靠别人拼写错误而增加单击数量。另外，字符数多的域名或者无规律的缩写字符组合而成的域名也容易造成拼写错误。

5) 域名尽量与公司名称、商标或核心业务相关

看到"ibm.com"，就会联想到这是 IBM 公司的域名；看到"etravel.com"或者"auctions.com"就会想到分别是在线旅游或者拍卖网站；这无疑是一笔巨大的财富，难怪一些特殊的域名可以卖到数百万美元。也正因为如此，一些企业名称或者商标被别人作为域名注册之后，要花很大一笔费用来解决。

6) 尽量避免文化冲突

域名在命名时需考虑到文化因素。文化因素往往受地理环境、历史背景、宗教等因素

的影响。由于世界各地文化传统及宗教信仰不同,域名的命名必须考虑并尊重世界各地受众的文化背景,避免与地方文化冲突。

2. 域名注册

域名的注册遵循先申请先注册的原则。管理机构对申请人提出的域名是否违反第三方的权利不进行任何实质审查。同时,每一个域名的注册都是独一无二的、不可重复的。因此,在网络上,域名是一种相对有限的资源,它的价值将随着注册企业的增多而逐步为人们所重视。

1) 域名注册商和域名管理机构

任何组织或个人都可以通过域名注册商进行域名注册,而任何一个域名注册商必须得到域名管理机构的授权才能进行域名注册业务。最为通用的域名.com/.net 的管理机构是 ICANN,但 ICANN 并不负责域名注册。ICANN 只是管理其授权的域名注册商(注册商如Godaddy、Enom,也包括国内的注册商如万网、新网等),在 ICANN 和注册商之间还有一个 Verisign 公司,注册商相当于从 Verisign 公司批发域名,但管理注册商的机构是 ICANN。

2) 域名注册的方式

(1) 直接通过 Internet 上的域名注册商进行域名注册。域名注册商都有域名的网上交易系统,如国内著名域名注册商万网(www.net.cn)、新网(www.xinnet.com)等都提供在线域名注册与交易的服务。组织或个人可以按照在线交易向导进行域名的申请。

(2) 通过域名注册二级代理商进行域名注册。大型域名注册商一般在各地提供域名注册代理的服务。组织或个人可以通过本地代理商进行域名注册。

3) 域名注册的流程

域名注册必须遵循一定的步骤,通常域名注册的步骤如下。

(1) 选择域名。根据需求确定合适的域名。

(2) 判断域名是否已被注册。通过域名注册商查询该域名是否已被其他组织或个人注册,确定域名是否可注册。

(3) 填写域名注册信息。如果域名可注册则按照网上注册向导或当地代理商的要求填写注册信息,一般包括注册组织或个人的详细信息、联系方式等。

(4) 支付费用。完成前 3 个步骤后,域名注册个人或组织向域名注册商或本地代理商支付域名购买费用。通过 Internet 注册域名一般采用网上银行或第三方货币进行支付,通过本地代理商注册域名一般采用现金支付。

对于中国国家域名(CN域名)注册,中国互联网信息中心(CNNIC)2009 年 12 月 11 日发布了《关于进一步加强域名注册信息审核工作的公告》。

为了提升域名注册信息的真实性、准确性、完整性,进一步加强域名注册信息审核工作,现通知如下要求。

1. 用户向域名注册服务机构在线提交域名注册申请的同时,应当提交书面申请材料。申请材料包括加盖公章的域名注册申请表(原件)、企业营业执照或组织机构代码证(复印件)、注册联系人身份证明(复印件)。

2. 域名注册服务机构应当认真审核用户提交的书面申请材料，审核合格后，将书面申请材料通过传真或电子邮件的形式提交至我中心，并保留书面申请资料。

3. 自域名提交在线申请之日起 5 日内我中心未收到书面申请材料的或域名申请材料审核不符合条件的，该域名将予以注销。

4. 以上要求自 2009 年 12 月 14 日上午 9 时起施行。

从公告可以看出，对于中国国家域名注册的相关规定正在进一步修订中，相关法律法规会随着我国互联网的发展进一步完善。

另外，对于 GOV 域名的注册，我国有相关的审核标准，内容如下。

一、域名注册申请人必须是政府机关单位，其单位性质应为机关法人。事业法人(包括政府下属事业单位)、企业法人或社团法人等不能申请 GOV 域名。外国政府机构及其在中国境内的办事机构不能申请 GOV 域名。

二、域名注册申请人需出示其组织机构代码证书复印件(印有单位名称和机构类型的代码，IC 卡与代码证具有相同效力)。

1. 政府机关应出示机关法人代码证(或组织机构代码证，机构类型：机关法人、法人机关、机关非法人、非法人机关)

2. 如果申请人无法提供代码证时：

(1) 国务院办公厅，国务院 29 个部、委、办、署及下属的各司可以不提供代码证。

(2) 申请人是各级人民政府办公室(厅)，需出示本单位无代码证书的说明。

(3) 其他申请人需出示成立文件，机构编制文件或上级政府机构对其身份的证明。

三、申请单位的名称、公章上的名称及依法登记文件(代码证书)的名称应一致。如果代码证与公章上单位名称不符，应出具相应证明材料，按以下情况处理。

(1) 因为政府机构改革/改名导致单位名称变更，公章或代码证没有及时更新(如公章为变更后单位名称，代码证为变更前单位名称)需出具政府下发机构改革/改名文件复印件。

(2) 其他原因导致该单位的代码证书与公章不一致，由当地人民政府出具证明。

(3) 对于国务院 29 个部、委、办、署和县级以上(含县级)人民政府，办公厅(办公室)即代表该单位。例如，河北省人民政府办公厅代表河北省人民政府。

2.2.3　域名注册及交易实例

1. 域名注册步骤

下面以聊城汽车信息平台域名注册为例演示域名注册的完整流程。

(1) 确定汽车门户网站域名。汽车门户网应与汽车行业相关，主要对行业资讯、产品销售进行宣传。因此域名中必须具有汽车相关信息，并且应该首选国际通用的商业域名.com，假设该行业协会在北京，且确定域名为 www.lcqch.com。

(2) 查询该 lcqch.com 是否被注册。登录华夏名网 www.sudu.cn，在首页右侧的域名查询功能块中输入该域名进行查询，如图 2.1 所示。

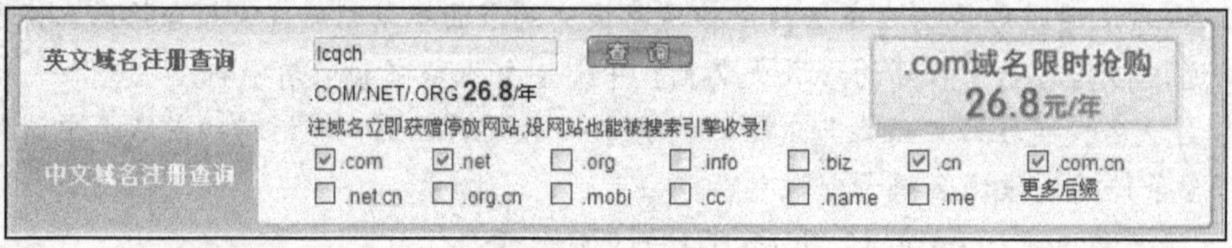

图 2.1 域名查询

单击【查询】按钮，查询域名是否被注册，如果没有被注册就可以进行注册。

(3) 在域名注册前，需要在华夏名网注册一个用户号，单击右下角【注册】按钮，如图 2.2 所示，进入注册页面，如图 2.3 所示。

图 2.2 华夏名网注册登录页面

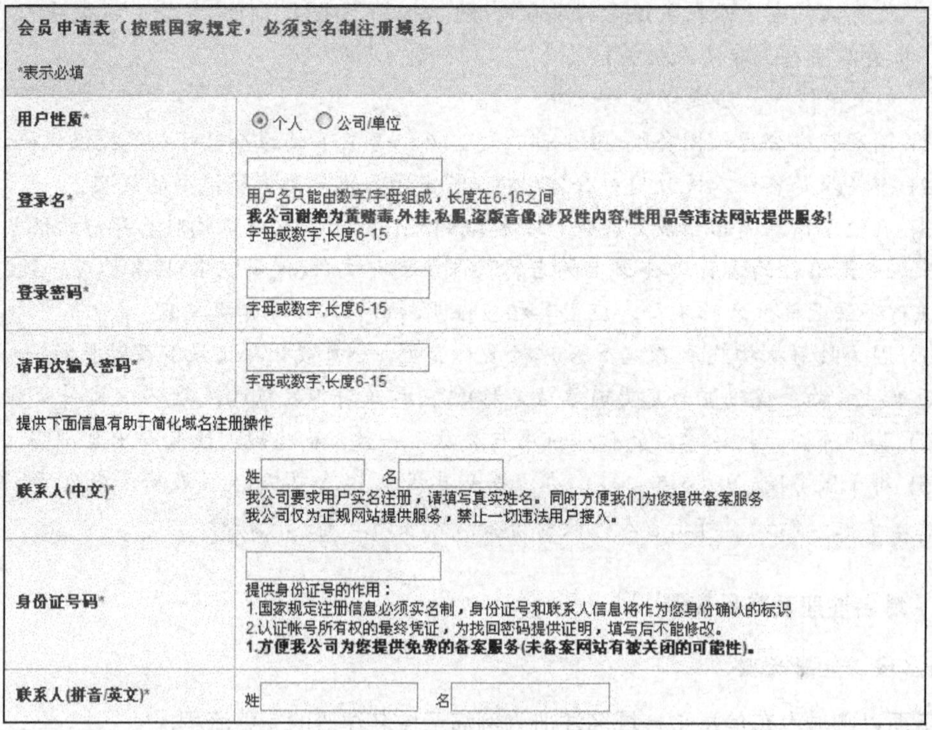

会员申请表（按照国家规定，必须实名制注册域名）	
*表示必填	
用户性质*	⊙个人 ○公司/单位
登录名*	用户名只能由数字/字母组成，长度在6-16之间 **我公司谢绝为黄赌毒,外挂,私服,盗版音像,涉及性内容,性用品等违法网站提供服务!** 字母或数字,长度6-15
登录密码*	字母或数字,长度6-15
请再次输入密码*	字母或数字,长度6-15
提供下面信息有助于简化域名注册操作	
联系人(中文)*	姓 名 我公司要求用户实名注册，请填写真实姓名。同时方便我们为您提供备案服务 我公司仅为正规网站提供服务，禁止一切违法用户接入。
身份证号码*	提供身份证号的作用： 1.国家规定注册信息必须实名制，身份证号和联系人信息将作为您身份确认的标识 2.认证帐号所有权的最终凭证，为找回密码提供证明，填写后不能修改。 **1.方便我公司为您提供免费的备案服务(未备案网站有被关闭的可能性)。**
联系人(拼音/英文)*	姓 名

图 2.3 会员注册页面

(4) 会员注册成功后，用会员名进行登录，然后进行域名 lcqch.com 的注册，如图 2.4 所示。

(5) 单击【查询】后，在出现的界面里，选中"我已阅读并同意域名注册相关协议"复选框，并单击【添加到购物车】按钮，如图 2.5 所示。

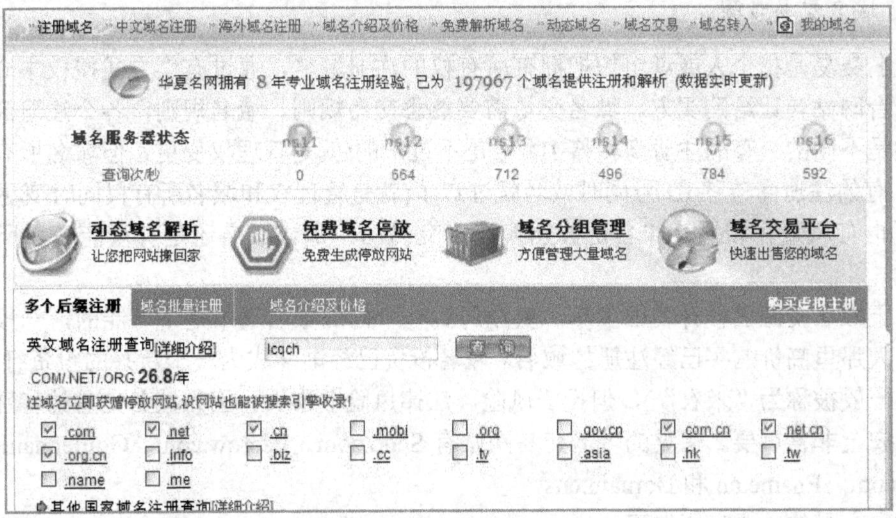

图 2.4 lcqch.com 域名注册

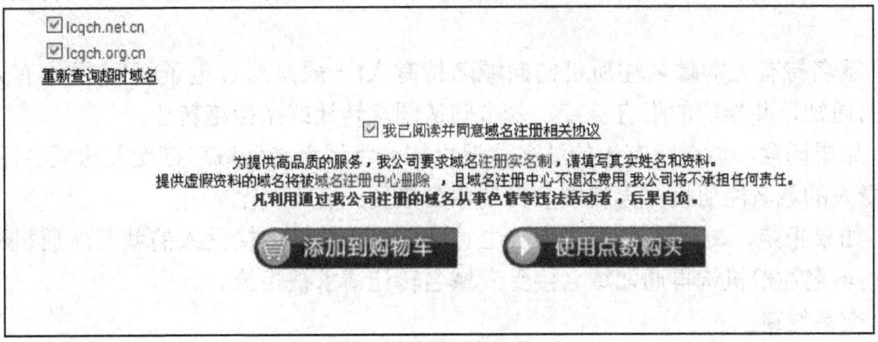

图 2.5 添加到购物车

(6) 进入购物车栏目，选择合适的付款方式，支付成功后，该域名 5～8 小时后生效，如图 2.6 所示。

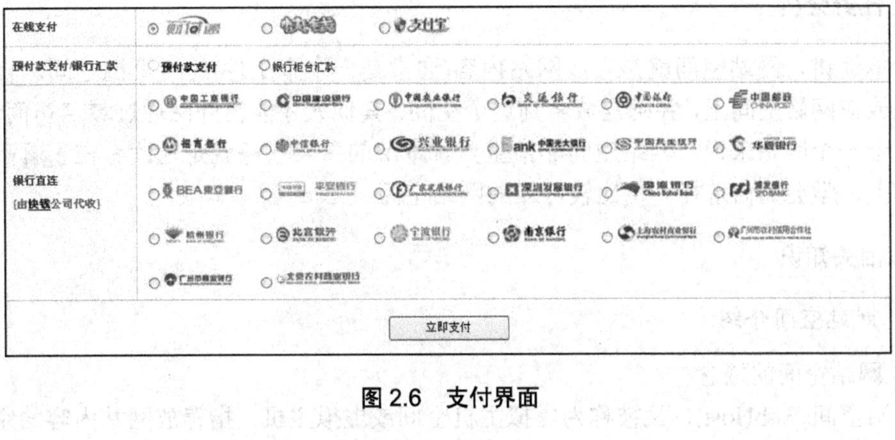

图 2.6 支付界面

2. 域名交易步骤

域名交易是指个人或者组织把拥有所有权的注册域名，通过有偿方式授权中介网站和域名平台网站转让给购买方。域名交易需要熟悉交易规则、域名规则，各个注册商的规则有时候是不同的。有的注册商转移 ID 号是不过户的(就是管理权变更，但域名所有权没有变更)，有的注册商转移 ID 号同时域名就过户了(就是管理权和域名所有权同时变更)，但这种变更也有风险。如果该域名是被别人盗用交易的，那该域名还是有可能被原所有人索回的。

由于域名资源已被开发很多年，要注册到一个好的域名基本是不可能的，一般要从域名投资人那里高价购买已经注册的域名。域名投资已经渐渐成为一个新兴的投资行业(域名投资人一般被称为"米农")，但投资风险、法律风险非常大。因为域名交易的特殊性，域名交易安全非常重要。常见的域名交易网站有 Sedo.com、Escrow.com、Goldenname.com、Alipay.com、Ename.cn 和 Domain.cn。

域名交易的一般步骤如下。

(1) 域名接受人，通过他的域名注册机构，向域名持有人的域名注册机构发出域名转让请求。

(2) 域名持有人的域名注册机构向域名持有人(一般是通过电子邮件)发出有人请求域名转让的通知，并相应的附有链接，单击确认同意转让或是拒绝转让。

(3) 如果同意，域名持有人的域名注册机构会将域名转到域名接受人的域名注册机构，域名接受人的域名注册机构再将域名转到域名接受人名下。

(4) 如果拒绝，域名持有人的域名注册机构会通知域名接受人的域名注册机构，域名接受人的域名注册机构再通知域名接受人域名转让请求被拒绝。

(5) 交易结束。

2.3 网站空间的申请

2.3.1 任务分析

简单地讲，网站空间就是存放网站内容(通常是一个个文件)的计算机空间。任何网站都必须放在网站空间上，并绑定域名到这个空间，其他人才能在外网通过域名访问该网站。所以对于一个网站来说，网站空间非常重要。本节的主要任务就是让读者在了解网站空间的基础上，学会如何选择一个比较可靠的网站空间。

2.3.2 相关知识

1. 网站空间介绍

1) 网站空间的概念

网站空间(WebHost)，又被称为虚拟主机空间或虚拟主机，指存放网站内容的空间。人们在上网时，通过域名(网址、网站地址)就可以访问对方网站的内容，然后看对方网站的文章，或下载音乐、电影。网站空间可以自己买台服务器来做，但费用太高。一般都是大公司或大型网站才会这样做，购买一个普通服务器要几万元，高性能的服务器要几十万元、几百万元甚至几千万元，还要 24 小时开机，并配备专人负责。有时候在没有特殊指明的情况下，网站空间也被称为虚拟主机，通常企业做网站都不会自己架服务器，而是选择以虚拟主机作为放置网站内容的网站空间。

虚拟主机技术主要应用于 HTTP 服务，将一台服务器的某项或者全部服务内容按逻辑划分为多个服务单位，对外表现为多个服务器，从而充分利用服务器硬件资源。如果划分是系统级别的，则称为虚拟服务器。

2) 为什么建立虚拟主机

Internet 日益成为商家注目的焦点，在技术迅猛发展的今天，企业的信息化已成为市场竞争的重要手段。走向市场化、走向国际化或者保持国内市场不致萎缩的必要条件就是拥有畅通的现代国际化联系手段：自己的域名、自己的主页、自己的电子信箱、自己的宣传阵地。

网络已经日益成为市场营销的重要方式，但任何企业开展网上电子商务都应十分慎重，因为它在人力物力上的投入很大。企业在不具备充足的条件时，首先在网络上建立一个虚拟主机进行电子商务的尝试是十分必要的。让专业的公司来承担系统的维护和管理，使得企业能节约更多的人力和费用进行其他的业务。建立自己的虚拟主机(网站服务器)就相当于拥有了长期的网上电子广告。

3) 虚拟主机的优势

(1) 费用低廉，网上信息发布具备明显的宣传优势的同时，费用也很低。电台、电视台的广告虽然以秒计算，但费用动辄成千上万；报刊广告也价格不菲，超出多数单位、个人的承受能力。网上信息发布由于节省报刊的印刷费用和电台、电视台昂贵的制作费用，成本大大降低，使绝大多数单位、个人都可以承受。

(2) 覆盖范围广，传统媒体无论电视、报刊、广播还是灯箱海报都不能跨越地域限制，只能对特定地区产生影响。

(3) 成交概率高，对于传统媒介广告，观众大多是被动接受，不易产生效果。

(4) 形式生动活泼，网上信息运用计算机多媒体技术，以图、文、声、像等多种形式，将产品的形状、用途、使用方法、价格、购买方法等信息直接展示在用户面前。

(5) 具有实时性，商家可以根据市场需要随时更改广告内容，灵活方便。

(6) 更重要的是，对企业和机构用户而言，这是当前最为省钱、便利和实用的方式。

连入 Internet 的计算机近亿台，这些计算机分为两大类：客户机和服务器。

客户机是访问别人信息的机器。当通过邮电局或别的 ISP 拨号上网时，计算机就被临时分配一个 IP 地址，利用这个临时身份证，就可以在 Internet 的海洋里获取信息，当断线后，计算机就脱离了 Internet，IP 地址也被收回。

服务器则是提供信息让别人访问的机器，通常又称为主机。由于人们任何时候都可能访问到它，所以主机必须每时每刻都连接在 Internet 上，拥有自己永久的 IP 地址。为此不仅要设置专用的计算机硬件，还要租用昂贵的数据专线，再加上各种维护费用如房租、人工、电费等，花费很大。为此，人们开发了虚拟主机技术。

利用虚拟主机技术，可以把一台真正的主机分成许多"虚拟"的主机，每一台虚拟主机都具有独立的域名和 IP 地址，具有完整的 Internet 服务器功能。虚拟主机之间完全独立，在外界看来，每一台虚拟主机和一台独立的主机完全一样。但费用却大不一样。由于多台虚拟主机共享一台真实主机的资源，每个虚拟主机用户承受的硬件费用、网络维护费用及通信线路的费用均大幅度降低，使 Internet 成为人人用得起的网络！但一台服务器主机只能支持一定数量的虚拟主机，当超过这个数量时，用户将会感到性能急剧下降。

很多公司及制作网站的朋友，往往对网站空间的性能有一定要求，而虚拟主机方式，尽管价格较低，但对于性能有较高要求的客户而言，往往无法满足。另外，对于一些需要较大空间存放数据的客户而言，服务器合租也是一个不错的选择。九二合租网(服务器合租网站)彻底摒弃了传统虚拟主机按照容量销售空间的方式，采用对服务器资源进行全面划分的方式，按服务器上的网站数进行销售。其开创性地提出了软性监控的方式，基于对空间的资源最大化使用，率先对服务器合租进行了全面的规划，并通过自主研发的监控软件对所有的服务器进行 24 小时监控。每周通过用户报表的方式定义网站和空间的关系，为用户网站资源的使用提供了量化的可能，因此也获得了业内众多用户的青睐。

目前，许多企业建立网站都采用这种方法，这样不仅大大节省了购买机器和租用专线的费用，同时也不必为缺乏使用和维护服务器的技术而担心，更不必聘用专门的管理人员。

2. 网站空间分类

1) 根据操作系统分类

网站空间根据操作系统分为 Windows 2000 系列、Windows 2003 系列和 UNIX 系列。

(1) Windows 2000 系列提供了较大的灵活性，支持 ASP.NET、ASP、PERL 等语言。程序设计多为 ASP 语言，较为简单，网站开发成本也较低。

同时，Windows 2000 系列提供对 Excel、Access、SQL Server 等数据库的支持，为数据存储提供了很大的便利。

(2) Windows 2003 系列基于 Microsoft 公司的一项新技术 ASP.NET，用于创建服务器端的 Web 应用程序。ASP.NET 页面是根据需要被编译后执行的，而不是被解释执行的，因此 ASP.NET 页面的性能就有了很大的提高。此外，它是完全面向对象的程序设计模型，并且可以使用.NET 支持的任何语言(如 Visual Basic.NET、C#、Jscript 等)。这在很大程度上提高了编写代码的能力，可以使软件工程师的灵感任意遨游在页面设计的殿堂之上，达到代码与事物展现的完美结合。

(3) UNIX 系列操作系统以 BSD 和 LINUX 居多。支持 PERL、PHP、JSP 等语言。数据库使用 MYSQL。稳定性是 UNIX 虚拟主机的优势之一。

由于 Web Server 与平台的相对独立，用户选择哪种类型的虚拟主机已经不再重要。Web 浏览和 FTP 服务基本一致，只是选择不同的开发语言而已。因此，用户可以根据自己的需求、技术人员的技术专长、产品的价格、优势等方面，选择一款合适的主机。

2) 根据网络分类

网站空间根据网络可分为单路由空间、双路由空间和海外空间。

(1) 单路由空间。支持一方客户访问，速度较快。

(2) 双路由空间。支持南北客户互访，速度不受限制。

(3) 海外空间。支持海外客户访问网站，速度不受影响。

3. 网站空间申请

建站的组织或个人在获得域名、建立网站后，必须申请合适的网站空间，把网站上传到网站空间，网站才能正常运转。因此，选择一个合适的网站空间(虚拟主机)是网站正常运行的前提。

在选择虚拟主机和虚拟主机服务商时，应考虑的因素主要包括虚拟主机的网络空间大小、操作系统、对一些特殊功能如数据库的支持、虚拟主机的稳定性和速度、虚拟主机服务商的专业水平等。

1) IP 地址是否被顺利访问

虚拟主机的 IP 地址必须能够在国内正常访问。如果虚拟主机网站将来面向的是国内，则要考虑虚拟主机上的 IP 地址在国内是否可以顺利访问。

2) 选择主机的重要指标

如果网站规模不大，也不准备投入太多，功能仅仅限于浏览，没有商务订单等功能，那么可以选择静态虚拟主机。目前国内提供这类虚拟主机的服务有很多，不少是免费的。但据目前了解，免费虚拟主机普遍不太稳定，随时有关闭的可能，出现损失一般不负责任。所以还是建议选择正规公司的服务。

如果你的网站建设准备投入 1 万～5 万元，功能包括 BBS，PV 流量为每天 5000～20 000 (PV 为展现量)，IP 达到 1000 以上，那么可以选择动态虚拟主机，支持数据库包括 PHP、ASP.NET、SHTM，数据库以 MYSQL.SQL 和 ACCESS 为多。

如果网站规模较大，准备投入 1 万～5 万建设费，功能包括 BBS，PV 流量为每天 20 000～50 000(PV 为展现量)，IP 达到 5000 以上，那么可以选服务主机，全面支持数据库 PHP、ASP.NET、SHTM，5 人合租费用在 1000～2000 元/年，单独租赁 6000 元/年。

选择机房或主机商(ISP)，必须考虑它的经营资格、机房线路和位置。南方和西部地区最好不要选择网通机房，北方则可以考虑网通机房。中部地区不妨考虑双线托管或主机。

选择虚拟主机提供商，必须考虑所拥有的虚拟主机机房是什么规模的数据中心，是否有足够机房线路的频宽，虚拟主机网站连线的速度是否同时满足所有虚拟主机客户的流量带宽等。

因为国外虚拟主机商的客户很多，所以他们的机房(data center)整体对外专线的线路频宽也比较大。例如，虚拟主机商 IPowerWeb 的机房线路频宽就使用了 OC48 和 OC192 的最高技术规模。

3) 虚拟主机上架设的网站数量

通常一个虚拟主机能够架设上百至上千个网站。如果一个虚拟主机的网站数量很多，那么应该拥有更多的 CPU、内存和服务器阵列。如果是从虚拟主机分销商 reseller 处购买虚拟主机，那么为了达到最多的赢利，在一个主机上会架设尽可能多的网站，而虚拟主机服务器却没有提示，造成网站的虚拟主机速度受限。所以，最好的办法就是寻找一家有信誉的大型虚拟主机提供商，他们的每个虚拟主机服务器是有网站承载个数限制的。当然如果对网站有很高的速度和控制要求，最终的解决方案就是购买独立的服务器。

4) 使用 vps 架设网站

虚拟主机的网站之间会相互抢占资源。如果预算允许，可以购买 vps 主机。它是虚拟主机的升级版，但它又不是一台完整的服务器，而是一个适中的考虑。另外，现在国内比较流行服务器合租。

虚拟主机技术是互联网服务器采用的节省服务器硬件成本的技术。虚拟主机技术主要应用于 HTTP 服务，将一台服务器的某项或者全部服务内容逻辑划分为多个服务单位，对外表现为多个服务器，从而充分利用服务器硬件。

2.3.3 网站空间申请实例

下面以聊城汽车网(www.lcqch.com)为例介绍网站空间申请的全部过程。申请空间首先要解决的问题就是找到合适的空间服务商。本例是在华夏名网上申请空间，操作步骤如下。

(1) 利用已注册的账号，登录会员中心，如图 2.7 所示。

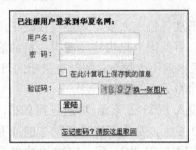

图 2.7　会员登录界面

(2) 登录会员中心后，选择【虚拟主机】选项卡，如图 2.8 所示。

图 2.8　【虚拟主机】选项卡

(3) 在虚拟主机选择项卡里，有【个人主机】、【企业主机】、【不限流量主机】、【双线主机】、【LINUX 主机】、【论坛主机】、【博客主机】、【CMS 主机】等选项组。主机要根据网站的特点和个人的需要进行选择。一般来说，个人主机只限那种流量不是很大，内容不是很多的个人网站使用。这种主机价格比较低，稳定性不是很好。企业主机主要是针对企业及政府部门提供的主机。这样的主机空间比较大，稳定性比个人主机强，当然价格也比个人主机高。不限流量主机和企业主机差不多，只不过不限流量主机可以不限制网站的流量，对于一些门户网站及一些流量较大的网站是个很好的选择。双线主机和其他主机的差别在于它提供网通和电信两条线路，这样对于使用网通和电信的单线用户的速度都不会影响。因为聊城汽车网是一个门户网站，对稳定性要求较高，所以选用企业主机。单击【企业主机】，在下面出现的主机类型中进行选择，如图 2.9 所示。

图 2.9　企业主机类型介绍

(4) 在出现的企业主机类型中，单击【详情】即可查看该主机的详细介绍。根据网站的特点及个人需求，选择适合自己的主机类型。在这里，选择"Win 企业超级型"，在"Win 企业超级型"下面单击【购买】按钮，进入购买页面，如图 2.10 所示。

(5) 在选择服务器时，服务器星号越多，表明等级越高，服务器越稳定，默认选择五星服务器。选择完成后，输入验证码，单击【添加到购物车】按钮，把该产品放入购物车，如图 2.11 所示。

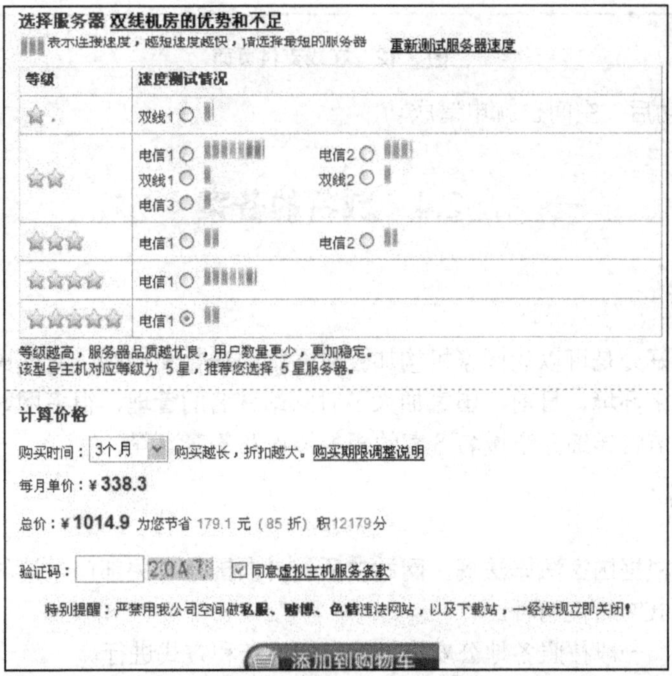

图 2.10　空间购买页面

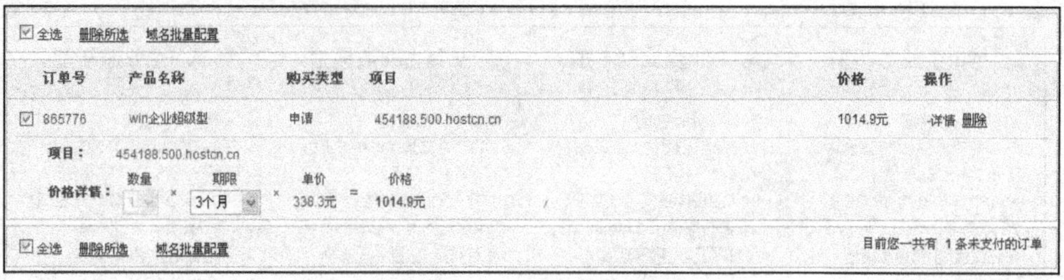

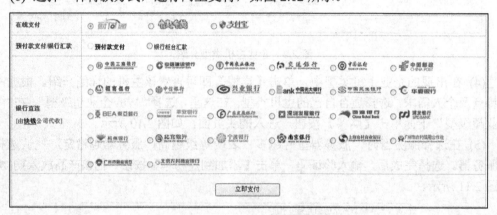

图 2.11　购物车

(6) 选择一种付款方式，进行网上支付，如图 2.12 所示。

图 2.12　在线支付页面

(7) 支付成功后，空间也就申请成功。

2.4　域名的备案

2.4.1　任务分析

域名备案的好处是可以让国家机构加强对网络的净化和控制，给网民创造一个健康、稳定、有序的网络环境。目前，国家加大了对网站域名的管理，很多网站因为域名没有备案而被查封。本节将详细介绍域名备案的相关知识及备案流程。

2.4.2　相关知识

网站备案是根据国家法律法规，网站的所有者向国家有关部门申请的备案。现在主要有公安局备案和 ICP 备案两种。

公安局备案，一般按照各地公安机关指定的地点和方式进行。

ICP 备案，可以自主通过官方备案网站 http://www.miibeian.gov.cn 在线备案或者通过当地电信部门来进行备案。

1. ICP 备案

ICP 备案是信息产业部对网站的一种管理方式，主要目的是防止非法网站。官方认可的网站，就像办理营业执照的小商铺一样合法。

《中华人民共和国信息产业部第 33 号令》指出：为了规范网络安全化，维护网站经营者的合法权益，保障网民的合法利益，促进互联网行业健康发展，中华人民共和国信息产业部第十二次部务会议审议通过《非经营性互联网信息服务备案管理办法》，并将于 2005 年 3 月 20 日起施行。信息产业部对国内各大小网站(包括企业及个人站点)进行严格审查，对于没有合法备案的非经营性网站或没有取得 ICP 许可证的经营性网站，根据网站性质，将予以罚款，严重的关闭网站。以此规范网络安全，打击一切利用网络资源进行违法活动的犯罪行为。

2. ICP 备案意义

网站备案的目的在于防止在网上从事非法的网站经营活动，打击不良互联网信息的传播。如果网站不备案，很有可能被查处后关停。非经营性网站自主备案是不收任何手续费的，所以建议大家自行到备案官方网站去备案。

根据中华人民共和国信息产业部第十二次部务会议审议通过的《非经营性互联网信息服务备案管理办法》的精神，在中华人民共和国境内提供非经营性互联网信息服务，应当办理备案。未经备案，不得在中华人民共和国境内从事非经营性互联网信息服务。而对于没有备案的网站将予以罚款或关闭。

从事互联网信息服务的企事业单位，必须取得互联网信息服务增值电信业务经营许可证或办理备案手续。

互联网信息服务，是指通过互联网向上网用户提供信息的服务活动。

互联网信息服务可分为经营性信息服务和非经营性信息服务两类。

经营性信息服务，是指通过互联网向上网用户有偿提供信息或者网页制作等服务活动。凡从事经营性信息服务业务的企事业单位应当向省、自治区、直辖市电信管理机构或者国务院信息产业主管部门申请办理互联网信息服务增值电信业务经营许可证。申请人取得经营许可证后，应当持经营许可证向企业登记机关办理登记手续。

非经营性信息服务，是指通过互联网向上网用户无偿提供具有公开性、共享性信息的服务活动。凡从事非经营性互联网信息服务的企事业单位，应当向省、自治区、直辖市电信管理机构或者国务院信息产业主管部门申请办理备案手续。非经营性互联网信息服务提供者不得从事有偿服务。

2.4.3　ICP 备案流程实例

根据国家法律法规，ICP 备案主要由网站主办者通过接入服务商企业侧系统进行自主备案或由接入服务商代理网站主办者通过企业侧系统进行备案，由接入商核实网站主办者信息，由省级通信管理局进行审核，全部审核通过后，将生成备案号并将网站主办者数据信息同步到部级备案系统，完成 ICP 备案。

ICP 备案主要流程如图 2.13 所示。

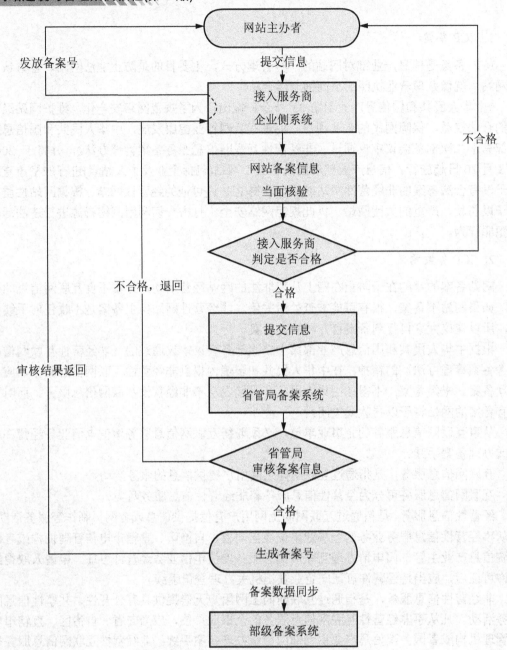

图2.13 ICP备案流程图

下面以中国万网(www.net.cn)作为空间接入服务商为例,演示如何通过接入商备案侧系统(接入商代理备案系统)进行ICP备案。

1. 网站主办者通过接入商侧系统进行自主备案

(1) 登录工业和信息化部ICP/IP地址/域名信息备案管理系统网站www.miibeian.gov.cn,如图2.14所示。

图 2.14 工业和信息化部 ICP/IP 地址/域名信息备案管理系统

(2) 通过工业和信息化部提供的自行备案导航系统，根据接入商所在省和接入商名称查询接入商信息，选择接入商并进入该接入商代理备案系统。

① 通过自行备案导航查询接入商信息，如图 2.15 所示。

图 2.15 查询接入商信息

② 在结果中选择正确的接入商，进入接入商代理备案系统，如图 2.16 所示。

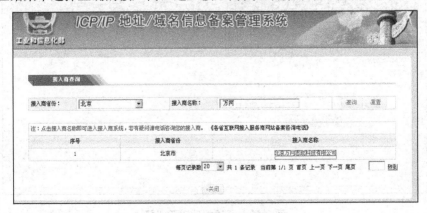

图 2.16 接入商查询结果

图 2.17　进入万网 ICP 代理备案管理系统

(3) 注册万网 ICP 代理备案管理系统账号，并激活系统，如图 2.18 和图 2.19 所示。

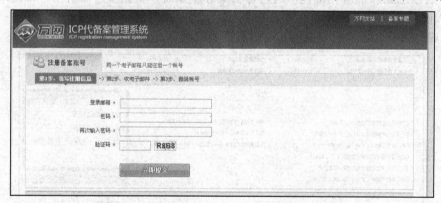

图 2.18　邮箱注册万网 ICP 代理备案管理系统

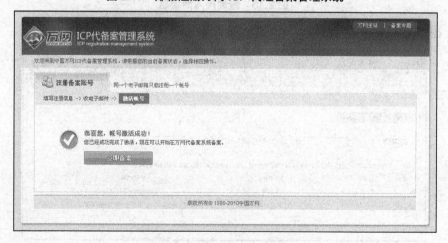

图 2.19　通过邮件激活账号

(4) 进入代理备案系统，填写并提交备案信息。

① 填写验证基本信息，验证基本信息的有效性，如图 2.20 所示。

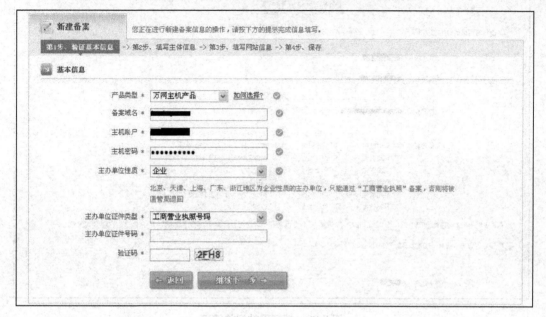

图 2.20　验证基本信息

② 填写真实的主办者信息，如图 2.21 所示。

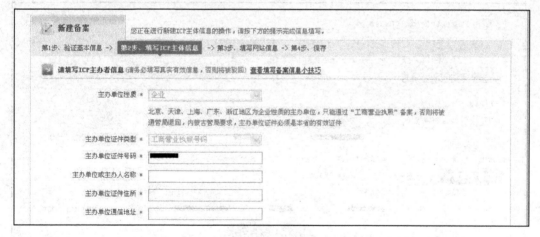

图 2.21　填写真实的主办者信息

③ 填写网站相关信息，如图 2.22 所示。

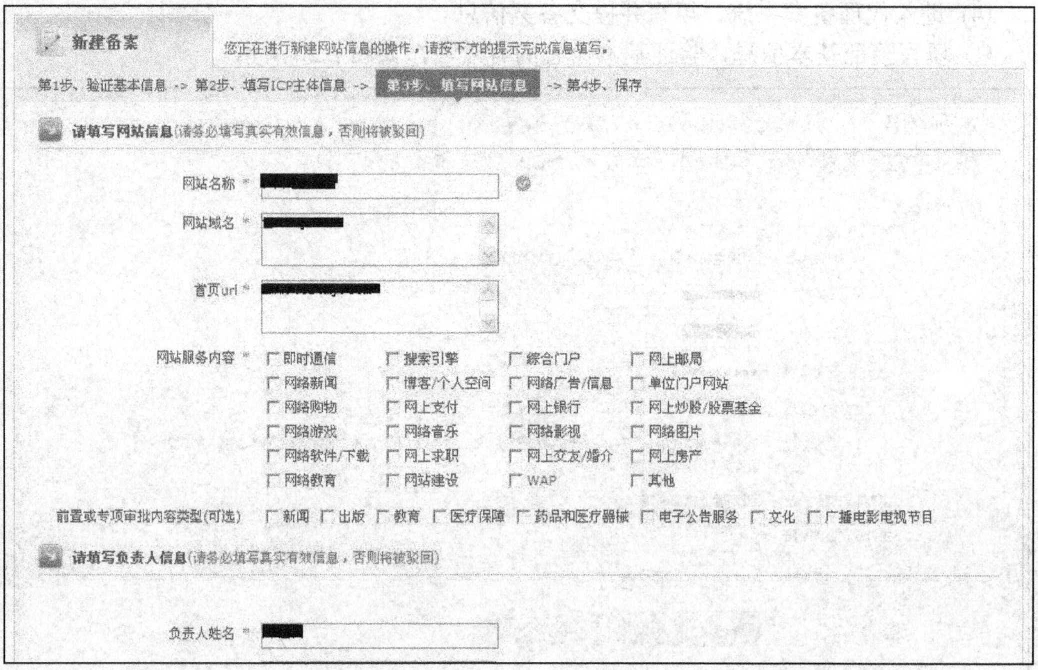

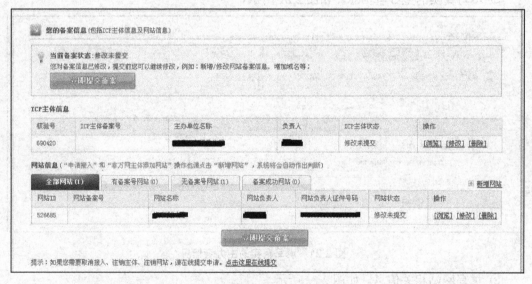

图 2.22　填写网站相关信息

④ 提交备案信息，如图 2.23 所示。

图 2.23　提交备案信息

选择未备案的网站进行备案信息录入，如图 2.24 所示。

图 2.24　选择提交的网站类型

确认网站 ICP 主体信息的正确性，如图 2.25 所示。

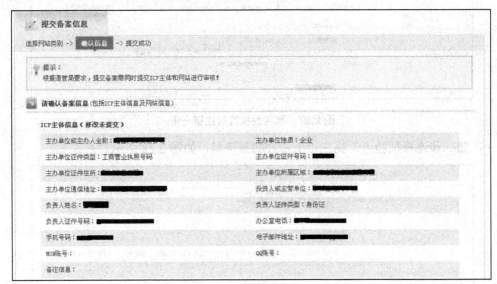

图 2.25　选择网站

确认网站信息的正确性，选中"我同意，并已阅读协助更改备案信息服务在线服务条款"单选按钮后，提交网站备案，如图 2.26 所示。

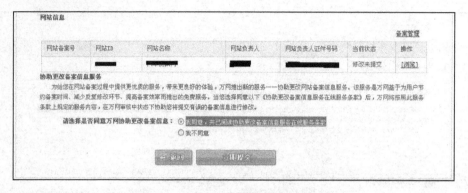

图 2.26　确认备案信息并进行最终提交

(5) 备案信息提交后，首先进入真实性核验阶段。真实性核验分 3 个步骤，第一步确认核验前需要准备的资料，如图 2.27 所示。

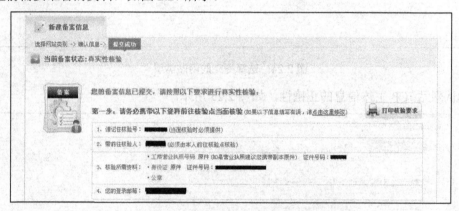

图 2.27　真实性核验阶段第一步

(6) 第二步选择核验点，第三步上传并邮寄资料，如图 2.28 所示。

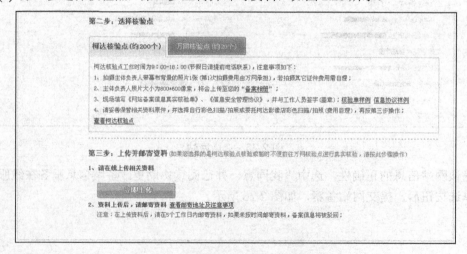

图 2.28　选择核验点及上传并邮寄资料

网站审核总体过程如图 2.29 所示。

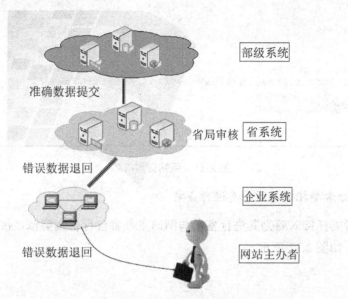

图 2.29　ICP 备案审核过程

在审核过程中，接入商需对网站主办者拍照效果图进行核实，效果图必须按照指定背景进行拍摄，如图 2.30 所示。

图 2.30　网站主办者拍照效果图样例

(7) 通过全部审核后，备案成功，如图 2.31 所示。

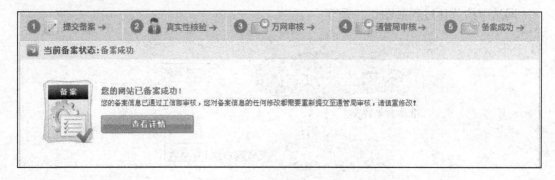

图 2.31　网站备案成功

2. 网站主办者委托接入商为其进行备案

网站主办者委托接入商为其进行备案与网站主办者自行备案类似，接入商负责进行网站信息的录入，如图 2.32 所示。

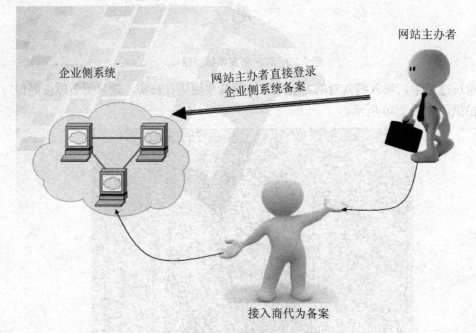

图 2.32　两种备案方式比较

网站主办者除了通过接入商侧系统进行自主备案外，还可委托接入商为其进行备案，由接入商通过侧系统进行备案，使用这种方式备案时网站主办者需向接入商提供真实完整的备案相关信息。无论使用哪种方式进行备案，都要经过该接入商侧系统进行信息录入、接入商进行信息核实、省级通信管理局进行信息审核这些必要步骤，才能最终完成备案。

3．新增网站备案

如果已有一个备案主体，并且该备案主体下已有一个备案网站。现在又增加了一个网站，该网站也需要在备案主体下进行备案，这时候需要在原备案主体处新增一个网站信息。下面以万网为例，介绍一下如何在已有的备案主体上新增一个网站。

(1) 登录备案系统，如图 2.33 所示。

图 2.33　进入万网 ICP 代理备案管理系统

(2) 选择"备案管理"选项卡，如图 2.34 所示。

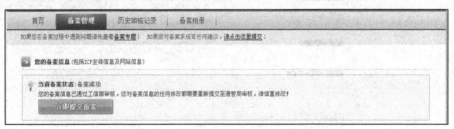

图 2.34　备案管理界面

(3) 选择"新增网站"选项卡，如图 2.35 所示。

图 2.35　新增网站界面

(4) 请按照提示输入相关产品信息，如图 2.36 所示。

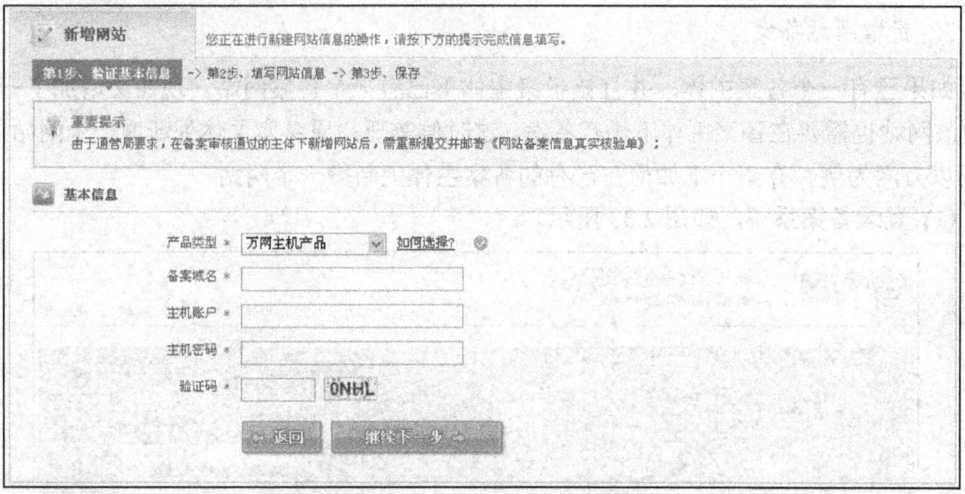

图 2.36　新增网站信息录入

(5) 填写真实的网站信息，如图 2.37 所示。

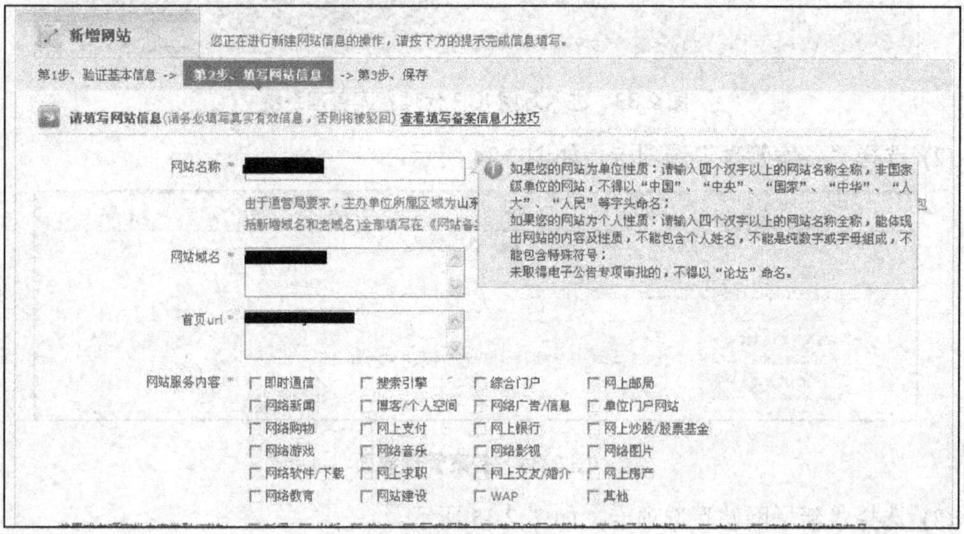

图 2.37　填写网站信息界面

(6) 备案管理中可以看到新增的网站，如图 2.38 所示。

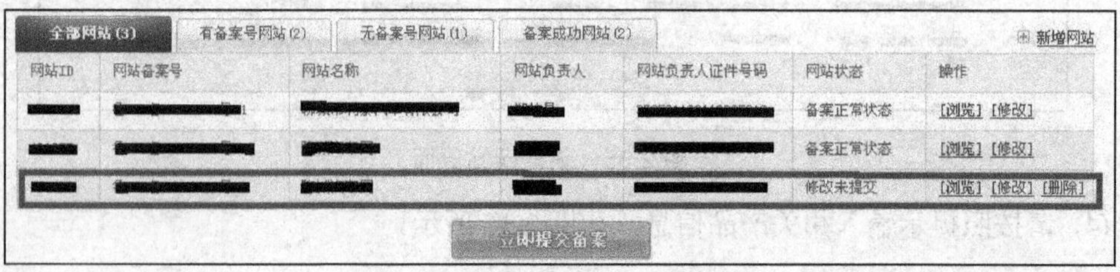

图 2.38　查看新增网站

(7) 提交备案前，如果还需要增加或变更网站备案，可以继续进行操作，全部完成后，再单击【立即提交备案】按钮提交，提交后将至真实性核验阶段。

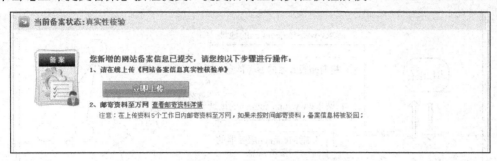

图 2.39 上传《网站备案信息真实性核验单》

(8) 按照提示进行真实性核验，核验后进入审核阶段，审核成功后新增网站方成功。

2.5 域 名 解 析

2.5.1 任务分析

域名和空间申请完毕后，还有一步非常重要的操作就是如何让域名和空间绑定。如果是为大型网站申请域名，该网站下又有很多子网站，为了使网站域名结构更加清晰，需要设置二级域名。本节任务主要是完成域名的解析及二级域名的设置。

2.5.2 相关知识

1. 域名解析

域名解析是指从域名到 IP 地址的转换过程，域名解析又称域名指向。

域名注册好之后，只表明这个域名可以使用，但如果不进行域名解析，那么这个域名就不能发挥它的作用。经过解析的域名可以作为电子邮箱的后缀，也可以作为网址，因此域名投入使用的必备环节是域名解析。

域名是为了方便记忆而专门建立的一套地址转换系统。要访问互联网上的一台服务器，最终还必须通过 IP 地址来实现。域名解析就是将域名重新转换为 IP 地址的过程。一个域名只能对应一个 IP 地址，而多个域名可以同时被解析到一个 IP 地址。域名解析需要由专门的域名解析服务器(DNS)来完成。下面以著名门户网站新浪网为例说明域名解析的过程，域名解析原理如图 2.40 所示。

解析过程如下。例如，一个域名为 www.stasp.com，实现 HTTP 服务，如果想看到这个网站，要进行解析，首先在域名注册商那里通过专门的 DNS 服务器解析到一个 Web 服务器的固定 IP 地址 211.214.1.***。然后，通过 Web 服务器来接收这个 IP 地址，将域名 www.stasp.com 映射到这台服务器上。那么，输入域名 www.stasp.com，即可实现网站的访问。

人们习惯记忆域名，但计算机之间互相只认 IP 地址。域名与 IP 地址之间是一一对应的,它们之间的转换工作称为域名解析。域名解析需要由专门的域名解析服务器来完成,整个过程是自动进行的。

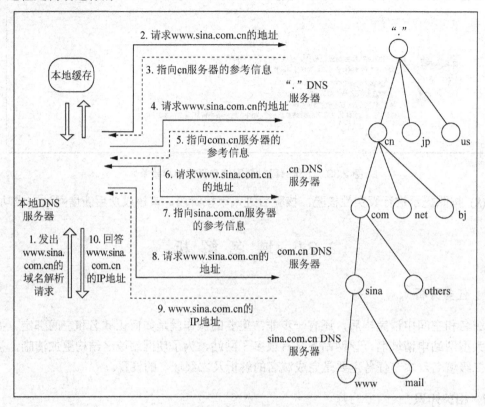

图 2.40　域名解析原理图

2. 二级域名

域名级数是指从右至左,按照"."分开的部分数确定的,有几个部分就有几级域名。

二级域名是顶级域名(一级域名)的下一级,域名整体包括两个".",如"www.abc.com"、"bbs.abc.com"。但在实际生活中,通常把 abc.com 称为顶级域名,把 bbs.abc.com 称为二级域名或子域名。

顶级域名、二级域名、子域名之间的区别是什么呢?

根据域名分类可知,顶级域名是指根据域名所有者性质、国家或地区进行的域名划分,顶级域名是第一级域名,具体可分为国际顶级域名和国家顶级域名。

子域名是其父域名的子域名,如父域名是 abc.com,子域名就是 www.abc.com 或者 *.abc.com(表示所有以.abc.com 结尾的域名)。可见二级域名是顶级域名(一级域名)的一种子域名,同时二级域名的子域名为三级域名,如三级域名 car.bbs.abc.com 为二级域名 bbs.abc.com 的一个子域名。

一般来说,二级域名是域名的一条记录。例如,abc.com 是一个域名,www.abc.com 是其中比较常用的记录。一般默认为这个,但是类似*.abc.com 的域名全部称为 abc.com 的二级域名。

2.5.3　域名解析及二级域名设置实例

1. 域名解析的步骤

在进行域名注册时，域名注册商会要求域名购买者免费注册会员。购买域名后，购买者可以凭会员的用户名和密码进行登录。登录后注册商会提供域名管理系统，购买者可以通过域名管理系统进行域名的解析。将域名解析到虚拟主机，主要有以下几个步骤。

(1) 进入域名提供商网站，登录到会员中心。下面以华夏名网为例，登录会员管理中心，单击【域名注册】|【我的域名】，如图 2.41 所示。

首页
域名注册
虚拟主机
企业邮箱
VPS主机
服务器
网站建设
代理中心
会员中心
客服中心
积分商城
注册域名
中文域名注册
海外域名注册
域名介绍及价格
免费解析域名
动态域名
域名交易
域名转入
我的域名

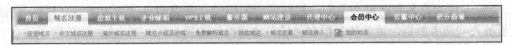

图 2.41　域名管理后台

(2) 在需要管理的域名后面，单击【管理(解析)】，如图 2.42 所示。

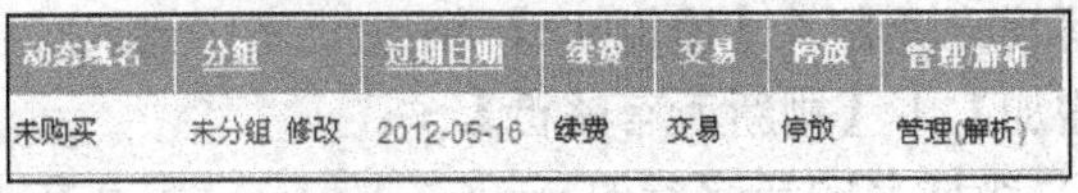
动态域名
分组
过期日期
续费
交易
停放
管理/解析
未购买
未分组 修改
2012-05-16
续费
交易
停放
管理(解析)

图 2.42　域名管理首页

(3) 单击【域名指向设置】，如图 2.43 所示。

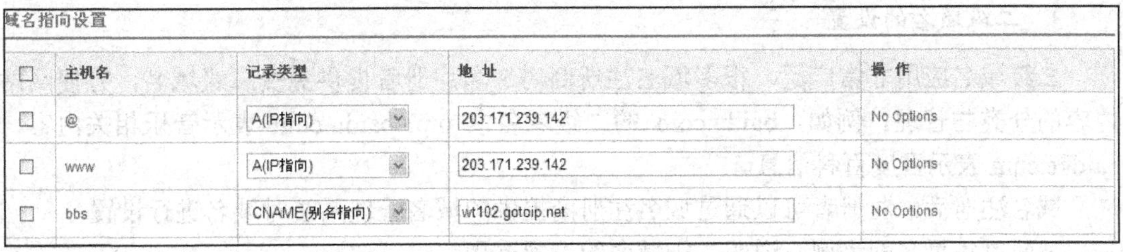
域名指向设置
主机名
记录类型
地 址
操 作
@
A(IP指向)
203.171.239.142
No Options
www
A(IP指向)
203.171.239.142
No Options
bbs
CNAME(别名指向)
wt102.gotoip.net
No Options

图 2.43　域名指向首页

(4) 设置 A 记录。A(Address)记录用来指定主机名(或域名)对应的 IP 地址记录。用户可以将该域名下的网站服务器指向自己的 Web Server。同时也可以设置域名的二级域名。

必须在注册商的域名管理界面中设置正确的有效稳定的 DNS。注册商修改 DNS 可能需要 12～72 小时才能反映在根服务器上。

(5) 设置 CNAME 记录。CNAME 记录是别名记录。这种记录允许将多个名称映射到同一台计算机，通常用于同时提供 WWW 和 MAIL 服务的计算机。例如，有一台计算机名为“host.abc.com” (A 记录)，它同时提供 WWW 和 MAIL 服务。为了便于用户访问服务，可以为该计算机设置两个别名(CNAME)：WWW 和 MAIL。这两个别名的全称就是“www.abc.com”和“mail.abc.com”。实际上它们都指向“host.abc.com”。

(6) 设置 Wildcard MX 记录。Wildcard MX 记录是泛邮件路由记录(姑且称之)，功能上比较接近 MX 记录，除此之外它也可以用子域名来收邮件。当然，主机本身必须具备收邮件的功能。

以上为域名解析的一般步骤，具体步骤可以向域名注册商咨询。

2. 域名的泛解析

泛解析，又称无限子域名，即将*.domain.com 都解析到某个 IP。在添加子域名时，在子域名栏中填"*"，这样即使不显性地添加 abc.domain.com，也可以解析。

泛解析的一般步骤如下。

(1) 通过用户名和密码登录到注册域名时的网站。下面的操作会根据域名提供商控制面板的不同而有差别，请具体参照自己域名注册网站的提示。

(2) 执行【自助管理】|【域名管理】|【信息下的管理】命令，在域名控制面板中输入域名(如 a.com 不需加 www)和域名密码(如果忘记域名密码，选择初始密码下的重置密码即可把域名密码设置为初始密码)。

(3) 单击【DNS 解析管理】|【增加 IP】，在主机名中输入*，对应 IP 输入服务器的 IP 地址，然后单击【增加】|【刷新所有解析】。

(4) 如果需要解析二级域名的泛解析如 xxx.05.abc.com，那么在上面的主机名里输入 05 即可。

(5) 0.5～1 小时之后，解析就可生效，新注册的域名 24 小时内生效。

3. 二级域名的设置

二级域名应用非常广泛，很多域名注册商对域名注册者提供免费二级域名，方便网站内容的分类与管理。例如，baidu.com 的二级域名中 mp3.baidu.com 表示音乐相关内容、baidke.com 表示百度百科信息。

域名注册后，注册者可以通过域名注册商提供的域名管理系统对域名进行设置。

下面以华夏名网为例，说明二级域名的设置过程。

(1) 登录华夏名网会员中心(http://sudu.cn/login.php)，单击【产品管理】|【我的域名】，如图 2.44 所示。

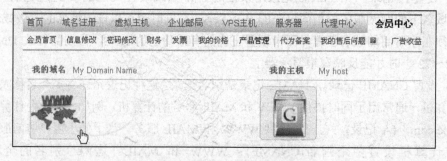

图 2.44 华夏名网会员管理界面

(2) 单击 "cdjdh.cn" 域名或者后面的【域名管理(解析)】，以 cdjdh.cn 域名为例说明如何实现域名解析，如图 2.45 所示。

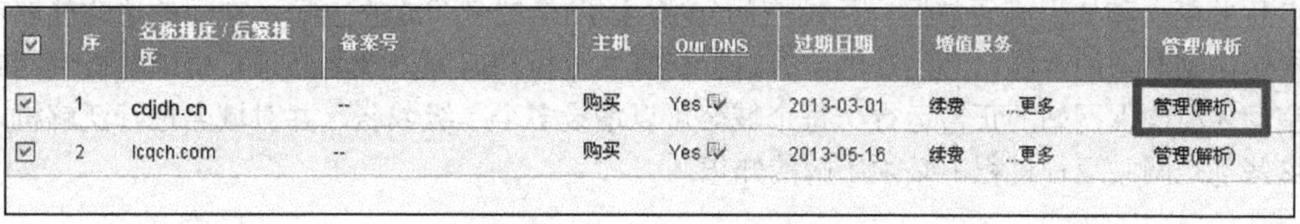

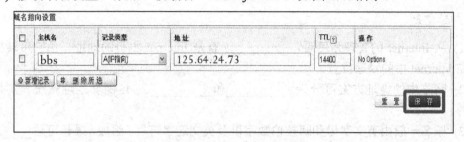

图 2.45　华夏名网域名管理界面

(3) 修改域名设置，添加二级域名 "bbs.cdjdh.cn"，如图 2.46 所示。

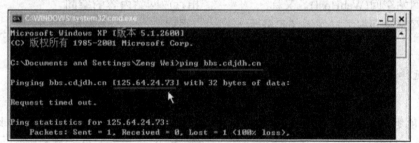

图 2.46　添加二级域名界面

(4) 测试二级域名是否添加成功。执行【开始】|【运行】命令，输入 cmd，按 Enter 键出现一个命令提示符窗口，输入 ping IP/域名。例如，域名为 bbs.cdjdh.cn，就可以输入 "ping bbs.cdjdh.cn"，按 Enter 键。返回的 IP 地址为 125.64.24.73，那么 bbs.cdjdh.cn 就已经解析生效了，如图 2.47 所示。

图 2.47　通过 Windows 系统 ping 命令测试二级域名设置

从图 2.47 可以看出二级域名 bbs.cdjdh.cn 的 IP 地址已经设置为 125.64.24.73，因此二级域名设置成功。

本 章 小 结

本章主要介绍域名和网站空间的相关知识，并结合实例详细阐述了域名注册的过程，域名备案的详细流程；通过讲解网站空间的购买，阐述网站空间购买的相关注意事项；通过对域名解析的介绍，说明域名解析的原理和一般步骤；为读者申请域名、域名备案、网站空间的购买和域名解析的管理提供参考。

域名、空间和网站程序是网站的三大基本要素。域名是网站建设中最重要的资源，域名相关概念和知识必须掌握。网站空间(虚拟主机)是域名存放的空间，空间的选购能够直接影响到网站的性能，必须在选购时进行认真的分析和研究。域名必须正确地解析到网站空间才能确保网站的正常运行。每个域名可以增设多个二级域名，并对域名进行泛解析，这些都是网站运行过程中必须了解的知识。

习　题

1. 填空题

(1) 从 Internet 的管理角度看，_____就是 Internet 主机的地址，由它可转换为该主机在 Internet 中的物理位置。

(2) 网络中的地址方案可分为_____和_____。这两套地址系统其实是一一对应的。

(3) 域名一般由英文字母和阿拉伯数字以及英文连字符"-"组成，最长可达_____个字符(包括后缀)。

(4) 我国的国家顶级域名是_____。

(5) 按地域范围对域名进行分类，域名可分为_____和_____。

(6) 在管理机构上，国际域名由_____负责注册和管理。

(7) 按域名的级别进行分类，域名可分为_____和_____。

(8) 网站空间(WebHost)，又称_____，指存放网站内容的空间。

(9) 网站空间根据操作系统可分为_____系列、_____系列和_____系列。

(10) _____是指域名到 IP 地址的转换过程。

2. 选择题

(1) (　　)是 Internet 的一项核心服务，它作为将域名和 IP 地址相互映射的一个分布式数据库，能够使人更方便地访问互联网，而不必记住能够被机器直接读取的 IP 地址数串。

    A. DNS　　　　　　B. NSF　　　　　　C. FTP　　　　　　D. DSN

(2) Internet 是基于 TCP/IP 协议进行通信和连接的，每一台主机都有一个唯一的标识固定的(　　)。

    A. DNS　　　　　　B. IP 地址　　　　　C. 域名　　　　　　D. 网卡

(3) CN 域名注册的管理机构为(　　)。

    A. CNNIC　　　　　B. Neulevel　　　　C. ICANN　　　　　D. Inter NIC

(4) 用于工商金融企业的域名为(　　)。

    A. Net　　　　　　B. Com　　　　　　C. Edu　　　　　　D. Org

(5) 最为通用的域名.com/.net 的管理机构是(　　)。

    A. CNNIC　　　　　B. Neulevel　　　　C. ICANN　　　　　D. Inter NIC

(6) 域名解析需要由专门的(　　)来完成。

    A. DNS　　　　　　B. NSF　　　　　　C. FTP　　　　　　D. DSN

3. 简答题

(1) 常见的国际顶级域名有几种？分别是什么？

(2) 域名选择的主要原则有哪些？

(3) 请列举 3 个网络域名注册商，并分别通过这些注册商查询域名 www.baidu.com 的相关信息。

(4) 网站空间有哪些分类？网站空间选择的主要原则有哪些？

(5) 简述 ICP 备案的流程。

实 训 指 导

项目 1：

某地方汽车协会为更好地销售和品牌推广，决定建立一个地方性汽车门户网站，请通过互联网域名注册商完成该门户网站的域名注册，并写出域名注册报告书。

任务 1：根据汽车协会的性质和建站目的，拟定 2 个以上该地方性汽车门户网站的域名，并完成域名注册报告中拟定域名的部分。

任务 2：通过互联网域名注册商(如万网、新网等)查询拟定域名是否被注册，如已被注册，需重新拟定，最后完成域名注册报告中的域名分析查询部分。

任务 3：通过域名注册商(如万网、新网等)提供的网上支付方式(如网上银行、支付宝等第三方支付)支付域名费用，并把支付的详细过程写入域名注册报告。

任务 4：登录域名注册商提供的域名查询系统，查询已支付相关费用的域名是否已在自己的名下，完成注册的整个过程，并完成域名注册报告。

项目 2：

假定项目 1 中的汽车协会已完成域名注册，并且该地方性汽车门户网使用了 ASP 语言为网站开发语言，请按照以下任务的步骤完成该网站空间的购买，并完成网站空间申请报告。

任务 1：根据该网站开发语言和网站的用途，确定网站空间的类型、大小和规模，并完成网站空间申请报告中的网站空间分析部分。

任务 2：参考本章网站空间申请部分，通过 Internet 网站空间提供商申请网站空间。

任务 3：参考本章域名管理部分，在购买网站空间后，通过空间提供商提供的网站空间(虚拟主机)管理系统设置任务 1 中申请域名的指向为本空间的 IP，并设置域名 CNAME 等属性。

任务 4：对已购买的网站空间(虚拟主机)进行域名的泛解析。

项目 3：

假定项目 1 中的汽车协会已完成域名注册，请结合本章域名备案部分，对该汽车门户网站进行 ICP 备案，并完成域名 ICP 备案报告。

任务 1：登录工业和信息化部网站 http://www.miibeian.gov.cn 了解域名备案相关法律法规，并确定自己网站的性质(经营性还是非经营性)。

任务 2：在工业和信息化部网站以网站主办者身份进行注册，并通过注册的电子邮箱确定注册的验证码等信息。

任务 3：参考本章域名备案部分录入网站主办者备案信息。

任务 4：参考本章域名备案部分录入网站备案信息。

任务 5：参考本章域名备案部分录入网站接入商信息。

任务 6：完成所有信息的录入，在工业和信息化部网站进行网站备案进度查询。

第**3**章　网站开发技术

> **教学任务**

网站开发技术主要包括网站前台页面设计、网站后台开发语言和网站数据库设计。网站的一些脚本特效，增加了网站与客户的交互，丰富了网站的功能。而 CMS 系统的出现，又大大降低了网站开发的难度，使不懂代码的人也可以轻松制作动态网站。本章主要对网站前台页面设计、网站后台开发语言、网站相关开发工具、网站 CMS 系统、网站特效等进行简要介绍。

该教学过程可分为如下 4 个任务。

任务 1：制订网站前台建设方案。主要包括网站主题与风格、网站栏目和版块、目录结构和链接结构和版面布局。

任务 2：制订网站后台建设方案。主要包括网站开发技术的选择和网站后台数据库的选择。

任务 3：利用 CMS 系统设计网站。

任务 4：利用网站常用特效增强网站功能。

> **教学过程**

本章根据网站建设的实际工作流程，从网站的前台页面设计，网站后台设计，网站常用开发工具的使用，网站 CMS 系统及网站常用特效等方面进行讲解。

教学目标	主要描述	学生自测
了解网站前台设计的步骤	(1) 能够策划网站总体页面布局和架构 (2) 能够培养界面设计的良好理念	学生能够独立设计汽车网页面布局和架构
熟悉网站后台开发流程及相关知识	(1) 熟悉网站各个开发语言的优点及缺点 (2) 了解 Access、SQL Server、Oracle 数据库的特点，并且能根据网站的特点选择合适的数据库语言	根据汽车网的功能特点，选择合适的网站开发语言及数据库
了解网站相关开发工具	了解 Photoshop、Fireworks、Dreamweaver、Flash 等平面设计软件的功能	了解常用网站开发工具的功能

续表

教学目标	主要描述	学生自测
了解 CMS 网站系统的原理及作用	(1) 掌握 CMS 系统的原理 (2) 能够利用 CMS 系统快速搭建网站	根据汽车网的功能特点，选择合适的 CMS 系统
了解网站常用特效的实现方法	(1) 了解 DIV 布局的概念 (2) 了解实现网站特效的方法	为汽车网增加一些网站特效

3.1 网站前台设计

3.1.1 任务分析

网站前台是面向网站访问用户的，通俗地说，也就是给访问网站的人看的内容和页面，网站前台访问可以浏览公开发布的内容。网站前台能够给客户留下直观的印象，其好坏直接决定着网站给客户留下的印象。本节的主要任务就是从网站主题与风格、网站栏目和版块、目录结构和链接结构、版面布局等方面对网站前台设计进行介绍。

3.1.2 相关知识

1. 网站主题与风格

1) 网站主题

设计一个站点，首先遇到的问题就是如何定位网站主题。网站主题就是设计的网站题材。网站可以是任意主题，没有限制。目前，比较流行的网站题材主要包括以下 10 类：网上求职、网上聊天/即时信息/ICQ、网上社区/讨论/邮件列表、计算机技术、网页/网站开发、娱乐网站、旅行、参考/资讯、家庭/教育和生活/时尚。每个大类都可以继续细分，如娱乐类可再分为体育、电影、音乐，音乐又可以按格式分为 MP3、VQF、Ra；按表现形式分为古典、现代、摇滚等。以上都是最常见的题材，除了以上通用题材外，还有很多专业的、比较另类的题材，如寻医问药、房产、天气预报等。同时，各个题材交叉结合可以产生新的题材，如房产论坛(房产+讨论)、经典足球播放(足球+影视)等。按这种方式分类，题材数量可成千上万。

选择合适的主题，是一个网站成功的关键。主题的选择应该从以下几方面入手。

(1) 主题定位要小，内容要精。网站内容越多，给人的感觉越是没有主题，没有特色。什么内容都有，也没有那么多的精力去维护，导致各个主题内容都很肤浅。网络的最大特点就是新和快，目前最热门的主页都是天天更新甚至几小时更新一次。

一定要根据自己擅长的和想要给客户提供的主要内容，确定网站的主题。图 3.1 是小说阅读网的首页，该网站一天访问量可达 6000 万人，每天在线用户达 200 万人。该网站之所以有这么高的访问量和它的主题明确是分不开的。该网站内容很精也很丰富，但它的定位就是小说。

(2) 题材要根据网站设计者的兴趣和爱好确定。大多数网站设计者建站都有自己的目的。例如，一个擅长编程的网站设计者，可能会建一个编程爱好者网站；一个医生可能会建一个有关寻医问药的网站；一个服装批发商可能会建一个销售服装的网店等。这样在制作网站时才有内容可填，才不会觉得无聊或者力不从心。兴趣是制作网站的动力，没有兴趣，很难设计制作出杰出的作品。Admin5 站长网是以网站学习、网站域名、编程等相关服务交易为主的个人网站，其创始人章征军就是一个网站爱好者，Admin5 站长网在国内已经很有名气，首页如图 3.2 所示。

图 3.1　小说阅读网首页

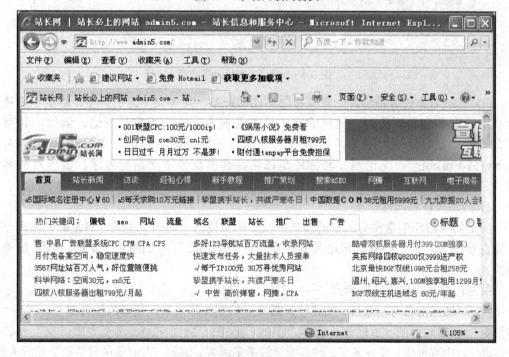

图 3.2　admin5 站长网首页

(3) 题材定位不要"太高"或者"太广"。"太广"是指到处可见，人人都有的题材，如软件下载、免费信息等。这样的主题没有新意，很难吸引人。"定位太高"是指在这类题材上已经有非常优秀、知名度很高的站点，要超过它很困难。所以给自己定位一个功能十分强大、但又不可能实现的网站，只会浪费自己的时间和精力。hao123是目前家喻户晓的网址导航之家，建于1999年5月。当时创建该网站的目的就是方便用户上网，把常用网站的地址放在一个页面里面，如图3.3所示。虽然实现技术并不复杂，但这个创意在当时还是比较新的，所以其发展也比较迅速。2004年8月31日，百度出资5000万元人民币，外加部分百度股权收购hao123网。双方交易属于中国内地涉及较大金额的网站收购案。

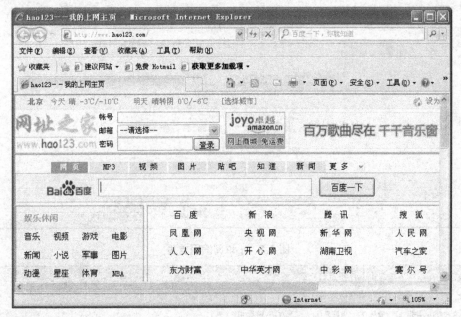

图3.3　hao123网址之家首页

(4) 网站名称要有特色。一个有特色名称的网站，能体现一定的内涵，给浏览者更多的视觉冲击和空间想象力。这样的网站很容易被人记住而不容易忘记。例如，北京灵图公司的"我要地图"网站，如图3.4所示。该网站的名称是"我要地图"，域名是"www.51ditu.com"，无论网站名称还是域名，都能反映本网站的内涵，很容易被客户记住。

2) 网站风格和网站创意

网站的风格和创意没有固定的模式可以参照和模仿。同一个主题，网站的风格和创意可能差别很大，网站的整体风格及其创意设计是网站设计者们最希望掌握，也是最难掌握的。

网站风格具有以下几个特点。

(1) 网站风格具有抽象性。抽象性是指站点的整体形象给浏览者的综合感受。这个"整体形象"包括站点的 CI(标志、色彩、字体、标语)、版面布局、浏览方式、交互性、文字、语气、内容价值、存在意义、站点荣誉等诸多因素。例如，人们觉得网易是平易近人的，迪斯尼是生动活泼的(图 3.5)，IBM 是专业严肃的(图 3.6)。这些都是网站给人们留下的不同感受。

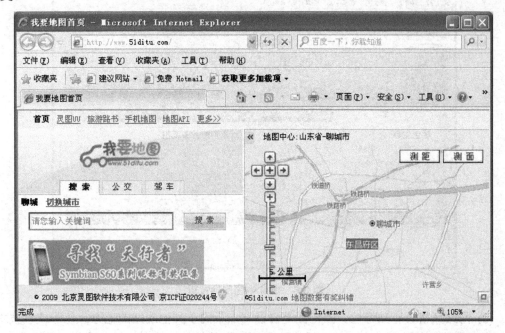

图 3.4　我要地图网站首页

图 3.5　迪斯尼网站首页

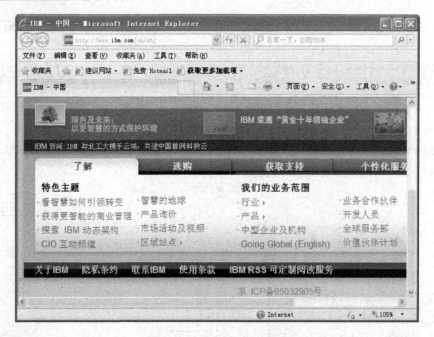

图 3.6　IBM 中国网站首页

(2) 网站风格具有独特性。独特性是自己站点不同于其他网站的地方。色彩或者技术，或者交互方式，能让浏览者明确分辨出这是不同于其他网站的。例如，清华大学学生红色网站，如图 3.7 所示。

图 3.7　清华大学学生红色网站

(3) 网站风格人性化。通过网站的外观、内容和文字可以概括出一个站点的个性和情绪。或温文儒雅，或热情活泼。

有风格的网站与普通网站的区别在于，普通网站可以看到的只是堆砌在一起的信息，只能用理性的感受来描述，如信息量大小、浏览速度快慢。但浏览过有风格的网站后就能有更深一层的感性认识，如站点有品位等。

风格归根结底就是一句话：与众不同！

树立网站风格可以从以下几个方面考虑。

(1) 确定风格首先要建立有价值的内容。一个网站在有好的风格基础上，还要保证内容的质量和价值。

(2) 需要彻底搞清楚自己希望站点给人留下怎样的印象。

(3) 在明确自己的网站印象后，努力建立和加强这种印象。经过第二步印象的"量化"，需要进一步找出其中最有特色的东西，就是最能体现网站风格的东西。并以它作为网站的特色加以重点强化、宣传。例如，再次审查网站名称、域名、栏目名称是否符合这种个性，是否易记。审查网站标准色彩是否容易联想到这种特色，是否能体现网站的性格等。

树立网站风格的一些参考方法

一、将网站的标志 Logo，尽可能地出现在每个页面上。或者页眉，或者页脚，或者背景。

二、突出网站的标准色彩。文字的链接色彩、图片的主色彩、背景色、边框等色彩尽量使用与标准色彩一致的色彩。

三、突出网站的标准字体。在关键的标题、菜单、图片里使用统一的标准字体。

四、想一条朗朗上口的宣传标语。把它放在网站的 banner 里，或者放在醒目的位置，告诉大家此网站的特色。

五、使用统一的语气和人称。即使是多个人合作维护，也要让读者觉得是同一个人写的。

六、使用统一的图片处理效果。例如，阴影效果的方向、厚度、模糊度都必须一样。

七、用自己设计的花边、线条和点。

风格的形成不是一次定位的，可以在实践中不断强化、调整和修饰。

创意(idea)是网站生存的关键，是传达信息的一种特别的方式。创意思考的过程分 5 个阶段。

(1) 准备期——研究所收集的资料，根据旧经验，启发新创意。

(2) 孵化期——将资料咀嚼消化，使意识自由发展，任意结合。

(3) 启示期——意识发展并结合，产生创意。

(4) 验证期——将产生的创意讨论修正。

(5) 形成期——设计制作网页，将创意具体化。

创意是将现有的要素重新组合。例如，网络与电话结合产生 IP 电话。从这一点出发，任何人都可以创造出不同凡响的创意。而且，资料越丰富越容易产生创意。网络上最多的创意来自于现实生活的结合(或者虚拟现实)，如在线书店、电子社区、在线拍卖。创意思考的途径最常用的是联想,下面提供了一些网站创意的联想线索;把网站颠倒、把网站缩小、把颜色更换、使网站更长、增加闪动效果、把网站内容放进音乐里、网站结合文字音乐图画、重复网站背景等。

提示:创意的目的是更好地宣传推广网站。如果创意很好,却对网站发展毫无意义,这样的创意也是不可取的。

2. 网站栏目和版块

在组织网站栏目和内容时,要将最好的、最吸引人的内容放在最突出的位置,使好的东西在版面分布上占绝对优势。

网站栏目的实质是一个网站的大纲索引。索引应该将整个站点的主体明确显示出来。在制定栏目时,要仔细考虑、合理安排。一般的网站栏目安排要注意以下几个问题。

1) 网站栏目要紧扣主题

网站的主题要按一定的方法分类并将它们作为网站的主栏目。主栏目个数在总栏目中要占绝对优势,这样的网站显得专业,主题突出,容易给人留下深刻印象。例如,聊城汽车网的主要宗旨是为客户提供一个信息交流的平台,所以供求信息、会员管理应该是本网站的主栏目,在本网站中突出显示,如图3.8所示。

图3.8 聊城汽车网首页

2) 至少设一个可经常更新的栏目

如果网站首页没有安排版面放置最近更新的信息,就有必要设立一个"最近更新"的栏目。这样做是为了照顾常来的访客,让他们经常能看到新的信息。

3) 设定一个可以双向交流的栏目

不需要很多,但一定要有,如论坛、留言本、邮件列表等,可以让浏览者留下他们的信息。

4) 设一个下载或常见问题回答栏目

网络的特点是信息共享。人们在下载资料时，都希望一次性下载，而不是一页一页浏览存盘。所以在网站主页做一个下载栏目，是非常有必要的。另外，设立一个常见问题回答栏目，及时了解浏览者出现的问题，及时帮助浏览者解决这些问题，这样浏览者就会经常浏览网站。

至于其他的辅助内容，如关于本站、版权信息等可以不放在主栏目里，以免冲淡主题。总结以上几点，划分栏目需要注意以下几个方面。

(1) 尽可能删除与主题无关的栏目。

(2) 尽可能将网站最有价值的内容列在栏目上。

(3) 尽可能方便访问者的浏览和查询。

版块比栏目的概念要大一些，每个版块都有自己的栏目。例如，网易的站点分新闻、体育、财经、娱乐、教育等版块，每个版块下面都有各自的主栏目。一般的个人站点内容较少，只有主栏目(主菜单)就足够了，不需要设置版块。如果觉得的确有必要设置版块的，各版块要有相对独立性，版块的内容要围绕站点主题展开。

图 3.9 是聊城汽车网的栏目和版块。

图 3.9　聊城汽车网栏目划分

该网站的题材是关于聊城汽车及汽车配件的展示与宣传，收集和组织了许多相关的资料内容。能否吸引网友浏览网站，对内容的位置、内容在版面上的分布都至关重要。一般汽车及汽车配件的网站栏目安排要注意以下几个方面。

(1) 紧扣主题。通常的做法是将汽车及汽车配件这个主题按一定的方法分类，并将分类作为主栏目。主栏目个数在总栏目中要占绝大多数，这样的汽车网站使人感觉专业，主题突出，能给人留下深刻印象。

(2) 设一个"供求信息"和"会员推荐"栏目。这样可以展示更新的会员信息，让网站更加人性化。

(3) 设置一个注册会员的功能。会员可以发布信息，用户通过注册会员可以与管理员或者访客联系。注册会员都有自己的空间，通过空间可以上传一些资源与大家共享。

3. 目录结构和链接结构

1) 目录结构

目前很少有网站只由单页面组成，当涉及多个或是成千上万个页面时，往往就需要有清晰的网站结构，来确保搜索引擎和用户的访问，网站的目录结构就起到这样的作用。

(1) 网站目录结构。网站的目录是指建立网站时所创建的目录，目录结构则主要是指物理结构和逻辑结构。

具体来说，网站物理结构指网站目录及所包含文件所存储的真实位置所表现出来的结构。对于小型网站来说，所有网页都存在网站根目录下的扁平式结构。这种单一的目录扁平结构对搜索引擎而言是最为理想的，因为只要一次访问即可遍历。但是如果太多文件都放在根目录下，那么维护起来就显得相当麻烦。而对规模较大的网站，往往需要2~3层甚至更多层级子目录才能保证文件内容页的正常存储，这种多层级目录也称为树型结构，即根目录下再细分成多个频道或目录，然后在每一个目录下面再存储属于这个目录下的终极内容网页。这样的好处是维护容易，但是搜索引擎的抓取将会显得困难些。

与网站的物理结构不同，网站的逻辑结构也称为链接结构，主要指由网页内部链接所形成的逻辑结构。这样的结构可以实现文件虽然存在不同的物理结构目录之下，但是访问链接的目录层级只需要一层即可转向访问。例如，华夏名网顶部的目录导航，如图3.10所示。

图3.10　华夏名网导航目录

(2) 网站目录建立原则。网站的目录是指建立网站时创建的目录。目录的结构是一个容易忽略的问题，大多数网站设计者都是未经规划，随意创建子目录。目录结构的好坏，对浏览者来说并没有太大的影响，但是对于站点本身的维护及以后内容的扩充和移植都有着重要的影响。所以，建立目录结构时要仔细安排。

不要将所有文件都存放在根目录下。有的网站制作者为了方便，将所有文件都放在根目录下。这样就很容易造成文件管理的混乱，搞不清哪些文件需要编辑和更新，哪些文件可以删除，哪些是相关联的文件，从而影响工作效率。服务器一般都会为根目录建立一个文件索引，如果将所有文件都放在根目录下，那么即使上传更新一个文件，服务器也需要将所有文件再检索一遍，建立新的索引文件。文件量越大，等待的时间也就越长。

子目录首先按主栏目建立。友情链接内容较多、需要经常更新的可以建立独立的子目录。而一些相关性强、不需要经常更新的栏目，如网站简介、站长情况等可以合并放在统一目录下。

在每个主目录下都建立独立的Images目录。一般来说，一个站点根目录下都有一个默认的Images目录。将所有图片都存放在这个目录下很不方便。例如，在删除栏目时，图片的管理相当麻烦。所以为每个主栏目建立独立的 Images 目录是方便维护与管理的。

目录的层次不要太多，最好不要超过 3 层。不要使用中文目录，使用中文目录可能对网址的正确显示造成困难。不要使用过长的目录，太长的目录名不便于记忆。尽量使用意义明确的目录，以便于记忆和管理，如可以用 Flash、Dhtml、Javascript 来建立目录。

随着网页技术的不断发展，利用数据库或者其他后台程序自动生成网页越来越普遍。网站的目录结构也必将飞跃到一个新的结构层次。

2) 网站的链接结构

网站的链接结构是指页面之间相互链接的拓扑结构。它建立在目录结构基础之上，但可以跨越目录。形象地说，每个页面都是一个固定点，链接则是在两个固定点之间连线。一个点可以和另外一个点连接，也可以和多个点连接。更重要的是，这些点并不是分布在一个平面上，而是存在于一个立体的空间中。网站最好用最少的链接，使得浏览最有效率。

一般建立网站的链接结构有两种基本方式。

(1) 树状链接结构(一对一)。类似 DOS 的目录结构，首页链接指向一级页面，一级页面链接指向二级页面。立体结构看起来就像蒲公英。用这样的链接结构浏览时，一级级进入，一级级退出。优点是条理清晰，访问者明确知道自己在什么位置，不会"迷"路。缺点是浏览效率低，一个栏目下的子页面到另一个栏目下的子页面，必须绕经首页。

(2) 星状链接结构(一对多)。类似网络服务器的链接，每个页面相互之间都建立链接。立体结构像东方明珠电视塔上的钢球。这种链接结构的优点是浏览方便，随时可以到达自己喜欢的页面。缺点是链接太多，容易使浏览者迷路，搞不清自己在什么位置，看了多少内容。

这两种基本结构都只是理想方式，在实际的网站设计中，总是将这两种结构混合起来使用。我们希望浏览者既可以方便快速地浏览到自己需要的页面，又可以清晰地知道自己的位置。所以，最好的办法是，首页和一级页面之间用星状链接结构，一级页面和二级页面之间用树状链接结构。有的站点为了免去返回一级页面的麻烦，将二级页面直接用新开窗口(POP up windows)打开，浏览结束后关闭即可。

如果站点内容庞大，分类较细，需要超过三级页面，那么建议在页面里显示导航条，这样可以帮助浏览者明确自己所处的位置。例如，经常看到许多网站页面顶部的导航条："您现在的位置是：首页→汽车→聊城汽车→聊城汽车网→分类信息→品牌车信息。"

关于链接结构的设计，在实际的网页制作中是非常重要的一环。采用怎样的链接结构直接影响到版面的布局。例如，主菜单放在什么位置，是否每页都需要放置，是否需要用分帧框架，是否需要加入返回首页的链接。在链接结构确定后，再开始考虑链接的效果和形式，即采用下拉表单，还是 DHTML 动态菜单等。

4. 版面布局

版面布局也称为布局设计，是指网站设计者对所有要体现的内容进行有机地整合和分布，达到某种视觉效果。做好网站的版面设计要重视所做的每一步并把它尽量做到最好。

1) 版面布局的原理

版面指的是浏览器看到的一个完整的页面(包含框架和层)。网页的整体宽度可分为3种设置形式:百分比、像素和像素+百分比。通常在网站建设中以像素形式最为常用,行业网站也不例外。在设计网页时会考虑到分辨率的问题。现在通常用的分辨率是 1024×768 和 800×600,网络上很多都用到 778 个像素的宽度。在 800 的分辨率下整个网页很压抑,有种不透气的感觉。其实这个宽度是指在 800×600 的分辨率上网页的最宽宽度,不代表最佳视觉,不妨试试 $760 \sim 770$ 的像素。不管在 1024 还是 800 的分辨率下都可以达到较佳的视觉效果。

版面布局要经过 3 个步骤,一是设计草案,属于创造阶段,不讲究细腻工整,不必考虑细节功能,只以粗陋的线条勾画出创意的轮廓;二是粗略布局,遵循突出重点、平衡协调的原则,把需要的功能模块安排到页面上;三是制订方案,将粗略布局精细化、具体化。

2) 常用的版面布局形式

(1) "T" 形结构布局。它是指页面顶部为横条网站标志+广告条,下方左面为主菜单,右面显示内容的布局。因为菜单条背景较深,整体效果类似英文字母 "T",所以称为 "T" 形布局。这是网页设计中用的最广泛的一种布局方式。优点是页面结构清晰,主次分明,容易掌握。缺点是规矩呆板,如果细节色彩上不注意,容易显得乏味。

(2) "口" 形布局。这是一个形象的说法,就是页面上下各有一个广告条,左面是主菜单,右面是友情链接等,中间是主要内容。这种布局的优点是充分利用版面,信息量大;缺点是页面拥挤,不够灵活。

(3) "三" 形布局。这种布局多用于国外站点,国内用得不多。特点是页面上横向两条色块,将页面整体分割为四部分,色块中大多放广告条。

(4) 对称对比布局。顾名思义,采取左右或者上下对称的布局,一半深色,一半浅色,一般用于设计型站点。优点是视觉冲击力强,缺点是将两部分有机结合比较困难。

(5) POP 布局。POP 引自广告术语,就是指页面布局像一张宣传海报,以一张精美图片作为页面的设计中心。优点是显而易见的,漂亮吸引人。缺点就是速度慢。

3) 版面布局的步骤

版面布局也是一个创意的问题,但要比站点整体的创意容易、有规律的多。下面介绍版面布局的步骤。

(1) 结构的搭建。新建页面就像一张白纸,没有任何表格、框架和约定俗成的东西,可以尽可能地发挥想象力,将想到的 "景象" 画上去(建议用一张白纸和一支铅笔,当然用作图软件 Photoshop 等也可以)。这属于创造阶段,不讲究细腻工整,不必考虑细节功能,只以粗陋的线条勾画出创意的轮廓即可。尽可能多画几张,最后选定一张满意的作为继续创作的脚本。

(2) 粗略布局。在草案的基础上,将确定需要放置的功能模块安排到页面上(主要包括网站标志、主菜单、新闻、搜索、友情链接、广告条、邮件列表、计数器、版权信息等)。注意,这里必须遵循突出重点、平衡协调的原则,将网站标志、主菜单等最重要的模块放在最显眼、最突出的位置,然后再考虑次要模块的排放。

(3) 定案。当已经有一个很好的框架时，需要根据客户的要求将其所需的内容有条理地融入整个的框架中，这就进入了网页布局的阶段。

(4) 深入优化。这个阶段主要是针对一些细节的更改和优化，如颜色饱和度、字体、间距的调整。最后根据客户反馈回来的东西对现有的界面进行适当的调整，直至客户满意。

3.2　网站后台开发

3.2.1　任务分析

网站后台开发包括网站开发语言的选择、数据库的选择等。网站后台是动态网站的核心。它是整个网站功能实现的基础。一个网站后台的好坏，不仅影响着网站的整体功能，而且对整个网站的安全也有着非常重要的影响。所以，设计一个功能强大、安全性较高的网站后台，是整个网站建设中最为关键的一步。本节从网站后台开发语言选择、网站数据库选择等方面对网站后台技术进行介绍。

3.2.2　相关知识

1. 常用开发语言介绍

常用的网站开发语言有 ASP、PHP、JSP 和 ASP.NET。这 4 种语言各有各的特点，下面分别进行介绍。

1) ASP

ASP 更精确地说是一个中间件。这个中间件将 Web 上的请求转入到解释器中，在解释器中将所有的 ASP 的 Script 进行分析，然后执行。此时可以在这个中间件中创建一个新的 COM 对象，对这个对象中的属性和方法进行操作和调用，再通过这些 COM 组件完成更多的工作。所以，ASP 强大不在于它的 VBScript，而在于它后台的 COM 组件。这些组件无限地扩充了 ASP 的能力。

ASP 的优点如下。

(1) 简单易学。服务器脚本用的是 VBScript，具有简单易学的特点。

(2) 安装使用方便。只要装好 Windows 2003 操作系统和 IIS 就可以使用 ASP，无须其他配置。

(3) 开发工具可任意选择。只要使用一般的文书编辑程序，如 Windows 记事本就可以编辑。当然，其他网页开发工具，如 Dreamweaver、FrontPage Express 等也都可以使用；可以根据需要来选择合适的开发工具。

ASP 的缺点如下。

(1) Windows 本身的所有问题都会一成不变地累加到它的身上。ASP 的安全性、稳定性、跨平台性(Win2K 已经不再支持 Alpha)都会因为与 NT 的捆绑而显现出来。

(2) ASP 由于使用了 COM 组件所以变得十分强大。但是这样的强大由于 Windows NT 系统最初的设计问题会引发大量的安全问题。只要在这样的组件或是操作中一不小心，外部攻击就可以取得相当高的权限从而导致网站瘫痪或者数据丢失。

(3) 由于 ASP 还是一种 Script 语言，所以除了大量使用组件外，没有其他办法提高其工作效率。它必须面对即时编译的时间考验，同时还不知其背后的组件会是怎样的状况。

(4) 无法实现跨操作系统的应用。当然这也是微软制造商的原因，只有这样才能发挥 ASP 最佳的能力。

(5) 还无法完全实现一些企业级的功能：完全的集群和负载均衡。

2) PHP

PHP(Hypertext Preprocessor)是一种 HTML 内嵌式的语言(类似于 IIS 上的 ASP)。而 PHP 独特的语法混合了 C、Java、Perl 以及 PHP 式的新语法。它可以比 CGI 或者 Perl 更快速地执行动态网页。

PHP 能够支持诸多数据库，如 MS SQL Server、MySQL、Sybase、Oracle 等。

它与 HTML 语言有非常好的兼容性，使用者可以直接在脚本代码中加入 HTML 标签或者在 HTML 标签中加入脚本代码，从而更好地实现页面控制。PHP 提供了标准的数据库接口，数据库连接方便、兼容性强、扩展性强，可以进行面向对象编程。

PHP 的优点如下。

(1) PHP 是一种能快速学习、跨平台、有良好数据库交互能力的开发语言。语法简单、书写容易，现在市面上也有大量的书可供学习，同时 Internet 上也有大量的代码可以共享。对于一个想学些"高深的 UNIX"下的开发的初学者来说，是一个绝好的入手点。

(2) PHP 与 Apache 及其他扩展库结合紧密。PHP 与 Apache 可以以静态编译的方式结合起来，而与其他的扩展库也可以用同样的方式结合(除了 Windows 平台)。这种方式的最大好处就是最大化地利用了 CPU 和内存，同时极为有效地利用了 apache 的高性能吞吐能力。同时，外部的扩展也是静态连编，从而达到了最快的运行速度。由于与数据库的接口也使用这种方式，所以使用本地化的调用。这使得数据库发挥了最佳效能。

(3) PHP 具有良好的安全性。由于 PHP 本身的代码开放，它的代码在许多工程师手中进行了检测。同时它与 Apache 编译在一起的方式也可以使它具有灵活的安全设定。所以到现在为止，PHP 具有公认的良好的安全性能。

PHP 的缺点如下。

(1) 支持的数据库变化较大。由于 PHP 的所有扩展接口都是独立团队开发完成的，同时在开发时为了形成相应数据的个性化操作，所以 PHP 虽然支持许多数据库，可是针对每种数据库的开发语言都完全不同。这样形成的针对一种数据库的开发工作，在数据库升级后需要开发人员进行几乎全部代码的更改。而为了让应用支持更多种数据库，就需要开发人员将同样的数据库操作使用不同的代码写出 n 种代码库，程序员的工作量大大增加。

(2) 安装复杂。由于 PHP 的每一种扩充模块并不完全由 PHP 本身来完成，需要许多外部的应用库，如图形需要 gd 库、LDAP 需要 LDAP 库。这样在安装完成相应的应用后，再联编进 PHP 中。只有在这些环境下才能方便地编译对应的扩展库。

(3) 缺少企业级的支持。没有组件的支持，所有的扩充就只能依靠 PHP 开发组所给出的接口，事实上这样的接口还不够用，难以同时将集群、应用服务器这样的特性加入到系统中。而一个大型的站点或是一个企业级的应用是需要这样的支持的。

注意：在 PHP 4.0 以后版本加入了对 Servlet/Javabean 的支持，也许这样的支持会在以后的
　　　版本中加强，并成为 PHP 以后的企业级支持的起点。

(4) 缺少正规的商业支持。这也是自由软件的一项缺点。国内 PHP 的开发人员正在快速增加，相信在不久的将来，这样的支持会多起来。

(5) 无法实现商品化应用的开发。由于 PHP 没有任何编译性的开发工作，所有的开发都是基于脚本技术来完成的，所以所有的源代码都无法编译，它的应用只能是自己或是内部使用，无法实现商品化。

3) JSP

JSP 页面由 HTML 代码和嵌入其中的 Java 代码组成。服务器在页面被客户端请求后对这些 Java 代码进行处理，然后将生成的 HTML 页面返回给客户端的浏览器。Java Servlet 是 JSP 的技术基础，而且大型 Web 应用程序的开发需要 Java Servlet 和 JSP 配合才能完成。JSP 具备了 Java 技术的简单易用、完全面向对象、具有平台无关性且安全可靠、主要面向 Internet 的所有特点。

JSP 的优点如下。

(1) 一次编写，各处运行。在这一点上 Java 比 PHP 更出色，除了系统之外，代码不用做任何更改。

(2) 系统的多平台支持。JSP 页面基本上可以在所有平台上的任意环境中开发，在任意环境中进行系统部署，在任意环境中扩展。相比 ASP、PHP 的局限性是显而易见的。

(3) 强大的可伸缩性。从只有一个小的 Jar 文件就可以运行 Servlet/JSP，到由多台服务器进行集群和负载均衡，再到多台 Application 进行事务处理、消息处理，从一台服务器到无数台服务器，Java 显示了强大的生命力。

(4) 多样化和功能强大的开发工具的支持。这一点与 ASP 很相似，Java 已经有许多非常优秀的开发工具，许多可以免费得到，并且其中许多已经顺利地运行于多种平台上。

JSP 的缺点如下。

(1) 与 ASP 一样，Java 的一些优势正是它致命的问题所在。正是由于跨平台的功能，极度的伸缩能力，产品的复杂性极大的增加了。

(2) Java 的运行速度是用 class 常驻内存来完成的。另外，它还需要硬盘空间来存储一系列的.java 文件和.class 文件以及对应的版本文件。

4) ASP.NET

ASP.NET 的前身是 ASP 技术，ASP.NET 不仅仅只是 ASP 的一个简单升级，它更为我们提供了一个全新而强大的服务器控件结构。从外观上看，ASP.NET 和 ASP 是相近的，但是从本质上是完全不同的。在开发语言上，ASP.NET 抛弃了 VBSCRIPT 和 JSCRIPT，而使用.NET Framework 所支持的 VB.NET，C#.NET 等语言做为其开发语言，这些语言生成的网页在后台被转换成了类并编译成了一个 DLL。由于 ASP.NET 是编译执行的，所以它比 ASP 拥有了更高的效率。ASP.NET 的语法在很大程度上与 ASP 兼容，同时它还提供一种新的编程模型和结构，可生成伸缩性和稳定性更好的应用程序，并提供更好的安全保护。

ASP.NET 的优点如下。

(1) 可管理性：ASP.NET 使用基于文本的、分级的配置系统，简化了将设置应用于服务器环境和 Web 应用程序的工作。因为配置信息是存储为纯文本的，因此可以在没有本地管理工具的帮助下应用新的设置。注意，配置文件的任何变化都可以自动检测到并应用于应用程序。

(2) 易于部署：通过简单地将必要的文件复制到服务器上，ASP.NET 应用程序即可以部署到该服务器上。不需要重新启动服务器，甚至在部署或替换运行的已编译代码时也不需要重新启动。

(3) 扩展性和可用性：ASP.NET 被设计成可扩展的、具有特别专有的功能来提高群集的、多处理器环境的性能。

(4) 跟踪和调试：ASP.NET 提供了跟踪服务，该服务可在应用程序级别和页面级别调试过程中启用。在开发和应用程序处于生产状态时，ASP.NET 支持使用.NET Framework 调试工具进行本地和远程调试。当应用程序处于生产状态时，跟踪语句能够留在产品代码中而不会影响性能。

(5) 与.NET Framework 集成：因为 ASP.NET 是.NET Framework 的一部分，整个平台的功能和灵活性对 Web 应用程序都是可用的。也可从 Web 上流畅地访问.NET 类库以及消息和数据访问解决方案。ASP.NET 是独立于语言之外的，所以开发人员能选择最适于应用程序的语言。

ASP.NET 的缺点如下。

(1) 数据库的连接复杂。

(2) ASP.NET 在内存使用和执行时间方面耗费非常大，这大部分归因于较长的代码路径。

(3) ASP.net 的可扩展性，使得它的内存使用率还可能成为 Web 服务器上的一个问题。

(4) 无法跨平台使用。ASP.NET 的服务器需要在 windows 系统安装.NET Framework，且.net 只能放在 windows 环境里来运行。

2. 网站开发语言选择

常用的网站开发语言有 ASP、PHP、JSP 和 ASP.NET，各有特点。对于一些复杂型和功能型网站建设来说，开发语言的选择是非常重要的一步。这一步的好坏直接影响到以后网站程序的升级以及功能的扩展。一个网站开发语言的选择，主要考虑以下几个方面。

1) 易学易用性

很多网站入门者在刚开始建设网站时，首先考虑的是技术的简单性。一些比较入门的技术就被一些新手广泛使用。

ASP 是微软(Microsoft)所开发的一种后台脚本语言，它的语法和 Visual Basic 类似，可以像 SSI(Server Side Include)那样将后台脚本代码内嵌到 HTML 页面中。ASP 技术简单易用，入门容易，适合初学者使用。

PHP 简单易学，大大地降低了初学者的门槛，这是它平民化的一个很重要的表现。因此也受到了一些非专业人士的青睐，让不少非计算机人士也加入进来，使得这个语言所形成的社区非常多。因为专业彼此不同，所形成的观点和想法就会更加丰富。也正是因为这样才使得 PHP 在各方面各个行业的应用更为广泛。

JSP 对于网站开发来讲不像 PHP 和 ASP 那样易学易用，支持 Java 的主机也少于支持 PHP 的主机。这在一定程度上限制了 Java 技术在网站上的发展。不过从企业软件应用上来讲，MVC 还是拥有相当大的优势的。虽然其配置和部署相对其他脚本语言来说要复杂一些，但对于跨平台的中大型企业应用系统来讲，基于 Java 技术的 MVC 架构几乎成为唯一的选择。

ASP.NET 是一种服务器端脚本技术，可以使(嵌入网页中的)脚本由 Internet 服务器执行。ASP.NET 更容易配置和开发，ASP. NET 使运行一些很平常的任务如表单的提交客户端的身份验证、分布系统和网站配置变得非常简单。微软为 ASP.NET 设计了这样一些策略：易于写出结构清晰的代码、代码易于重用和共享、可用编译类语言编写等等，目的是让程序员更容易开发出 Web 应用，满足计算向 Web 转移的战略需要。现在做网站大部分都是 ASP.NET 或 JSP 的，ASP.NET 容易上手，比较普及，但是平台单一。

2) 执行速度

任何网站的设计都要考虑到它的执行速度及效率。执行速度非常慢的网站是没有人气的。各种技术的性能比较见表 3-1。

表 3-1　各种技术的性能比较

后台界面	ASP(不含 ASP.NET)	PHP	JSP/Servlet
服务器	IIS	非常多	非常多
执行效率	快	很快	极快
稳定性	中等	高	非常高
开发时间	短	短	中等
修改时间	短	短	中等
程序语言	VB	PHP	目前仅支持 Java
网页结合	优	优	优
学习门槛	低	低	较高
函数支持	少	多	多
系统安全	低	佳	极佳
使用网站	多	超多	目前一般
更新速度	慢	快	较慢

JSP 同样是实现动态网页的一个工具。由于它的脚本语言是 Java，所以继承了 Java 的诸多优点。与 ASP 相比，可以说 ASP 和 JSP 基本不是一个档次上的，但 ASP.NET 和 Java 却是可以抗衡的。

从运行速度、运行开销、运行平台、扩展性、安全性、函数支持、厂商支持、对 XML 的支持等方面来看，ASP 都不是 JSP 的对手。COM 组件的复杂性使编程实现有一定的难度。而 JAVABeans 和 Java 的结合却是天衣无缝的。

ASP.NET 是将基于通用语言的程序在服务器上运行。不像以前的 ASP 那样即时解释程序，而是将程序在服务器端首次运行时进行编译，这样的执行效果，当然比一条一条的解释强很多。

ASP.NET 已经被刻意设计成一种可以用于多处理器的开发工具。它在多处理器的环境下用特殊的无缝连接技术，将在很大程度上提高运行速度。即使现在的 ASP.NET 应用软件是为一个处理器开发的，将来多处理器运行时不需要任何改变就能提高其效能。

3) 主机空间

做好网站空间的选择也是很重要的。就目前大多数空间来说，ASP 和 PHP 的空间最便宜，而且使用起来最简单。ASP.NET 空间相对来说价格高一些。JSP 的空间一般都是用 Linux 作为服务器系统的，相比之下管理比较麻烦。目前 Linux 方面的人才也比较少，所以 JSP 的空间是最贵的。单纯从空间价格上来说，ASP 和 PHP 是最佳的选择，ASP.NET 次之。

4) 安全性

在安全性上，JSP 安全性最高，其次是 ASP.NET 和 PHP，最后是 ASP。

由于 ASP 程序采用非编译性语言，大大降低了程序源代码的安全性。如果黑客侵入站点，就可以获得 ASP 源代码；同时对于租用服务器的用户，因个别服务器出租商的职业道德问题，也会造成 ASP 应用程序源代码的泄露。

每种语言，都有其优缺点。对于一个网站到底选择哪一种语言，需冷静客观地看待这个问题。第一，存在就有其合理性，既然有这些语言，肯定有它们的用处；第二，它们之间必然各有特点，有各自的优势和缺陷；第三，好坏是相对的，根据自己的需要来选择。事实就是这样的，需要考虑网站的规模有多大、制作公司擅长什么、网站预算有多少等。

选择 ASP、PHP、JSP 还是 ASP.NET 将最终取决于应用程序的需要，以及运行程序的系统环境。开发人员对于相似编程语言或范例的熟悉程度同样可以作为选择的因素。例如，使用 ASP.NET 为一个 Windows 服务器创建一个单页面的表单邮件应用程序似乎有些大材小用，但对于 ASP 来说这是极佳的应用环境。如果一个站点需要同 Linux Apache 服务器上的 MySQL 数据库连接，那么使用 ASP 或者 ASP.NET 则会显得力不从心。如果能够提前仔细考虑用户的个人要求，那么开发人员在这些相互竞争的技术中进行选择会容易一些。

3. 网站数据库选择

随着各种网络应用的出现以及电子商务的发展，不少企业和网站设计者在动态网站建设制作过程中，会对数据库的概念产生迷惑或误解。如何选择合适的数据库系统，是动态网站建设的关键。

常用的数据库一般有以下 4 种：Access、SQL Server、MySQL 和 Oracle。

Access 作为 Microsoft Office 组件之一是在 Windows 环境下很流行的桌面型数据库管理系统。使用 Microsoft Access 无须编写任何代码，只需通过直观的可视化操作就可以完成大部分的数据管理任务。不仅易于使用，而且界面友好，因此被用户广泛采用。使用 Access 的时候不需要数据库管理者具有专业的程序设计水平。任何非专业的用户都可以用它来创建功能强大的数据库管理系统。

SQL Server 是基于服务器端的中型数据库，适合大容量数据的应用，在功能和管理上要比 Access 强得多。它在处理海量数据的效率，后台开发的灵活性、可扩展性等方面都很强大。因为现在数据库都使用标准的 SQL 语言对数据库进行管理，所以如果是标准 SQL 语言，两者基本上都可以通用。92HeZu 网全部双线合租空间均可使用 Access 数据库，同时也支持 SQL Server。SQL Server 还有更多的扩展，可以用作存储过程，且数据库大小无限制。

MySQL 是一个开放源码的小型关系型数据库管理系统，开发者为瑞典 MySQL AB 公司，92HeZu 网免费赠送 MySQL。目前 MySQL 被广泛地应用在 Internet 上的中小型网站中。由于其体积小、速度快、总体拥有成本低，尤其是开放源码这一特点，许多中小型网站为了降低网站总体成本而选择 MySQL 作为网站数据库。

Oracle 是一个关系数据库管理系统。它提供开放的、全面的和集成的信息管理方法。每个 Server 由一个 Oracle DB 和一个 Oracle Server 实例组成。它具有场地自治性(Site Autonomy)并提供数据存储透明机制，以此可实现数据存储透明性。Oracle 作为一个通用的数据库管理系统，不仅具有完整的数据管理功能，而且还是一个分布式的数据库系统，支持分布式功能，特别是支持 Internet 应用。作为一个应用开发环境，Oracle 提供了一套界面友好、功能齐全的数据库开发工具。其使用 PL\SQL 语言执行各种操作，具有可开放性、可移植性、可伸缩性等诸多性能。Oracle 可以运行于目前所有主流平台上，如 SUN Solarise、Sequent Dynix/PTX、Intel NT、HP UX、DEC UNIX、IBM AIX 等。Oracle 的异构服务为同其他数据源以及使用 SQL 和 PL/SQL 的服务进行通信提供了必要的基础设施。Oracle 包括了几乎所有的数据库技术，因此被认为是未来企业级主选数据库之一。

在一个网站设计之初，就应该考虑采用什么数据库，正如考虑网站的整体页面布局和程序设计过程中应该采用什么编程语言一样。在网站建设开始之前，应该根据自身建站的需求和其他一些因素选择合适自己的数据库。因为越大的数据库开发费用就越高，但是太小的数据库有可能影响到网站的整体性能，包括数据查询、数据调用等各个方面。所以要选择合适的数据库，满足企业的需求。

虽说目前常见的网站后台数据库种类繁多，每种数据库都各有特色，但是从网站本身的需求、数据库使用便捷性和所需费用等方面来说，Access、SQL Server 和 MySQL 这 3 种数据库管理系统应该是使用率较高的。不过由于 Access 数据库有一个比较明显的弊端，即如果数据库超过一定容量之后，查询和调用的速度就会明显下降，从而导致整个网站响应延迟，因此一般建议站长选择 SQL Server 或者 MySQL 作为网站后台数据库。SQL Server 和 MySQL 适合中小型企业的数据库应用系统选择，而 Oracle 和 DB2 更适合大型企业的数据库应用系统选择。

3.3　网站开发工具介绍

3.3.1　任务分析

本节的主要任务就是认识图像处理工具(Photoshop、Fireworks)、动画处理工具(Flash)和页面设计工具(Dreamweaver)在网站建设中的作用。

3.3.2 相关知识

1．图像制作工具

一个网站首先展现给客户的是它的页面，一个页面设计的好坏，在很大程度上影响着客户对网站的印象。页面设计离不开图片的制作，目前网站制作过程中，使用最多的两个图像处理工具是 Photoshop 和 Fireworks。

1）Photoshop

Photoshop 是 Adobe 公司开发的一个功能十分强大的专业级的图像编辑工具，它将选择工具、绘画和编辑工具、颜色校正工具及特殊效果功能结合起来，对图像进行编辑处理。它能帮助用户创建绝对优秀的、与照片逼真的图像，并且质量将随用户工作经验和对图像编辑原则的了解而呈指数上升。Photoshop 是当今图形设计、处理工作者的首选工具。在众多的图像处理软件中，Photoshop 以其完备的图像处理功能和多种美术处理技巧为许多专业人士所青睐。它既是一种先进的绘图程序，也可以用来修改和处理图像。Photoshop 集图像编辑、图像合成、图像扫描等多种图像处理功能于一体，同时支持多种图像文件格式，并提供多种图像处理效果，可制作出生动形象的图像效果，是一个非常理想的图像处理工具。Photoshop 界面如图 3.11 所示。

图 3.11　Photoshop 界面

Photoshop 不仅是一个很好的图像编辑软件，而且它在图像、图形、文字、视频、出版各方面都有所涉及。

2）Fireworks

Fireworks 是一个强大的网页图形设计工具，使用它可以创建和编辑位图、矢量图形，还可以非常轻松地做出各种网页常见效果，如翻转图像、下拉菜单等。设计完成以后，如果想在网页设计中使用，可以将它输出为 html 格式文件，还可以输出在 Photoshop、

Illustrator 和 Flash 等软件中编辑的格式。Fireworks 是 Macromedia 三套网页利器之一，它相当于结合了 Photoshop(点阵图处理)以及 CorelDRAW(绘制向量图)的功能。网页上很流行的阴影、立体按钮等效果，也只需用鼠标单击，就可完成。不必再靠什么 KPT 之类的外挂滤镜。而且 Fireworks 很完整地支持网页 16 进制的色彩模式，提供安全色盘的使用和转换，要切割图形，做影像对应(Image Map)景透明，要图又小又漂亮，在 Fireworks 4 中做起来都非常方便，修改图形也是很容易的，不需要再同时打开 Photoshop 和 CorelDRAW 等各类软件进行切换。Fireworks 处理图像界面如图 3.12 所示。

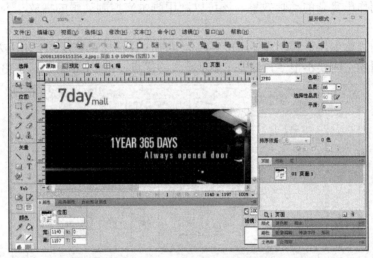

图 3.12　Fireworks 处理图像界面

2. 动画处理工具

动画可分为二维动画和三维动画。二维动画可以实现平面上的一些简单造型、位块移动、颜色变化等，常用的工具软件有 Animator Studio、Flash 等。三维动画可以实现三维造型、各种具有三维真实感物体的模拟等，常用的工具软件有 3D Studio MAX。在网页中主要使用的动画处理工具是 Flash。

Flash 是 Macromedia 公司出品的矢量动画制作软件。利用该软件制作的动画，具有文件尺寸小、交互性强、可无损放大、可带音效等特点。另外，Flash 采用的"流"技术打破了网络带宽的限制，可边下载边播放，特别是它的交互功能，给编写交互式课件带来很大方便。

交互提供了用户参与和控制动画播放内容的渠道。在 Flash 中，通过脚本的编辑，变量、函数、表达式的运用，可进行交互的实现。例如，可以利用它的表单功能，设计一个输入口令的程序，在网上，只给合法用户提供口令。这种交互方式也可以用来判断学生练习答案的对与错，只有答对了才能进入下一步的学习。

Flash 具有以下 5 个特点。

(1) Flash 是一个动画制作软件，能够集图形、声音、动画于一体，最终构成灵活高效的动画。Flash 自诞生以来，发展极为迅速，是一款风靡全球的动画制作软件。目前网上绝大多数动画都是使用 Flash 制作的。

(2) Flash、Dreamweaver 和 Fireworks 三种软件称为"网页制作三剑客"。

(3) Flash 制作的动画播放速度快。主要源于采用了矢量图形压缩技术和网络流式媒体技术。

(4) Flash 具备强大的交互实现功能。Flash 内置的脚本语言功能强大,利用脚本语言(也就是 flash 自带的程序设计语言),可以设计出交互功能强大的多媒体课件。

(5) 利用 Flash 可以很方便地制作出移动、变形、变色等各种各样的动画。特别是它运用了图层这一管理素材的方法,利用向导层、遮罩层产生了一些特殊的显示效果。各种层叠加在一起制作出复杂的动画效果。还可以利用脚本来控制动画的播放,为动画添加声音和音乐效果。

从最终的"体积"上看,由 Flash 生成的动画,往往比单纯用 HTML 或 JavaScript 写出的页面占用的空间要小很多,这是 Flash 最大的优点。Flash 界面如图 3.13 所示。

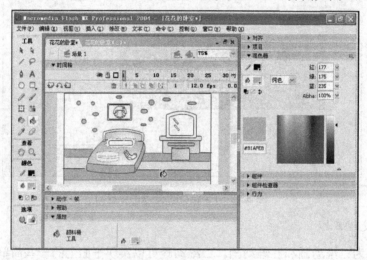

图 3.13　Flash 界面

3. 页面制作工具

Dreamweaver 是美国 Macromedia 公司开发的集网页制作与管理网站于一身的所见即所得网页编辑器。它是第一套针对专业网页设计师特别发展的视觉化网页开发工具,利用它可以轻而易举地制作出跨越平台限制和跨越浏览器限制的充满动感的网页。Dreamweaver 具有以下功能。

1) 卓越的可视化环境

使用 Dreamweaver 的可视化开发环境添加对象,只需通过简单的拖拉技术(Drag Drop),将 Objects 窗口中的对象拖到 Document window 中即可。例如,Web 开发人员想在网页中加入一个 Table,只需将 Table 从 object 窗体中拖放到舞台中,同时 Dreamweaver 将自动生成一个表格,通过 Properties(属性)窗体可以进行格式的修改和调整。

2) 所见即所得的强大功能

Dreamweaver 具有所见即所得的功能,在 Properties(属性)窗体中调整参数,即可在 Documentwindow 窗体中看到它的改变。如果按下 F12 键,Dreamweaver 会自动生成 HTML 格式文件供预览,以便设计人员进一步调整。

3) 方便快速的文本编排

与 Word 相似，Dreamweaver 具有强大的文本编辑能力，可以在 Layer、Table、Frame 或直接在 Document Window 窗体中输入文字。通过快捷的右键，可以选择如 Font(字体)类的选项进行编辑，也可以利用 Text 菜单进行更为细致的排版编辑。

4) 专业的 HTML 编辑——Roundtrip HTML

Dreamweaver 与现存的网页有着极好的兼容性，不会更改任何其他编辑器生成的页面。这将大幅度降低由于 HTML 源代码的变更而给设计者带来的困难。

5) 高质量的 HTML 生成方式

由 Dreamweaver 生成的 HTML 源代码保持了很好的可读性。代码结构基本上同手工生成的代码相同，这使得设计者可以轻易掌握代码全局并加以修改。

6) 实时的 HTML 控制

设计者可以在可视化或者文本这两种方式下进行页面的设计，并且可以实时地监控 HTML 源代码。当设计者对代码做出任何改动时，结果将立刻显示出来。

7) 与流行的文本 HTML 代码编辑器之间的协调工作

Dreamweaver 可以与目前流行的 HTML 代码编辑器(如 BBEdit、HomeSite 等)全面协调工作。已经习惯于使用这些纯文本编辑器的设计者将在不改变他们原有工作习惯的基础上，充分享受到 Dreamweaver 带来的更多功能。设计者可以使用文本编辑器直接编辑 HTML，同时使用 Dreamweaver 生成较为复杂的动画、表格、Frame、JavaScript 等(Dreamweaver 分别为 Windows 用户以及 Macintosh 用户提供了完全版的 HomeSite 及 BBEdit 两个最流行的代码编辑器)。

8) 强大的动态 HTML 支持

动态 HTML 是 IE 4.0 浏览器支持的新功能，将在未来广泛应用于网络。这项技术可以增强页面的交互性、提高下载速度、使页面更美观更易于设计且富有动感。Dreamweaver 对动态 HTML 完全支持，并提供了与之相关联的四大功能。而其他的可视化网页编辑工具几乎不提供或只提供小部分动态 HTML 的制作。

Dreamweaver 界面如图 3.14 所示。

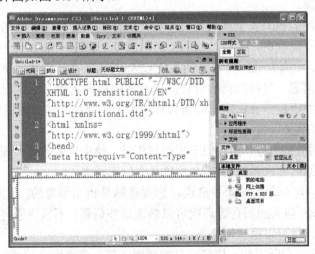

图 3.14　Dreamweaver 界面

3.4 CMS 网站系统

3.4.1 任务分析

CMS(Content Management System，内容管理系统)，是一个综合整站解决方案，有点类似系统集成说的 Total Solution。CMS 是以文章系统为核心，附带增加用户所需要的功能模块，提供一个网站系统的整体解决方案。本节的主要任务就是让学生了解 CMS 系统的概念与作用，为以后在网站建设中选择一个合适的 CMS 系统打下基础。

3.4.2 相关知识

1. CMS 系统介绍

1) CMS 系统产生的前提

随着网络应用的丰富和发展，很多网站往往不能迅速跟进大量信息衍生及业务模式变革的脚步，需要花费许多时间、人力和物力处理信息更新和维护工作；遇到网站扩充的时候，整合内外网及分支网站的工作就变得更加复杂，甚至还需重新建设网站。因此，用户始终在一个高成本、低效率的循环中升级、整合。于是就出现了以下问题：页面制作无序，网站风格不统一，大量信息堆积，发布显得异常沉重；内容繁杂，手工管理效率低下，手工链接视音频信息经常无法实现；应用难度较高，许多工作需要技术人员配合才能完成，角色分工不明确；改版工作量大，系统扩展能力差，集成其他应用时更是降低了灵活性。对于网站建设和信息发布人员来说，他们最关注系统的易用性和功能的完善性，这对网站建设和信息发布工具提出了很高的要求。

首先，角色定位明确，以充分保证工作人员的工作效率；其次，功能完整，满足各类"把关人"的应用所需，使信息发布准确无误。例如，为编辑、美工、主编及运维人员设置权限和实时管理功能。

此外，保障网站架构的安全性也是用户关注的焦点。能有效管理网站访问者的登录权限，使内网数据库不受攻击，从而时刻保证网站的安全稳定，免除用户的后顾之忧。

根据以上需求，一套专业的内容管理系统 CMS 应运而生，有效地解决用户网站建设与信息发布等常见的问题。对网站内容管理是该软件的最大优势，它流程完善、功能丰富，可把稿件分门别类并授权给合法用户编辑管理，而不需要用户理解难懂的 SQL 语法。

2) CMS 系统的优点

随着 CMS 在国外的流行，国内似乎也受到影响，越来越多的站长都青睐于它，当然也就成为诸多门户建站的首选系统。CMS 系统具有以下特点。

(1) 简单易学。对一个网站新手来说，想要建站是相当困难的，代码、数据库、设计这些都不懂，而 CMS 强大的后台管理就可以解决这些问题，不需要懂得太多的知识，只要用户名和密码登录，就可以很快地操作。

(2) 安全性较高。众所周知，程序一旦被病毒入侵，整个网站就要瘫痪，而 CMS 就不会有这样的问题，它提高了网站的安全性，动态页面暴露较少，受到的安全威胁就小得多，网站也就不怕被黑客入侵了。

(3) 稳定性强。稳定性对于一个网站来说，还是相当重要的，总是出错的网站是不会有人喜欢的。

(4) 网站运行速度快。CMS 主张生成静态页面，包括主页、分类页。静态的输出大大减少了网站运行的速度，静态的页面不需要服务器做什么处理，所以访问起来就很快。

(5) 采集功能。CMS 可以提供采集功能，只要做好采集规则就可以，再也不用为了手动添加网站内容而烦恼。在采集的同时还可以进行其他操作，实现了"一心二用"的效果。

(6) 搜索引擎友好。采用 DIV+CSS 布局网页，简单的代码结构有助于网站的优化。

(7) 风格模板。拥有独特的风格模板，只要上传到空间就可以使用，再也不用为烦琐的代码而头疼了。前台页面(模板)和后台数据(内容)完全分离，使得初期建设与后期维护管理极其方便，平时维护仅仅做内容添加而已，改版时修改模板即可。

(8) 节约建设成本。一个网站基本上是由页面模板、栏目结构、内容信息构成的，并包含搜索、留言、反馈、投票、评论、友情链接等各项功能。而 CMS 是一套非常成熟的网站建设与维护管理工具软件，本身已经集成了大量的、成熟的网站常用功能。

CMS 的成熟性可以使网站建设避免从零开始设置数据库结构和后台程序的开发，保证网站的建设周期，同时大大节约了各种成本。

(9) 网站修改很灵活。用 CMS 建站，可以自由制作模板、自由组织网站栏目结构，并且可以任意修改模板和栏目结构。

2. CMS 系统选择

1) 常用的 CMS 系统介绍

(1) 动易网络(http://www.powereasy.net/)。动易在 ASPCMS 系统中应用最广，国内著名的站长综合网站"网页吧"采用的也是这套系统。这套国产 ASPCMS 是一套非常强大且人性化的系统，一路走来，动易不断完善，而且也不断加强功能，包括个人版、学校版、政府版、企业版；后台的功能包括信息发布、类别管理、权限控制、信息采集；而且跟第三方的程序，如论坛、商城、blog 可以完美结合，基本上可以满足一个中大型网站的要求。动易 CMS 分为 ASP 版的 SiteWeaver™ 系列产品和 ASP.NET 版的 SiteFactory™系列产品。但从 2009 年 10 月 28 号，动易公司停止对 SiteWeaver 产品的新功能开发及销售，进而把所有精力都转到 SiteFactory™上的开发及研究上。

(2) 乔客(http://www.joekoe.com/)。乔客从最早的整站系统到 V 系列，再到 CMS1.0/1.2/2.0/3.0，从早期的大红大紫到被动易的迎头赶上，如今似乎一直处于压抑状态。CMS 3.0 的使用者寥寥无几，远不如 CMS 1.2 受欢迎。这位 ASPCMS 界中元老级别的系统在不断地探索着 CMS 的新出路，其系统最大的特点是整合了各类的程序模块，有自带论坛、博客圈、影视频道、音乐频道、下载频道、新闻频道等，非常适合需要多种模块而不想整合的人使用。

(3) 风讯(http://www.foosun.cn/)。风讯的系统功能强大，自由度高，是现在人气比较高的系统之一，可以根据自己的想法做出一个网页，从而建立一个有自我风格的网站，且更新速度快。风讯也有 ASP 和.NET 版本的系统,其中 ASP 版本已经到了 5.0,.NET 版本目前是 1.0。开源是它最大的特点。风讯的缺点就是后台人性化差了一点,上手有点难度,而且连一套默认的模板都没有,因为自由度太高了,让一些新手更难上手。不过综合来说,风讯也是一款非常值得关注的 CMS 系统。

(4) 科讯(http://www.kesion.com/)。科讯是一套新出的网站系统,其功能非常强大,目前主流网站的功能在其系统内均能实现,具有强大的标签(JS)管理功能,个性化的标签(JS)参数配置功能,使得做一个个性的大站不再是梦想。网站整体开源,具有文章模块、图片模块、下载模块、动漫模块、音乐模块、会员模块、采集模块等,功能非常不错。但其网站的整体概念脱离不了动易、风讯的影响,不过科讯具有诸多好用的功能。这款 CMS 也是非常值得关注的。科讯在 2009 年年底准备推出.NET 的版本,这将是科迅发展史上的一个重要阶段。

(5) DEDE(http://www.dedecms.com/)。织梦内容管理系统(DedeCms) 以简单、实用、开源而闻名,是国内知名的 PHP 开源网站管理系统,也是用户最多的 PHP 类 CMS 系统。在经历了两年多的发展后,目前的版本无论在功能,还是易用性方面,都有了长足的发展。DedeCms 免费版的主要目标用户锁定在个人站长,功能更专注于个人网站或中小型门户的构建,当然也不乏企业用户和学校等在使用本系统。据不完全统计,目前正在运行的使用 DedeCms 开发的网站已经超过一万个。织梦内容管理系统(DedeCms)属于 PHP+MySQL 的技术架构,完全开源加上强大稳定的技术架构,无论是目前打算做个小型网站,还是想让网站在不断壮大后仍能得到随意扩充都有充分的保证。

(6) phpcms(http://www.phpcms.cn/)。一个综合的网站管理系统,由 PHP+MySQL 构架全站生成 HTML,能够快速高效地应用于 Linux 和 Windows 服务器平台,是目前中国 Linux 环境下较佳的网站管理应用解决方案之一。

(7) 帝国网站管理系统(http://www.phome.net/)。帝国网站管理系统,英文译为"Empire CMS",简称"Ecms"。Ecms 是基于 B/S 结构、且功能强大而易用的网站管理系统。该系统由帝国开发工作组独立开发,是一个经过完善设计的适用于 Linux/Windows/UNIX 等环境下的高效网站解决方案。从帝国新闻系统 1.0 版到今天的帝国网站管理系统,它的功能进行了数次飞跃性的革新,使得网站的架设与管理变得极其轻松。

(8) 酷源(http://www.kycms.com)。酷源采用 ASP.NET,主要包括新闻系统和会员系统。酷源软件在.net 2.0+vs 2005 的基础上研发,系统采用了 N 层架构的思想,目前支持 MSSQL2000 和 MSSQL2005 数据库。酷源是后起之秀,虽然起步较晚,但由于其灵活的建站方式,较容易的二次开发功能,吸引了大量客户。

2) CMS 系统选择的依据

(1) 易于理解和使用。一套内容管理系统应该拥有一个很好的图像用户界面(GUI),看起来很舒服,没有任何多余的复杂选项,管理界面也要非常简单。一个好的用户界面意味着创建和管理内容会更加快捷,省时又高效。

(2) 灵活、易于自定义。考虑内容管理系统时,务必弄清楚是否求使用他们设计的模板。有很多优秀的 CMS 方案都可以自定义网站设计,没有特别的限制。

(3) 可通过插件和模块进行扩展。一个好的 CMS 可以通过插件扩展默认配置,集合有用的站点功能于网站中。通过插件/扩展/模块,可以提高网站为用户提供实用选项的能力。

(4) 程序语言要合适。对于小型的网站应用来说，采用 ASP+Access 数据库搭建的动易 CMS 就可以满足需求。而一些程序虽然提供了诸如问答、分类信息、小说等复杂的功能，但对于纯粹的资讯网站来说，这些功能都形如鸡肋。采用 ASP 语言搭建的 CMS 系统比较适合小型网站，而采用 PHP 语言架构的 CMS 则多用于大中型网站。

(5) 性能和速度优化。考虑到浏览器下载网页的速度以及网站与服务器连接的速度非常重要，选择 CMS 的时候要避开结构庞大的系统，否则访问者只会望而却步。

(6) 安全性。在选择一款建站程序时，首先要了解该程序的代码是否完善，软件官方能否经常对漏洞进行修补。毕竟想找一款没有任何 Bug 的程序是不可能的，但是如果程序的补丁升级速度快，也会对网站的安全性有一定的保证。

(7) 文献和社区支持。文献和社区是选择 CMS 的一个非常重要的依据，在使用 CMS 系统过程中，遇到的问题能够及时得到解决，用户就会非常信任该 CMS 系统。一个没有前途和生命力的 CMS 是没有人使用的。

3. CMS 系统扩展

CMS 不仅包含了以上常用的 CMS 系统，其实只要能够实现内容管理的文章发布系统，都可以称为 CMS 系统，典型的应用就是博客、企业黄页及淘宝店铺。博客、企业黄页及淘宝店铺都能够通过后台发布文章或商品，并且还可以对文章和商品进行管理。博客、企业黄页及淘宝店铺已经具备了一个动态网站所具有的特征。与其他类型的动态网站相比，它具有以下优点。

(1) 不用注册域名和申请空间。一般网站的发布都需要一个域名，并且还需购买空间。但是博客、企业黄页及淘宝店铺就不需要注册域名和购买空间，域名和空间都是网站提供商提供的，这样不仅节约了成本，而且大大缩短了网站开发周期。

(2) 建站技术简单，无须专业人员就可完成。博客、企业黄页和淘宝店铺的申请过程比较简单，而且可供选择的模板较多，在很短的时间就可完成。通过自定义模板设置，可设计一个符合个人需求的系统。

(3) 网站推广优化容易。能够在博客和企业黄页中申请的网站都是一些比较成功的大型网站，这些网站本身的推广及优化已经做得非常好，所以在这上面申请的博客及企业黄页的推广优化就变得非常容易。

3.5　网站常用特效

3.5.1　任务分析

网站特效就是用程序代码在网页中实现特殊效果或者特殊功能的一种技术。通俗地说，网页特效就是一种活跃网页气氛、增添亲和力的技术。一个好的网页不仅需要漂亮的界面，而且还要有一些网页特效来增强网页的功能。网页特效不仅使网页别具一格，吸引浏览者的注意力，而且还能增强客户与网站的交互能力。常用的网页特效一般是时间日期类、页面特效类、图形图像类、代码生成类、在线测试类、综合游戏类等。本节的主要任务就是介绍几种常用的网页特效,通过研究这几种网页特效,掌握网页特效的使用方法。

3.5.2 相关知识

1. JavaScript 介绍

JavaScript 就是适应动态网页制作的需要而诞生的一种新的编程语言,如今越来越广泛地应用于 Internet 网页制作上。JavaScript 是由 Netscape 公司开发的一种脚本语言(scripting language),或者称为描述语言。在 HTML 的基础上,使用 JavaScript 可以开发交互式 Web 网页。JavaScript 的出现使得网页和用户之间实现了一种实时性的、动态的、交互性的关系,使网页包含更多活跃的元素和更加精彩的内容。运行 JavaScript 编写的程序需要能支持 JavaScript 语言的浏览器。Netscape 公司 Navigator 3.0 以上版本的浏览器都能支持 JavaScript 程序,微软公司 IE 3.0 以上版本的浏览器基本上支持 JavaScript。微软公司还有自己开发的 JavaScript,称为 JScript。JavaScript 和 Jscript 基本上是相同的,只是在一些细节上有差别。JavaScript 短小精悍,又是在客户机上执行的,大大提高了网页的浏览速度和交互能力。同时它又是专门为制作 Web 网页而量身定做的一种简单的编程语言。

2. DIV+CSS 布局

DIV+CSS 是网站标准(或称"Web 标准")中常用的术语之一,通常为了说明与 HTML 网页设计语言中的表格(table)定位方式的区别。因为 XHTML 网站设计标准中,不再使用表格定位技术,而是采用 DIV+CSS 的方式实现各种定位。

CSS 是英语 Cascading Style Sheets(层叠样式表单)的缩写,它是一种用来表现 HTML 或 XML 等文件样式的计算机语言。

DIV 是 HTML(超文本语言)中的一个元素,DIV+CSS 是一种网页的布局方法。这一种网页布局方法有别于传统的 Table 布局,真正地达到了 w3c 内容与表现相分离。

3.5.3 网页特效相关案例

1. 页面漂浮广告

页面漂浮广告是网页中常用的一种效果,其效果如图 3.15 所示。

图 3.15 页面漂浮广告效果图

代码实现如下。

```html
<html>
<head>
<title>漂浮广告</title>
<body>
<div id="codefans_net" style="position:absolute">
<!--链接地址--><a href="http:" target="_blank">
<!--图片地址--><img src="http://www.codefans.net/images/logo.gif" border="0">
</a>
</div>
<script>
var x = 50,y = 60
var xin = true, yin = true
var step = 1
var delay = 10
var obj=document.getElementById("codefans_net")
function float() {
    var L=T=0
    var R= document.body.clientWidth-obj.offsetWidth
    var B = document.body.clientHeight-obj.offsetHeight
    obj.style.left = x + document.body.scrollLeft
    obj.style.top = y + document.body.scrollTop
    x = x + step*(xin?1:-1)
    if (x < L) { xin = true; x = L}
    if (x > R){ xin = false; x = R}
    y = y + step*(yin?1:-1)
    if (y < T) { yin = true; y = T }
    if (y > B) { yin = false; y = B }
}
var itl= setInterval("float()", delay)
obj.onmouseover=function(){clearInterval(itl)}
obj.onmouseout=function(){itl=setInterval("float()", delay)}
</script>
</body>
</html>
```

2. 页面顶部滑动广告

页面顶部滑动广告效果，如图 3.16 所示。

图 3.16　页面顶部滑动广告效果

代码实现如下。

```
<!DOCTYPE html PUBLIC "-//W3C//DTD XHTML 1.0 Transitional//EN"
"http://www.w3.org/TR/xhtml1/DTD/xhtml1-transitional.dtd">
<html xmlns="http://www.w3.org/1999/xhtml">
<head>
<title>可以展开、收缩的顶部滑动广告</title>
<meta http-equiv="content-type" content="text/html;charset=gb2312">
<style type="text/css">
body{margin:0;}
</style>
<script type="text/javascript">
var intervalId = null;
function slideAd(id,nStayTime,sState,nMaxHth,nMinHth){
    this.stayTime=nStayTime*1000 || 3000;
    this.maxHeigth=nMaxHth || 90;
    this.minHeigth=nMinHth || 1;
    this.state=sState || "down" ;
    var obj = document.getElementById(id);
    if(intervalId != null)window.clearInterval(intervalId);
    function openBox(){
        var h = obj.offsetHeight;
        obj.style.height = ((this.state == "down") ? (h + 2) : (h - 2))+"px";
        if(obj.offsetHeight>this.maxHeigth){
            window.clearInterval(intervalId);
            intervalId=window.setInterval(closeBox,this.stayTime);
        }
        if (obj.offsetHeight<this.minHeigth){
            window.clearInterval(intervalId);
            obj.style.display="none";
        }
    }
    function closeBox(){
        slideAd(id,this.stayTime,"up",nMaxHth,nMinHth);
    }
    intervalId = window.setInterval(openBox,10);
}
</script>
</head>
<body>
<div id="MyMoveAd" style="background:skyblue;height:12px;text-align:center;
overflow:hidden;">
这里放广告内容哦!
</div>
<script type="text/javascript">
<!--
 slideAd('MyMoveAd',2);
-->
</script>
</body>
</html>
```

3．QQ 在线客服

QQ 在线客服是网页中常用的一种客服方式，其效果如图 3.17 所示。

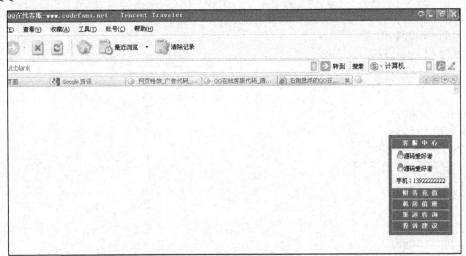

图 3.17　QQ 在线客服效果

代码实现如下。

```
<!DOCTYPE html PUBLIC "-//W3C//DTD XHTML 1.0 Transitional//EN"
"http://www.w3.org/TR/xhtml1/DTD/xhtml1-transitional.dtd">
<html xmlns="http://www.w3.org/1999/xhtml">
<head>
<title>浮动在网页右侧的简洁QQ在线客服-www.codefans.net</title>
<meta http-equiv="content-type" content="text/html;charset=gb2312">
<style type="text/css">
.qqbox a:link {
    color: #000;
    text-decoration: none;
}
.qqbox a:visited {
    color: #000;
    text-decoration: none;
}
.qqbox a:hover {
    color: #f80000;
    text-decoration: underline;
}
.qqbox a:active {
    color: #f80000;
    text-decoration: underline;
}

.qqbox{
    width:132px;
```

```
      height:auto;
      overflow:hidden;
      position:absolute;
      right:0;
      top:100px;
      color:#000000;
      font-size:12px;
      letter-spacing:0px;
}
.qqlv{
      width:25px;
      height:256px;
      overflow:hidden;
      position:relative;
      float:right;
      z-index:50px;
}
.qqkf{
      width:120px;
      height:auto;
      overflow:hidden;
      right:0;
      top:0;
      z-index:99px;
      border:6px solid #138907;
      background:#fff;
}
.qqkfbt{
      width:118px;
      height:20px;
      overflow:hidden;
      background:#138907;
      line-height:20px;
      font-weight:bold;
      color:#fff;
      position:relative;
      border:1px solid #9CD052;
      cursor:pointer;
      text-align:center;
}
.qqkfhm{
      width:112px;
      height:22px;
      overflow:hidden;
      line-height:22px;
      padding-right:8px;
      position:relative;
      margin:3px 0;
}
```

```
.bgdh{
    width:102px;
    padding-left:10px;
}
</style>
</head>
<body>
<div class="qqbox" id="divQQbox">
  <div class="qqlv" id="meumid" onmouseover="show()"><img src="http:/jscss/
  demoimg/200905/qq.gif"></div>
  <div class="qqkf" style="display:none;" id="contentid" onmouseout=
  "hideMsgBox(event)">
    <div class="qqkfbt" onmouseout="showandhide('qq-','qqkfbt','qqkfbt',
    'K',1,1);" id="qq-1" onfocus="this.blur();">客 服 中 心</div>
    <div id="K1">
      <div class="qqkfhm bgdh"> <a href="tencent://message/?uin=2563256"
      title="悠 然 设 计"><img src="http://wpa.qq.com/pa?p=1:981389008:4"
      border="0">源码下载</a><br/></div>
      <div class="qqkfhm bgdh"> <a href="tencent://message/?uin=365286"
      title="悠 然 设 计"><img src="http://wpa.qq.com/pa?p=1:981389008:4"
      border="0">源码爱好者</a></div>
      <div class="qqkfhm bgdh">手机：12345692877</div>
    </div>
  </div>
</div>
<script language="javascript">
function showandhide(h_id,hon_class,hout_class,c_id,totalnumber,activeno) {
    var h_id,hon_id,hout_id,c_id,totalnumber,activeno;
    for (var i=1;i<=totalnumber;i++) {
        document.getElementById(c_id+i).style.display='none';
        document.getElementById(h_id+i).className=hout_class;
    }
    document.getElementById(c_id+activeno).style.display='block';
    document.getElementById(h_id+activeno).className=hon_class;
}
var tips;
var theTop = 40;
var old = theTop;
function initFloatTips()
{
    tips = document.getElementById('divQQbox');
    moveTips();
}
function moveTips()
{
    var tt=50;
    if (window.innerHeight)
    {
            pos = window.pageYOffset
    }else if (document.documentElement && document.documentElement.
```

```
      scrollTop) {
              pos = document.documentElement.scrollTop
      }else if (document.body) {
              pos = document.body.scrollTop;
      }
      pos=pos-tips.offsetTop+theTop;
      pos=tips.offsetTop+pos/10;
      if (pos < theTop){
              pos = theTop;
      }
      if (pos != old) {
              tips.style.top = pos+"px";
              tt=10;//alert(tips.style.top);
      }
      old = pos;
      setTimeout(moveTips,tt);
}
initFloatTips();
if(typeof(HTMLElement)!="undefined")//Firefox 定义 contains()方法，IE 下不
                                    //起作用
    {
        HTMLElement.prototype.contains=function (obj)
        {
            while(obj!=null&&typeof(obj.tagName)!="undefind"){
                if(obj==this) return true;
                    obj=obj.parentNode;
            }
            return false;
        }
}
function show()
{
    document.getElementById("meumid").style.display="none"
    document.getElementById("contentid").style.display="block"
}
function hideMsgBox(theEvent){
    if (theEvent){
        var browser=navigator.userAgent;
        if (browser.indexOf("Firefox")>0){//如果是 Firefox
        if (document.getElementById("contentid").contains
            (theEvent.relatedTarget)) {
                return
            }
        }
      if (browser.indexOf("MSIE")>0 || browser.indexOf("Presto")>=0){
        if (document.getElementById('contentid').contains
            (event.toElement)) {
            return;
          }
        }
```

```
    }
    document.getElementById("meumid").style.display = "block";
    document.getElementById("contentid").style.display = "none";
}
</script>
</body>
</html>
```

本 章 小 结

本章主要介绍了网站的开发技术，包括前台页面设计、网站后台开发、网站开发工具介绍、CMS 网站系统原理及网站特效介绍等。通过本章的学习，可以使学生掌握前台页面设计的基本步骤。并且可以针对不同类型的网站，选择合适的网站开发技术及后台数据库。另外对网站建设中常用的工具进行了简要介绍，使学生能够了解网站建设常用的工具。本章还介绍了 CMS 网站系统的原理与使用方法，CMS 是网站发展到一定阶段的产物，它的出现大大降低了网站建设的复杂度，使网站建设的分工更加明确。通过本章的学习，可以使学生了解常用 CMS 系统的原理及使用方法，并且可以根据网站的特点选择不同的 CMS 系统。网站特效增加了网站与客户的交互程度，丰富了网站的功能，本章通过几个常用特效的介绍，使学生对网站特效有了更深的了解。

习　　题

1. 填空题

(1) 选择一个合适的主题，是网站成功的关键。一般来说网站主题定位要_____，内容要_____。

(2) 站点的整体形象给浏览者的综合感受被称为_____。

(3) 网站风格可以用一句话来概括，那就是_____。

(4) 将现有的要素重新组合。例如，网络与电话结合产生 IP 电话等，这种情况称为_____。

(5) 网站栏目的实质是一个网站的_____，它可以将整个站点的主体明确显示出来。

(6) 网站栏目要紧扣_____。

(7) _____可以使网站有清晰的网站结构，来确保搜索引擎和用户的访问。

(8) 常用的数据库一般有_____、_____、_____和_____。

2. 选择题

(1) 一个有(　　)名称的网站，能体现一定的内涵，给浏览者更多的视觉冲击和空间想象力。

　　A. 特色　　　　　B. 内容　　　　　C. 大气　　　　　D. 响亮

(2) 下列几项，哪一项不是划分栏目需要注意的问题(　　)。

  A．尽可能删除与主题无关的栏目

  B．尽可能将网站最有价值的内容列在栏目上

  C．尽可能方便访问者的浏览和查询

  D．尽可能让主页多显示一些内容

(3) 网站的目录层次不要太深，一般来说不要超过(　　)层。

  A．1　　　　　　B．2　　　　　　C．3　　　　　　D．4

(4) 常用的版面布局形式不包括(　　)。

  A．"T"形结构布局　　　　　　　B．"口"形布局

  C．"A"形布局　　　　　　　　　D．"三"形布局

(5) 下面(　　)语言混合了 C、Java、Perl 以及 PHP 式的新语法。它可以比 CGI 或者 Perl 更快速地执行动态网页。

  A．ASP　　　　　B．JSP　　　　　C．PHP　　　　　D．ASP.NET

(6) 下面(　　)语言，支持完全的面向对象，具有与平台无关性。

  A．ASP　　　　　B．JSP　　　　　C．PHP　　　　　D．ASP.NET

(7) CMS 是一个综合整站解决方案，它的全称是(　　)。

  A．Content Management System　　　B．Content Management Server

  C．Content Manager System　　　　　D．Content Manager Server

3．简答题

(1) 请列出目前比较流行的网站的题材分类，并举例说明。

(2) 确定一个网站的主题，应该注意哪些问题？

(3) 如何才能确定一个网站的风格？分哪几步？

(4) 一个网站栏目安排，需要注意哪些问题？

(5) 常用的网站开发语言有哪几种？分别说明这种语言的缺点和优点。

(6) 常用的网站后台数据库有哪几种？分别说明这种数据库的特点。

(7) 请说出 CMS 网站系统的功能，并举例说明当前流行的 CMS 的特点及它们之间的不同点。

实 训 指 导

项目 1：

某城市的汽车销售公司打算做一个汽车网，该网站的主要功能是为该城市的汽车及汽车相关行业的企业提供一个信息发布的平台，主要包括商家展示、二手车信息、配件信息、整车信息等。请根据以下任务，写出完整的任务报告。

任务 1：根据网站的功能，确定该网站的主题及风格。

任务 2：确定网站的目录结构及链接结构。

任务 3：利用白纸或 Photoshop 画出该网站的版面布局图。

任务 4：选择一个合适的开发语言及数据库，并详细说明其原因。

任务 5：如果该网站采用 CMS 系统开发，根据各 CMS 的特点，该汽车网应该采用哪个 CMS 比较合适？并说明其原因。

项目 2：

使用 Dreamweaver 软件，制作一个邮箱登录页面，页面效果如图 3.18 所示，请根据下列任务，完成制作。

图 3.18　邮箱登录页面

任务 1：利用 DIV+CSS 做好页面布局和层的设计。

任务 2：完成顶部菜单导航，如图 3.19 所示。

设为主页 ｜163免费邮箱 ｜Yeah.net免费邮箱 ｜188｜Vip｜企业邮箱 ｜帮助

图 3.19　顶部菜单导航

任务 3：完成表单与按钮特效。

任务 4：完成广告页面效果。

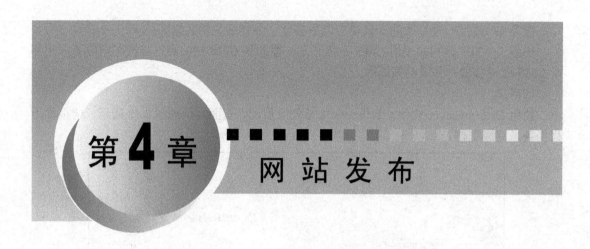

第4章 网站发布

教学任务

网站发布就是将制作完成的网站上传到网站服务器上，绑定相应的域名的过程。通过对网站进行发布，使得浏览者可以通过浏览器浏览网站。用户在发布网站时需要选择上传用的工具，发布完成后还需要对发布的网站进行测试。

本章主要讲解如何将聊城汽车网网站发布到互联网上，并进行测试，该网站采用ASP+SQL架构。通过本案例的学习，读者可以掌握对网站进行发布的基本方式以及测试的方法。

根据网站发布的设计，该教学过程分为如下两个任务。

任务1：前期准备。主要包括上传的方法以及网站上传的步骤。

任务2：对已经发布的网站进行测试。主要包括安全性测试、兼容性测试以及性能测试。

教学过程

本章根据网站发布的流程，介绍上传及上传工具的使用，包括FlashFXP、CuteFTP两种上传工具的使用，然后按照用户进行发布的不同方式(IDC虚拟主机方式、IDC独享主机方式以及IDC托管主机方式)分别介绍其特点以及网站发布方法，最后讲解网站发布后的测试。

教学目标	主要描述	学生自测
了解上传相关知识	(1) 了解上传的含义 (2) 掌握上传工具的使用 (3) 能够根据需求选择不同的上传工具	为自己的网站选择一个合适的上传工具，并进行上传和下载数据
了解IDC发布的相关知识	(1) 了解IDC的含义 (2) 了解IDC发布的分类 (3) 能够根据需求选择合适的发布方式	为自己的网站选择一个合适的发布方式
掌握网站测试的相关知识	(1) 了解网站测试的概念 (2) 掌握兼容性测试、安全性测试及性能测试的方法	掌握网站测试的方式，测试自己的网站

4.1　网　站　上　传

4.1.1　任务分析

网站发布一般采用 FTP 上传的方式。只有将网站内容上传到服务器，互联网上的用户才能访问。上传所需要的网站空间一般有 3 种：IDC 虚拟主机、IDC 独享主机以及 IDC 托管主机。本节的主要任务就是介绍网站上传的相关知识并使读者对上传有一个初步认识。

4.1.2　相关知识

网站发布之前了解一些相关概念是很有必要的。本案例涉及 FTP、IDC、网站测试等内容。下面进行简单介绍。

1.　网站上传概念

为了方便以后的学习，先介绍 FTP(File Transfer Protocol，文件传输协议)的原理。上传一词来自英文(upload)，拆开来"up"为"上"，"load"为"载"，故上传也称为上载，与下载(download)是逆过程。上传就是将信息从本地计算机传递到远程计算机系统上，让网络上的用户都能看到。网站上传就是将制作好的网页、文字、图片等发布到互联网上，以便浏览者浏览。上传分为 Web 上传和 FTP 上传，前者直接通过单击网页上的链接即可，后者需要专用的 FTP 工具。

1) Web 上传

通俗地讲，Web 上传就是通过单击网页中的【浏览】、【选定】、【上传】(或【确定】、【提交】)等按钮来上传文件的方式。简单地说，就是通过网页的上传功能上传文件，如图 4.1 所示。

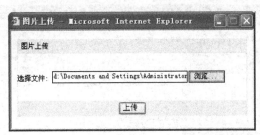

图 4.1　Web 上传

Web 上传的一般应用如下。
(1) 电子邮件上传附件。
(2) 在论坛(BBS)发帖时上传附件。
(3) 在 QQ 空间或网易相册上传照片。
(4) 上传文件到网络硬盘。
(5) 大多数免费网站空间提供的上传服务。

2) FTP 上传

FTP 是 Internet 上的另一项主要服务，这项服务使使用者能通过 Internet 来传输各种文件，也可以理解为在计算机和计算机之间传输文件。FTP 上传的目标服务器有一个固定的 FTP 地址，这个地址可以是 IP 地址，也可以是域名地址。一般需要使用专用 FTP 工具软件来进行 FTP 上传，也可以使用 IE 浏览器。在使用 FTP 上传时，就像在计算机上复制粘贴文件一样直观。

FTP 上传一般应用于收费网站空间商提供的网站内容上传服务或技术站点的文件交流等。

Web 上传与 FTP 上传的区别见表 4-1。

表 4-1　Web 上传与 FTP 上传的区别

Web 上传	FTP 上传
使用 HTTP 超文本传输协议	使用 FTP 文件传输协议
使用简单，无需工具	可以借助 FTP 工具
稳定性差	稳定性好
上传大文件时，容易须中断	可以断点续传，适合上传大文件或一次上传很多文件

上传需要知道主机地址、用户名和密码 3 项。例如，在上传时，首先打开 IE 浏览器，在地址栏里输入"ftp://203.171.239.142"，然后按 Enter 键，按照提示输入用户名和密码，这时就能登录到 FTP 服务器上，如图 4.2 所示。浏览器窗口好像变成了一个文件夹窗口，其实，它就是一个文件夹窗口。有些 FTP 服务器需要用户输入用户名和密码才能访问，FTP 服务器的管理员会对不同的用户做不同的访问限制，例如，这个 FTP 服务器对于匿名用户仅有浏览和下载的权限，用户能够根据自己的权限进行文件的复制、剪切、粘贴、删除、新建文件夹等操作，也可以直接拖曳，把要上传的文件直接拖曳到这个窗口里，甚至可以直接在这个窗口像操作其他文件一样进行修改。

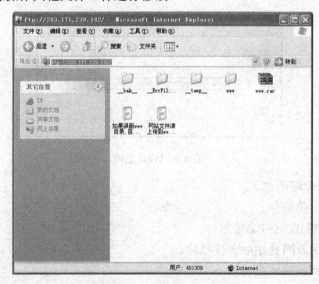

图 4.2　FTP 服务器空间

网站的上传一般是利用上传工具进行 FTP 上传的。这是由于网站往往有很多文件,虽然进行 FTP 上传的空间都支持使用浏览器的方式上传,但使用 FTP 工具上传一般都支持断点续传,这样就不会出现因文件过大或过多、传输时间过长而出现的上传中断等情况。

2. FlashFXP

1) 概述

FlashFXP 是一款功能强大的 FXP/FTP 软件(图 4.3),集成了其他优秀的 FTP 软件的优点,如 CuteFTP 的目录比较,支持彩色文字显示;如 CuteFTP 支持多目录选择文件,暂存目录;又如 LeapFTP 的界面设计,支持目录的文件传输,删除;支持上传、下载以及第三方文件续传;可以跳过指定的文件类型,只传送需要的文件;可自定义不同文件类型的显示颜色;暂存远程目录列表,支持 FTP 代理及 Socks 3&4;有避免闲置断线的功能,防止被 FTP 平台踢出;可显示或隐藏具有"隐藏"属性的文档和目录;支持每个平台使用被动模式等。

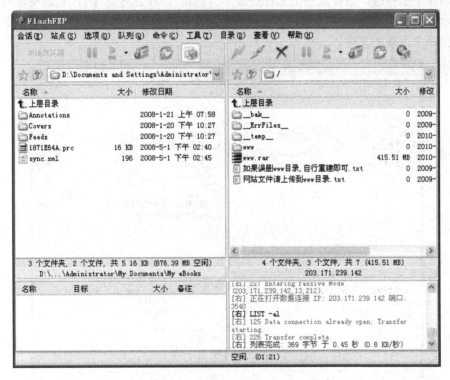

图 4.3　FlashFXP 软件主界面

FlashFXP 由 iniCom Networks 公司开发,该公司成立于 1999 年,已经成为一个重要的解决方案供应商。iniCom 服务部门所提供的革新解决方案已被众多行业领先的公司认可,如 Microsoft、RedHat、Thompson West、InterWoven 等。此外,iniCom 的软件部门通过收购一些成功的网络产品得到了不断地成长,并且致力于统一网络软件产品和标准。

FlashFXP 提供了简便和快速的途径来通过 FTP 传输文件,提供了一个格外稳定和强大的程序,确保工作能够快速和高效地完成。

2) FlashFXP 的主要功能

(1) 本地和站点对站点的传输。FlashFXP 允许从任何 FTP 服务器直接传输文件到本地硬盘，或者在两个 FTP 站点之间传输文件(站点到站点传输)。

(2) 支持多种连接类型。FlashFXP 能处理成千上万个连接类型。如 FTP 代理服务器、HTTP 代理服务器、支持 Socks 4 & 5。如果本地计算机在防火墙、代理服务器或网关背后，FlashFXP 也能配置并支持几乎任何网络环境。

(3) 全功能的用户界面，支持鼠标拖曳。FlashFXP 拥有直观和全功能的用户界面，允许通过简单的单击完成所有指令任务。它支持鼠标拖曳，因此可以通过简单的单击和拖曳完成文件传输、文件夹同步、查找文件和预约任务。

3) FlashFXP 的特点

(1) 轻松找出未下载的文件。如果下载的文件比较多，需要多次下载才能完成，那么在这期间很容易漏掉一些文件。在 FlashFXP 中只需要在本地列表中将已下载的文件全部选中，然后按下空格键，这样选中的文件会显示"加粗"，并且对应 FTP 目录中相同的文件也会显示"加粗"，如图 4.4 所示，这时只需要查看 FTP 目录中哪些文件没有被"加粗"即可快速找出未下载的文件。

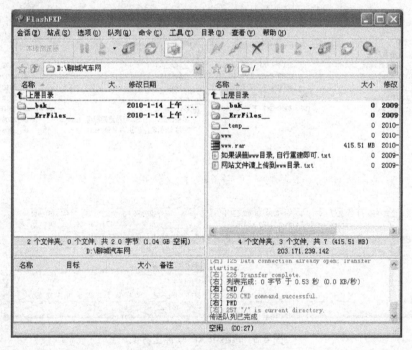

图 4.4 找出未下载的文件

(2) 数据统计。在实际应用中，有时需要统计出从某个 FTP 站点上传、下载的数据情况，这可以使用 FlashFXP 的统计功能。按下快捷键 F4 打开站点管理器，在左侧选中要统计的 FTP 站点，然后在右侧选择【统计】选项卡，在这里就可以看到该 FTP 站点上传、下载的总字节数。如图 4.5 所示，单击【重置】按钮可清除记录。

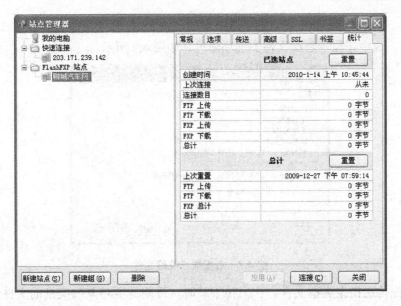

图 4.5　数据统计

(3) 检查可用空间。默认情况下，从 FTP 下载文件时不检查当前保存位置是否有足够的空间来保存文件，这样就容易出现下载一半提示磁盘空间不足。为了避免这种情况的发生，执行【选项】|【参数设置】命令，选择【传送】选项卡，选中【下载前检查空闲空间】选项即可；另外如果选中【下载后的文件保留服务器文件时间】选项，可以让下载的文件和原始文件的时间相同，如图 4.6 所示。

图 4.6　设置下载检查可用空间

(4) 显示隐藏文件。如果不小心上传了隐藏文件，那么以后登录 FTP 时是看不到这些隐藏文件的,借助 FlashFXP 就可解决这个难题。按 F8 打开【快速连接】窗口,选择【切换】选项卡,选中【显示隐藏文件】选项即可,如图 4.7 所示。

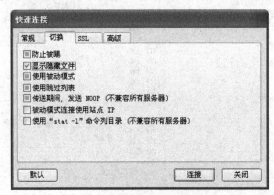

图 4.7　设置显示隐藏文件

(5) 优先传送指定类型文件。在上传下载时,可能需要将某些类别的文件优先传送,这时就可以执行【选项】|【过滤器】命令,弹出【筛选】对话框选择【优先级列表】选项卡,在【文件通配符】中按照"*.扩展名"格式输入,然后单击【添加】按钮;最后将添加进来的类别选中,通过右侧的上下箭头按钮来改变优先级,如图 4.8 所示。

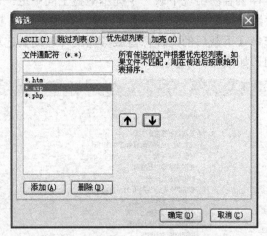

图 4.8　设置优先传送指定类型文件

3．CuteFTP

CuteFTP 是小巧强大的 FTP 工具之一,拥有友好的用户界面、稳定的传输速度。CuteFTP 与 LeapFTP、FlashFXP 堪称 FTP 三剑客。FlashFXP 的传输速度比较快,但有时对于一些教育网 FTP 站点却无法连接;LeapFTP 传输速度稳定,能够连接绝大多数 FTP 站点(包括一些教育网站点);CuteFTP 虽然相对来说比较庞大,但其自带了许多免费的 FTP 站点,资源很丰富。

本书以 CuteFTP4.2 版为例,首先打开 CuteFTP,打开主窗口的同时会弹出站点管理器,如图 4.9 所示,在这个窗口的右侧是需要填入的几个文本框,从上到下依次为站点标签、主机地址、站点用户名、站点密码和站点连接端口。在站点标签项中填入名称，这与上传的内容无关，仅仅是管理用的，下次上传时直接在左侧双击这个名称即可，不用再把所有的项重新填一次。在主机栏里填入需要访问的 FTP 站点地址，然后填上 FTP 站点的用户名和密码，匿名访问即可。

图 4.9 CuteFTP 的站点管理器

打开 CuteFTP 窗口后，可以看到主界面，如图 4.10 所示。

图 4.10 CuteFTP 主界面

主界面分以下 4 个工作区。

(1) 本地目录窗口：默认显示的是整个磁盘目录，可以通过下拉菜单选择已完成网站的本地目录，以准备开始上传。

(2) 服务器目录窗口：用于显示 FTP 服务器上的目录信息，在列表中可以看到包括文件名称、大小、类型、最后更改日期等。窗口上面显示的是当前所在位置路径。

(3) 登录信息窗口：FTP 命令行状态显示区，通过登录信息能够了解到目前的操作进度、执行情况等，例如，登录、切换目录、文件传输大小、是否成功等重要信息，以便确定下一步的具体操作。

(4) 列表窗口：显示"队列"的处理状态，可以查看准备上传的目录或文件是否放到队列列表中，此外配合"Schedule"(时间表)的使用还能达到自动上传的目的。

FTP 站点的创建过程如下。

执行【文件】|【站点管理器】命令，进入【新建站点】窗口，如图 4.11 所示，在这个窗口中可以看到新建、向导、导入、编辑、帮助、连接和退出按钮。

【新建(N)】是创建/添加一个新的站点。

【向导(W)】是教浏览者如何创建新的站点，如果对 FTP 软件还不是很熟悉，可以选择"向导"来辅助创建新的站点。

【导入(I)】是允许用户直接从 CuteFTP、WS-FTP、FTP Explorer、LeapFTP、Bullet Proof 等 FTP 软件导入站点数据库，这样就不必一个一个地设置站点，减少录入庞大数据库的时间和无谓的录入错误。

【编辑(E)】是设置已建好站点的一些功能。

图 4.11　新建站点

最后，当所有设置完成后，单击 Connect 建立站点连接，成功地连接上服务器后，开始上传文件，如图 4.12 所示。

图 4.12　打开 FTP 站点后的界面

4. IDC 概述

IDC(Internet Data Center，互联网数据中心)是指在互联网上提供的各项增值服务。它包括申请域名、租用虚拟主机空间、主机托管等业务的服务。IDC 起源于 ICP 对网络高速互联的需求，而且美国仍然处于世界领导者的位置。在美国，运营商为了维护自身的利益，将网络互联带宽设得很低，用户不得不在每个服务商处都放一台服务器。为了解决这个问题，IDC 应运而生，保证客户托管的服务器对各个网络的访问速度都没有瓶颈。

对于 IDC 的概念，目前还没有统一的标准，但从概念上可以将其理解为公共的商业化的 Internet "机房"，同时它也是一种 IT 专业服务，是 IT 工业的重要基础设施。IDC 不仅是一个服务概念，而且是一个网络的概念，它构成了网络基础资源的一部分，就像骨干网、接入网一样，提供一种高端的数据传输(DataDelivery)服务和高速接入服务。

IDC 可以为用户提供以下一些具体的服务项目。

(1) 服务器负载均衡服务。随着网站内容的增加，功能的增多，支撑网站的服务器数量开始增多，网站的服务器负载均衡服务可以根据实际的服务器响应时间平衡服务器群中所有服务器之间的通信负载，从而提高站点性能和响应能力，同时减少错误的发生。

(2) 网站加速服务。网站加速服务可以使服务器处理安全套接层协议(SSL)的加密/解密工作时的效率提高数十倍到上百倍，从而提高网站安全交易的响应速度。采用这种服务，网站可以最大限度地利用互联网服务器投资，在不牺牲网站访问速度的前提下，确保电子商务交易的安全性。

　　IDC 有两个非常重要的显著特征：网络中的位置和总的网络带宽容量。它构成了网络基础资源的一部分，就像骨干网、接入网一样，它提供了一种高端的数据传输(Data Delivery)服务和高速接入的服务。

　　IDC 不仅是数据存储的中心，而且是数据流通的中心，它应该出现在 Internet 网络中数据交换最集中的地方。它是伴随着人们对主机托管和虚拟主机服务提出更高要求的状况而产生的，从某种意义上说，它是由 ISP 的服务器托管机房演变而来的。具体而言，随着 Internet 的高速发展，网站系统对带宽、管理维护日益增长的高要求对很多企业构成了严峻的挑战。于是，企业开始将与网站托管服务相关的一切事物交给专门提供网络服务的 IDC 去做，而将精力集中在增强核心竞争力的业务中。可见，IDC 是 Internet 企业分工更加细化的产物。

　　国内比较有名的 IDC 是中国万网(www.net.cn)。世纪互联数据中心有限公司(www.21vianet.com)也提供标准化、专业的 IDC 服务，如图 4.13 所示。

图 4.13　IDC 提供商——万网首页

5. IDC 虚拟主机

1) 虚拟主机的硬件条件

　　试用：虚拟主机服务提供商一般会在用户购买其服务之前提供几天的试用时间，完全可以在这几天的时间里了解虚拟主机的性能，给自己的网页和电子邮件挑选一个合适的"大家庭"。

　　速度：使用电信骨干线路的、配置约 100 个用户的虚拟主机，其网速肯定要比那些采用 ADSL 等低速线路连接的独立主机要快得多。

　　稳定性：当然，除了速度，还要注意网络环境的稳定性和安全性，如服务商是否采用思科、3Com 的路由器连接网络，是否购买了网关防火墙，是否有专人全天 24 小时监视来自网络的各种攻击等，只有具备了上述条件的虚拟主机服务商才是用户选择的目标。有些虚拟主机服务商随便找条低带宽的线路，再东拼西凑一些设备，找两个懂得调试 Windows

2000 的技术人员，然后就仓促上马提供服务。即使价格再便宜，也不推荐使用。

服务稳定性源于服务商的基础设施，如配置较高档的服务器，配有冗余设备、RAID卡等；有保证电源输入稳定的 UPS、应急发电机；有保持恒温、恒湿的设备等。当然，这些硬件设施，有时用户不可能亲眼看到。但是，购买之前通过多种途径(如服务商的网站)了解服务商的情况非常重要。

2) 空间大小的选择

虚拟主机服务器提供硬盘空间的类型分为独立 Web 空间、数据库空间、独立邮局空间等。虚拟主机空间的大小主要依据发布的信息量。如果网站包含有 10～150 个页面，每页算上相关图片，有 100 多 KB，那么租用 60MB 的空间就差不多了。如果页面在几百页以上，并且需要数据库支持，那么需要的相应空间应该在 100～200MB。实际所需空间不足时可以再补差价向服务商申请增加空间大小；若一开始购买空间很大，可总也用不上那么多空间，退也退不掉，无疑是浪费。

3) 虚拟主机的软件条件

虚拟主机的服务器一般采用 Windows 2003(NT) 和 UNIX(Linux) 两种服务器操作系统，两者各有所长。数据库空间也分为两类：Windows 2003 平台的 IIS 6.0/Access 数据库空间和 Linux 平台的 MySQL/PHP 数据库空间。UNIX 主机系列操作系统一般以 BSD 和 Linux居多。支持 PERL、PHP 等语言，数据库使用 MySQL。稳定性强是 UNIX 虚拟主机的优势之一。但是 UNIX(Linux) 主机一般不支持 ASP 格式的网站，所以对于经常调用各种数据库且需要进行 ASP 网页设计的用户而言，则只能采用 Windows 2003 平台。

6. IDC 独享主机

对于一些较大的站点，如下载站点或者图片站点，由于访问量大、网站空间也大，如果采用虚拟主机的方式进行发布，很难找到适合的空间，所以一般会选择独享主机的方式发布，可以满足大存储空间、大流量等需求。

1) 什么是独享主机

独享主机是租用服务器的一种形式，一般由有一定实力的网络服务商提供。包括放置服务器的机房、带宽、服务器硬件等。网络服务商会提供网络监控服务、人工技术支持、代维服务。适用于大型的网站、网络服务器。优点是稳定安全、独享带宽、可绑定多个 IP地址、可单独设置防火墙、可扩展硬件等。用户在购买独享主机产品后，通过登录监控面板即可实时查看服务器的状态信息，包括硬件状态、系统状态、磁盘状态、带宽/流量状态等，并可配置监控实现对于磁盘空间、服务进程变化的预警。缺点是一般价格比较高。

2) 独享主机优势

独享主机即客户拥有整台服务器的软硬件资源，可以自行配置或通过网络应用服务商主机管理工具实现 Web、E-mail、FTP 等多种网络服务。优势在于服务器只有一个用户使用，在服务器硬件资源以及带宽资源上都得到了极大的保障。其次很多网络应用服务商为独享主机的客户提供了完善的主机监控、漏洞扫描等诸多增值服务。

3) 独享主机选择应注意的因素

选择独享主机时要考虑到服务器性能、机房环境、带宽等因素，表 4-2 为选择独享主机时应注意的因素。

表4-2　选择独享主机时应注意的因素

参考因素	注意事项
服务器性能	主机CPU、内存、硬盘、网卡性能
IP地址	独立IP地址数量
管理平台	管理方式及操作性能
机房及速度	多线机房/单线机房、机房物理位置
主机代维及定制服务	服务质量及价格

7. IDC托管主机

有些企业拥有主机的服务器，但是在网络带宽、供电或者网络安全上有一定的局限性，那么选择托管主机的方式来发布网站会有较好的效果。

1) IDC托管主机概念

主机(服务器)托管是指客户自身拥有一台服务器，并把它放置在IDC的机房，由客户自己进行维护，或者由其他的签约人进行远程维护。拥有一个良好的企业站点是企业发展、展示自己的重要手段。如果企业想拥有自己独立的Web服务器，同时又不想花费更多的资金进行通信线路、网络环境、机房环境的投资，更不想投入人力进行24小时的网络维护，可以尝试主机托管服务。主机托管的特点是投资有限，周期短，无线路拥塞之忧。

通过使用电信的IDC服务器托管业务，企业或政府单位无须再建立自己的专门机房、铺设昂贵的通信线路，也无须高薪聘请网络工程师，即可解决自己使用互联网的许多专业需求。

IDC主机托管主要应用范围是网站发布、虚拟主机和电子商务等。例如网站发布，单位通过托管主机，从电信部门分配到互联网静态IP地址后，即可发布自己的www站点，将自己的产品或服务通过互联网广泛宣传；虚拟主机是单位通过托管主机，将自己主机的海量硬盘空间出租，为其他客户提供虚拟主机服务，使自己成为ICP服务提供商；电子商务是指单位通过托管主机，建立自己的电子商务系统，通过这个商业平台为供应商、批发商、经销商和最终用户提供完善的服务。

2) 主机托管和虚拟主机的区别

主机托管和虚拟主机的区别，见表4-3。

表4-3　主机托管和虚拟主机的区别

主机托管	虚拟主机
独享一台服务器	多个用户共享一台服务器
可以自行选择操作系统	只能选择指定范围内的操作系统
要求用户有管理服务器的技术水平	用户技术要求较低
主要是针对ICP和企业用户，可以提供多种服务，如Web、E-mail、数据库等	主要针对中小企业及个人用户，服务类型单一，一般仅为Web
资金投入大	资金投入少

3) 申请托管主机业务需要的相关文件

用户在办理托管主机业务时，一般需要与托管方签署相关的文件，主要有以下几个：主机托管服务协议、主机托管业务登记表、设备清单登记表、主机托管服务开通通知书、数据中心服务品质协议、托管保证书等，用户在办理时应该提前与 IDC 联系确定需要签署哪些文件以及准备相关资料。

4.1.3 网站上传实例

下面以聊城汽车网为例来介绍网站上传的全过程，具体步骤如下。

(1) 打开 FlashFXP，单击【站点】|【站点管理器】，或按快捷键 F4，弹出【站点管理器】对话框，如图 4.14 所示。

图 4.14 打开 FlashFXP 站点管理器

(2) 在【站点管理器】对话框中，单击【新建站点】按钮，在弹出的【新建站点】对话框中，输入站点名称，如图 4.15 所示。

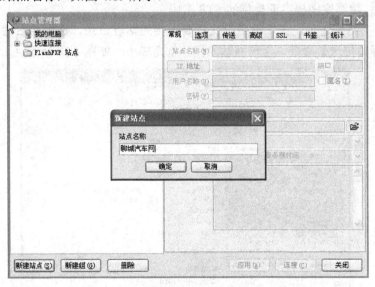

图 4.15 站点管理器界面

(3) 在常规面板中，输入 FTP 空间的 IP 地址、端口、用户名称、密码，然后单击【应用】按钮，站点就设置好了。单击【连接】按钮，连接站点，如图 4.16 所示。

网站建设与管理案例教程(第 2 版)

每个选项的含义如下。

站点名称(N)：可以输入一个便于记忆的名称。

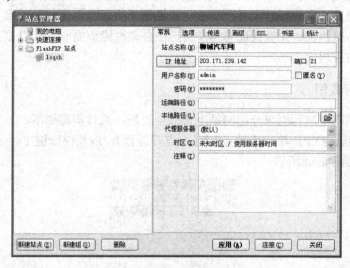

图 4.16　创建新站点

IP 地址：这是 FTP 服务器的主机地址。

端口：软件会根据您的选择自动更改相应的端口地址，一般包括 FTP(21)和 HTTP(80)两种。一般站点的 FTP 设置的端口就是 21。

用户名称(U)：填写聊城汽车网空间提供商提供的用户名。

密码(W)：填写空间提供商提供的 FTP 密码。

(4) 连接上站点之后，在本地磁盘找到要上传的站点目录，选中后右击，在弹出的快捷菜单中选择【传送】命令，上传网站的任务就完成了，如图 4.17 所示。

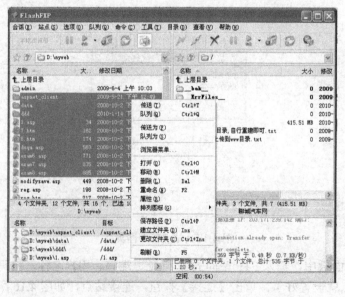

图 4.17　上传网站

4.2 网 站 测 试

4.2.1 任务分析

网站在正式发布之前，为了确保网站的正确无误，需要对网站进行发布前的测试，保证网站发布后的正常运行。本节将网站的测试技术及相应的自动测试工具做一个简要的介绍。主要探讨如下几个方面：功能测试、性能测试、安全性测试、兼容性测试和可用性测试。

4.2.2 相关知识

1. 功能测试

功能测试就是对页面中的各项功能进行验证，根据功能测试用例，逐项测试，检查网站是否达到用户要求的功能。针对 Web 应用的常用测试方法如下。

(1) 页面链接检查：每一个链接是否都有对应的页面，并且页面之间是否能正确地切换。

(2) 相关性检查：删除/增加一项会不会对其他项产生影响，如果产生影响，这些影响是否都正确。

(3) 检查按钮的功能是否正常：如修改、取消、删除、保存等功能是否正常。

(4) 字符串长度检查：输入超出需求所说明的字符串长度时，系统是否能检查出字符串长度，会不会出错。

(5) 字符类型检查：在应该输入指定类型的内容的地方输入其他类型的内容时(如在应该输入整型的地方输入其他字符类型)，系统是否会检查出字符类型错误，并提示错误。

(6) 标点符号检查：输入包括各种标点符号的内容，特别是空格、各种引号、回车键。看系统是否会正确处理。

(7) 检查添加和修改是否一致：检查添加和修改信息的要求是否一致，如添加要求必填的项，修改也必填；添加规定为整型的项，修改也必须为整型。

(8) 重复提交表单：一条已经成功提交的记录，返回后再提交，看系统是否做了处理。

(9) 上传下载文件检查：上传下载文件的功能是否实现，上传文件是否能打开。对上传文件的格式有何规定，系统是否有解释信息，并检查系统是否能够做到。

2. 性能测试

在性能测试中通常应注意以下 4 个方面的数据：负载数据、数据流量、软件本身消耗资源情况和系统使用情况。由于性能测试的特殊性，一般情况下都是利用特殊的测试工具(如 Microsoft Web Application Stress Tool，ACT 等)模拟多用户操作，对需要评测的系统造成压力。找出系统的瓶颈，并提交给开发人员进行修正。所以性能测试的目的是找出系统性能瓶颈并纠正需要纠正的问题。

一般性能测试中最常见的基本类型为基准测试、配置测试、负载测试、压力测试。在软件测试的过程中，不同阶段，不同类型所进行的性能测试关注的测试目标是不同的，不同的软件架构也决定了性能测试存在差异。这样就要对所进行的测试类型有一定的了解，才能更好地进行性能测试工作。下面是各种测试类型的具体概念。

基准测试——把新服务器或者未知服务器的性能和已知的参考标准进行比较。

配置测试——通过测试找到系统各资源的最优分配原则。

负载测试——在被测系统上不断地增加压力，直到性能指标达到极限，响应时间超过预定指标或者某种资源已达到饱和状态。这种测试可以找到系统的处理极限，为系统调优提供依据。

压力测试——确定一个系统的瓶颈或者不能接收用户请求的性能点，来获得系统能提供的最大服务级别的测试。

通过系统基准测试提供的一定条件下服务器如何处理数据的基线，作为评估其他性能指标的参考数据起点。进行配置测试则是测试系统配置在不同的机器上能否正常运行。用配置测试来确保系统在多个平台上正常运行。而负载测试用来测试在不同负载条件下客户端或者服务器端的响应时间。帮助测试人员计算在限定时间内服务器响应处理的请求的最大数量的事务数。压力测试则是在极限条件下运行系统的过程，检查什么条件下服务器或者客户端崩溃。

3．安全性测试

安全性对于网站的正常运行是至关重要的。网站的安全性主要通过用户登录验证、SSL(Secure Socket Layer)安全套接字测试、目录测试、日志文件、服务器脚本语言、数据加密和超时限制等方面进行测试，进一步完善网站的安全性能，确保用户信息、录入数据、传输数据和服务器运行中的相关数据的安全。

1) 用户登录验证

网站站点都需要注册或登录后才能使用网站提供的服务，因此，必须对用户名和匹配的密码进行校验，以阻止非法用户登录。在进行登录测试时，需要考虑输入的密码是否对大小写敏感、是否有长度和条件限制，最多可以尝试多少次登录，哪些页面或者文件需要登录后才能访问/下载等。

2) SSL 安全套接字测试

安全套接字协议层 SSL 是由 Netscape 首先发表的网络数据安全传输协议。SSL 是工作在公共密钥和私人密钥基础上的，任何用户都可以获得公共密钥来加密数据，但解密数据必须要通过相应的私人密钥。进入一个 SSL 站点后，可以看到浏览器出现警告信息，然后地址栏的 http 变成 https，在做 SSL 测试时，需要确认这些特点，以及是否有时间链接限制等一系列相关的安全保护。

3) 目录测试

Web 的目录安全是不容忽视的一个因素。如果 Web 程序或 Web 服务器的处理不当，通过简单的 URL 替换和推测，会将整个 Web 目录完全暴露给用户，这样会造成很大的风险和安全性隐患。可以使用一定的解决方式，如在每个目录访问时有 index.htm，或者严格设定 Web 服务器的目录访问权限，将这种隐患降低到最小程度。

4) 日志文件

在服务器上，要验证服务器的日志是否正常工作，如 CPU 的占用率是否很高，是否有例外的进程占用，所有的事务处理是否被记录等。

5) 服务器脚本语言

脚本语言是最常见的安全隐患，有些脚本语言允许访问根目录，经验丰富的黑客可以通过这些缺陷来攻击和使用服务器系统，因此，脚本语言安全性在测试过程中也必须考虑。

6) 数据加密

某些数据需要进行信息加密和过滤后才能进行数据传输，如用户信用卡信息、用户登录密码信息等。此时需要进行相应的其他操作，如存储到数据库、解密发送用户电子邮箱或者客户浏览器。

7) 超时限制

Web 应用系统需要有超时的限制，当用户离开，长时间不做任何操作时，需要重新登录才能使用其功能，确保用户的信息不被其他人修改。

4. 兼容性测试

网站兼容性测试主要包括平台测试、浏览器测试、分辨率测试和连接速度测试。

1) 平台测试

用户常用的操作系统平台有 Windows、UNIX、Linux 等。对于普通用户来讲，最常用的是 Windows 操作系统。Windows 操作系统包括 Windows XP、Windows 2003、Vista、Windows 2000/NT、Windows 9x 等。用户使用的操作系统的类型，直接决定了操作系统平台兼容性测试的操作系统平台数量。进行操作系统平台兼容性测试的主要目的就是保证待测试项目在该操作系统平台下能正常运行。

针对当前的主流操作系统版本进行兼容性测试，在确保主流操作系统版本兼容性测试的前提下对非主流操作系统版本进行测试，尽量保证项目的操作系统版本兼容性测试的完整性。

2) 浏览器测试

浏览器是 Web 系统中的核心的组成构件，来自不同厂家的浏览器对 JavaScript、ActiveX 或不同的 HTML 规格有不同的支持。即使是同一厂家的浏览器，也存在不同版本的问题。不同的浏览器对安全性和 Java 的设置也不一样。

目前最为常用的浏览器有 IE 7.0、腾讯的 TT、Firefox 浏览器，这些浏览器同样也存在各个版本的问题。针对这些指明的浏览器必须进行兼容性测试。但大部分的项目，是不能指定浏览器的。这样的项目，必须针对当前的主流浏览器(含版本)进行测试，在确保主流浏览器兼容性测试通过的前提下，再对非主流浏览器(含版本)进行测试，尽量保证项目浏览器的兼容性测试的完整性。

3) 分辨率测试

分辨率的测试是为了页面版式在不同的分辨率模式下能正常显示，字体符合要求而进行的测试。

用户使用什么模式的分辨率是未知的。通常情况下，在需求规格说明书中会建议某些分辨率。对于测试来讲，必须针对需求规格说明书中建议的分辨率进行专门的测试。现在常见的分辨率是 1024×768 和 800×600。对于需求规格说明书中规定的分辨率，必须保证测试通过，但对于其他分辨率，原则上也应该尽量保证，但由于这个在需求规格说明书中没有加以约束，所以开发人员往往会拒绝进行调整。对于需求规格说明书中没有规定分辨率的项目，测试应该在完成主流分辨率的兼容性测试的前提下，尽可能进行一些非主流分辨率的兼容性测试，以保证大部分情况下能够正常显示。

4) 连接速度测试

连接速度测试的目的，就是要保证在许可的时间内响应用户的请求。尽管用户连接方式的不同，有电话拨号上网、宽带上网、局域网、有限电视网、光纤网、电力网等，但是系统都不能让用户等太长时间。如果连接速度较慢，会对网站造成不同的影响。例如，访问一个页面，Web 系统响应时间太长(如超过 5s)，用户就会因失去耐心而离开；有些页面有超时的限制，如果响应速度太慢，用户可能还没来得及浏览内容，就需要重新登录了；如果连接速度太慢，还可能导致数据丢失，使用户得不到真实的页面。

5. 可用性测试

可用性测试，即 Usability Test(U-Test)，可用性是一个多因素概念，涉及易学性、易用性、系统的有效性、用户满意，以及把这些因素与实际使用环境联系在一起针对特定目标的评价。可用性测试，主要集中关注用户与产品(服务)交互中可测量的特性。对产品可用性的评估，重点在于如何进行标准化的测试，以产生可以计算和借鉴的数据。

网站可用性测试是使用科学的测试方法框架，对用户使用网站导航、在网站上完成若干任务等方面进行测试，测试者观察其行为并做记录，然后进行分析得出结论。网站可用性测试整个过程就是用户使用网站最初以及最真实的体验。所以通过可用性测试，可以了解到各个代表性的目标用户对网站界面、功能、流程的认可程度，获知改良的可能性方案，特别是在交互流程中能得出一些很不错的用户行为规律。

4.2.3　性能测试实例

性能测试是是否能成功发布一个网络应用的关键因素。当越来越多的用户访问站点时，让用户明白应用程序和服务器群是怎样工作的就显得非常重要。为了给网络应用程序模拟出哪种类型的使用，可以协同几百位甚至上千位真实用户在设计好的一段时间里访问站点，也可以只与一个能复制这么多用户负载的测试工具一起工作。许多性能测试工具可以解决这个问题。

本案例采用 Microsoft Web Application Stress Tool 对聊城汽车网(http://www.lcqch.com)进行性能测试。Microsoft Web Application Stress Tool 是由微软网站测试人员开发的，专门用来进行实际网站压力测试的一套工具。通过这套功能强大的压力测试工具，可以使用少量的客户端计算机仿真大量用户上线对网站服务所造成的影响，在网站实际上线之前先对所设计的网站进行如同真实环境下的测试，以找出系统潜在的问题，从而对系统进行进一步的调整和设置工作。

图4.18　创建脚本窗口

1. 准备

Microsoft Web Application Stress Tool 会监测本地的缓存和Cookies，为了测试数据的准确性，首先要删除缓存和 Cookies 等临时文件。如果浏览器是 IE，删除方法是启动 IE 后执行【工具】|【Internet 选项】命令，在弹出的【Internet 选项】对话框的【常规】选项卡中，单击【Internet 临时文件】区域的【删除 Cookies】和【删除文件】按钮将删除临时文件。

2. 创建测试脚本

启动 Microsoft Web Application Stress Tool，程序运行时会弹出Cteate new script 对话框，即建立一个新的脚本窗口(图4.18)。如果运行后没有打开该窗口可以单击窗口工具栏上的第一个按钮 New Script 即可。

有 4 种方式可以创建脚本，分别是手工制作(Manual)、通过记录浏览器的活动(Record)、通过导入 IIS 日志(Log file)和通过把 WAS 指向 Web 网站的内容(Content)。选择最简单的方式即通过记录浏览器的活动创建，在新建脚本窗口上单击【Record】按钮打开创建向导对话框 Browser Recorder-Step 1 of 2，其中 3 个选项的作用是选择要记录的内容，分别为Request(请求)、Cookies(网上信息块)以及 Host headers(主机标题)，可根据需要选择，如图4.19所示。

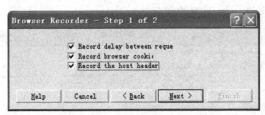

图4.19　浏览器录制第一步

然后单击【Next】按钮即打开 Browser Recorder-Step 2 of 2 对话框，如图4.20所示，单击【Finish】按钮，如图4.20所示。

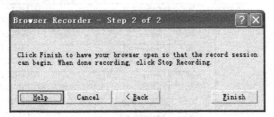

图4.20　浏览器录制第二步

这样程序就会自动启用，并且打开一个浏览器窗口，此时就可以在浏览器的地址栏中输入聊城汽车网的网址 http://www.lcqch.com。随着要测试的网站内容的不断显示，在程序主界面的【Recording】选项卡中的信息会实时更新，如图4.21所示。

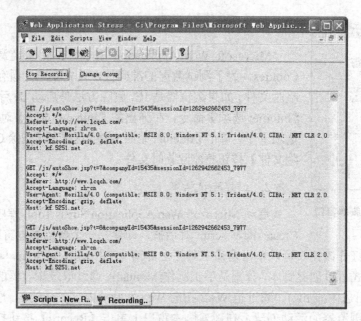

图 4.21　记录录制信息窗口

当要测试的内容完成时就可以单击记录录制信息窗口中的【Stop Recording】按钮。单击后进入主窗口，如图 4.22 所示。在 Server 输入框中输入网站的 IP 地址：203.171.239.142。把窗口中的无效 item 删除，如无效的路径。

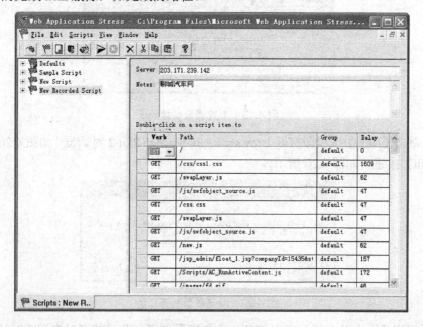

图 4.22　测试主窗口

3. 测试设置

为了使测试更加准确，更加接近真实的效果，需要对录制的测试脚本进行一些设置。

单击 New Recorded Script 下的 Settings 节点，其中 Concurrent Connections 选项组是设置并发连接数的。其下面的 Stress level(threads)选项和 Stress multiplier(sockets per thread)选项分别设置对目标服务器的压力及负载程度，其中 Level 是客户端所产生的线程数目，一个线程可以产生多个 Socket 并发请求，因此将两者的数值相乘所获得的数字就是客户端同时连接的并发数。时间设置包括 Test Run Time(测试运行时间)和 Request Delay(停止响应)以及 Suspend(挂起时间)3 项。其中测试运行时间是以日、小时、分钟和秒来设定的，建议该项时间不宜太短。如果设置的并发数较多，那么时间应该比较长，以便产生足够多的请求；而停止时间是指连接时超出这个时间即做超时处理；在挂起时间部分有 Warm up 和 Cool down 两项，一般设置为两三分钟为宜，这样做的目的是为了避免测试开始和结束时数据的变形，影响测试的准确性。Bandwith 是指定带宽瓶颈的，即选择访问该网站的大多数用户所使用的带宽。例如，访问该网站的绝大部分用户是拨号，那么可以选择 56K，如图 4.23 所示。

做好基本的设置工作后，就可以在左侧选中新建的脚本【New Recorded Script】项，然后单击工具栏上的【Run Script】按钮，或者执行【Scripts】|【Run】命令，就开始测试了。测试过程中会以进度条的方式实时显示，待进度条结束时即可进行测试结果分析，图 4.24 所示为测试进度条。

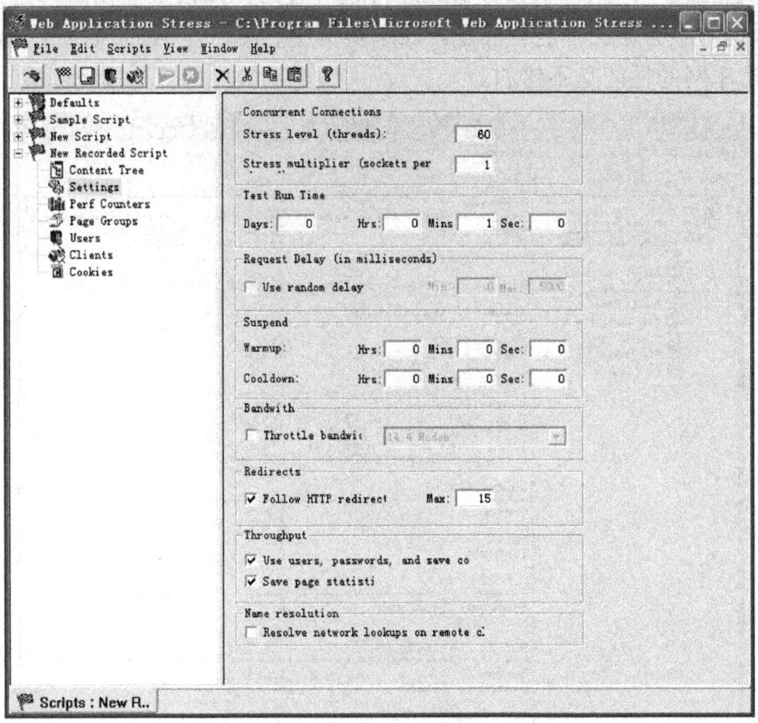

图 4.23　脚本设置窗口

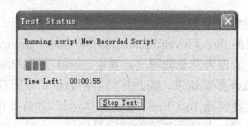

图 4.24　测试进度条

4. 数据分析

打开测试报告来查看测试结果。执行【View】|【Reports】命令，在打开的窗口左侧会按时间显示所有的测试报告。根据时间选择本次测试报告，在窗口右侧即可查看具体内容，如图 4.25 所示。

在测试报告中最重要的部分就是 Socket Errors 部分和 Result Codes 部分。

Socket Errors 部分包括 Connect、Send、Recv 和 Timeouts。其中 Connect 表示客户端不能与服务器取得连接的次数；Send 表示客户端不能正确发送数据到服务器的次数；Recv 表示客户端不能正确从服务器接收的次数；Timeouts 表示超时的线程数目。如果这 4 个数值都比较小，甚至为 0，则说明服务器是经得起考验的；如果数值很高，甚至接近设置的并发数，那么说明服务器的性能有问题。在本实例中聊城汽车网的 Socket Errors 各部分为 0，说明聊城汽车网的性能是不错的。

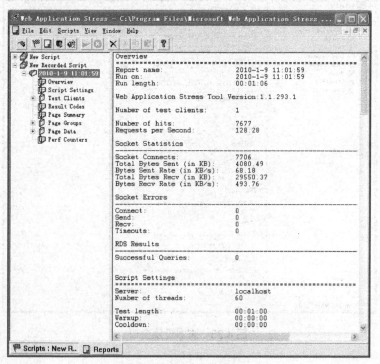

图 4.25　测试报告

Result Codes 部分，如果 Code 列表下的数值都为 200，那么表示所有请求都经服务器成功返回，如果数值出现其他值，如 404，那么则需要在左侧找到 Page Data 节点，查看具体的错误项目，然后改正。

4.2.4 网站安全性测试案例

安全性测试(Security Testing)是有关验证应用程序的安全服务和识别潜在安全性缺陷的过程。

Rational AppScan 是灵活的、精确的、有效率的 Web 应用程序安全评估工具。使用 AppScan，可以在黑客之前识别 Web 站点中的漏洞。对 Web 应用程序漏洞的及早检测可降低其受攻击的风险，并节省宝贵的时间和资源。在应用程序生命周期内使用 Rational AppScan 会使安全审计测试和调度标准化。因为 Rational AppScan 会在漏洞成为真正的安全风险前通知我们可能存在的漏洞，所以可以降低总体成本。

Rational AppScan，是对 Web 应用和 Web Services 进行自动化安全扫描的黑盒工具，它不但可以简化企业发现和修复 Web 应用安全隐患的过程(因为这些工作，以往都是由人工进行，成本相对较高，但是效率却非常低下)，还可以根据发现的安全隐患，提出针对性的修复建议，并能形成多种符合法规、行业标准的报告，方便相关人员全面了解企业应用的安全状况。

下面是安全性测试的具体步骤。

(1) 打开应用程序，主窗口如图 4.26 所示。

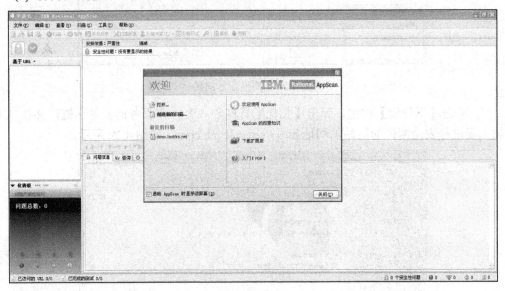

图 4.26 程序主窗口

(2) 单击【欢迎】窗口中的【创建新的扫描】选项，打开【新建扫描】窗口，如图 4.27 所示。

图 4.27　新建扫描窗口

(3) 选择【常规扫描】选项弹出【扫描配置向导】对话框，如图 4.28 所示。

图 4.28　扫描配置向导

(4) 单击【下一步】按钮，弹出【扫描配置向导 URL 和服务器】对话框，并在 URL 中输入要进行安全测试的网站的网址 http://www.lcqch.com，如图 4.29 所示。

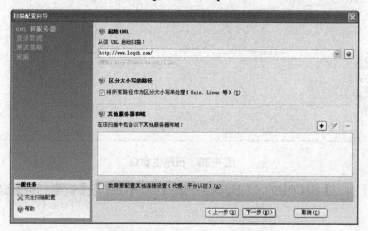

图 4.29　扫描配置向导 URL 和服务器

(5) 单击【下一步】按钮，弹出【扫描配置向导登录管理】对话框，选择登录方法，如图 4.30 所示。

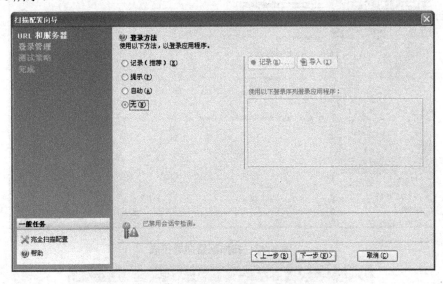

图 4.30　扫描配置向导登录管理

(6) 单击【下一步】按钮，弹出【扫描配置向导测试策略】对话框，如图 4.31 所示。

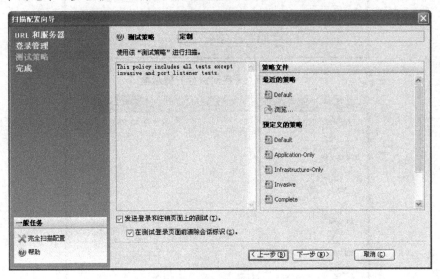

图 4.31　扫描配置向导测试策略

(7) 单击【完成】按钮，弹出【自动保存】提示框，单击【是】按钮后，选择要保存的地址和文件名，如图 4.32～图 4.34 所示。

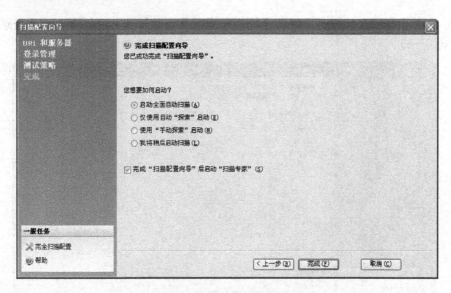

图 4.32　扫描配置向导完成

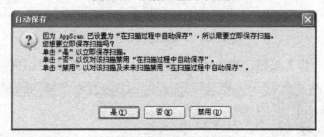

图 4.33　【自动保存】提示框

图 4.34　【另存为】对话框

(8) 保存完成后，进行自动安全测试，如图 4.35 和图 4.36 所示。

图 4.35 正在测试窗口

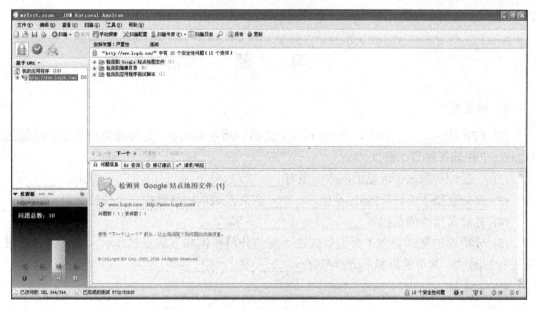

图 4.36 测试完成窗口

AppScan 以各种维度展现了扫描后的结果，不仅定位了问题发生的位置，也提出了问题的解决方案。当定位某个错误时，下面会出现错误的问题信息、咨询、修改建议、请求响应，如图 4.37 所示。

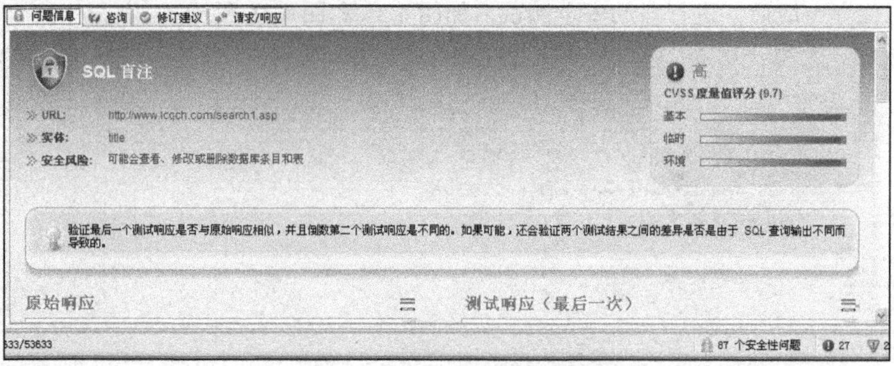

图 4.37　安全问题的详细情况

本 章 小 结

本章的主要目的就是让学生对网站发布有一定的了解，通过本章的介绍可以使学生根据网站的情况选择不同的方式发布网站并对网站进行相关测试。网站发布特别是发布空间或服务器的选择需要一个很清晰的流程，错误的发布可能会造成后续网站运营和维护方面的不便。

习 题

1. 填空题

(1) FTP 是_____协议，是 Internet 上的另一项主要服务，这项服务让使用者能通过 Internet 来传输各种类型的文件。

(2) 一般性能测试中常见的基本类型有_____、_____、_____和_____。

(3) 安全套接字协议层(SSL)是由_____首先发表的网络数据安全传输协议。

(4) 目前常用的浏览器有_____、_____和_____。

(5) 分辨率的测试是为了页面版式在不同的分辨率模式下能正常显示，字体符合要求而进行的测试，常用的浏览器分辨率有_____和_____。

2. 选择题

(1) 用户常用的操作系统平台不包括(　　)。

　A．Windows　　　　B．UNIX　　　　C．Linux　　　　D．DOS

(2) 网站测试不包括(　　)。

　A．功能测试　　　B．流量测试　　　C．性能测试　　　D．安全性测试

(3) FTP 协议使用的端口是(　　)。

　A．12　　　　　　B．21　　　　　　C．23　　　　　　D．80

(4) 常用的 FTP 软件有(　　)。

　　A．Cuteftp　　　　　B．FlashFXP　　　　C．Flashget　　　　D．Leapftp

3．简答题

(1) 请说明 Web 上传与 FTP 上传的区别。

(2) 列举 IDC 虚拟主机发布、独享主机发布及托管主机发布的特点。

(3) 为什么要对网站进行发布测试？发布测试主要有哪几个方面的测试内容？

(4) 网站性能测试主要有哪几种方法？

实 训 指 导

项目 1：

以一个**汽车网站为例，**汽车网网站建设已基本完成，域名已经申请好，并且已完成网站备案，请按照以下要求完成网站的发布。

任务 1：在万网(www.net.cn)上申请一个虚拟主机空间，注意要根据网站的大小、数据库的格式等条件选择，完成后使用上传工具将网站内容上传到虚拟主机空间中，将网站域名解析到虚拟主机空间，完成网站的发布，并写出选择的因素及原因。

任务 2：与本地的 IDC 联系，申请独享主机来进行**汽车网的发布，完成相关协议文件的签署。

任务 3：阅读并填写托管主机相关协议，并指出甲方应注意的事项及遵守的法律法规。

项目 2：

对项目 1 中发布的网站做相关测试。具体任务如下。

任务 1：根据可用性测试过程，完成此网站的可用性测试。

任务 2：根据兼容性测试的类型，分别完成此网站的兼容性测试。

任务 3：根据安全性测试的要求，对该网站进行安全性测试过程。

任务 4：对以上完成的各项测试填写测试报告，并指出网站修改方案。

第 5 章　网站服务器搭建与管理

教学任务

服务器，从广义上来讲是指在网络中为其他主机提供各种网络服务(WWW、FTP 等服务)的计算机系统的统称；从狭义上来讲，服务器是指能够提供各种特定网络服务的，具有较高稳定性、可扩展性和能够承担较高负载的高性能的计算机。网站服务器选购与搭建是否合理，直接决定了运行在服务器之上的网站能否正常工作。除此之外，网站服务器还需要进行安全、数据和机房的管理，这样才能使网站更加安全、稳定、服务不间断。本章将对以上内容进行逐一介绍，了解网站服务器的选购、搭建及服务器的管理，为网站的优化、运营和推广做好准备。

该教学过程可分为如下 3 个任务。

任务 1：网站服务器的设计。主要包括服务器的设计、服务器操作系统的选择和 Web 服务组件的选择。

任务 2：网站服务器的搭建。主要包括服务器操作系统的安装和 Web 服务器的搭建。

任务 3：网站服务器管理。主要包括机房管理、网站安全管理和网站数据管理。

教学过程

本章主要讲解网站服务器在工程实施时需要完成的服务器的选购、服务器的搭建及服务器的管理。按照实际的工作流程，从网站服务器与操作系统的选择、网站服务器的搭建与管理以基于工作流程的教学方式来进行讲解。

教学目标	主要描述	学生自测
了解网站服务器硬件及组件设计	(1) 了解网站服务器硬件设计的方法 (2) 了解网站服务器操作系统的选择 (3) 了解网站服务器服务组件的选择	为自己的网站选择合适的服务器、操作系统和 Web 组件
了解网站服务器操作系统的安装与服务器搭建	(1) 掌握服务器操作系统的安装 (2) 掌握 Web 服务器的构建	为自己选择的网站服务器安装操作系统并且利用 IIS6.0 完成服务器搭建
了解机房、安全与数据的管理方法	(1) 了解机房管理的方法 (2) 了解安全管理的方法 (3) 了解数据管理的方法	了解网站服务器机房管理、安全管理与数据管理

企业如果发展到一定规模，就需要自建机房，企业需要根据服务器的技术参数选购网站服务器，并且将网站搭建起来。本章将对企业自己购买和构建服务器的相关内容进行讲解。

5.1　网站服务器设计

5.1.1　任务分析

服务器作为网络的节点，存储、处理网络上 80%的数据，因此也被称为网络的灵魂。网站服务器的性能、稳定性直接决定了运行在其上的网站的运行质量和运行效果。服务器有着不同的分类办法，不同的服务器能够提供不同的性能参数。本节的主要任务就是对服务器的选购、操作系统和 Web 组件的选择进行介绍，让读者对服务器的选择有一个初步的认识。

5.1.2　相关知识

服务器指一个管理资源并为用户提供服务的计算机软件，通常分为文件服务器(File Server)、数据库服务器(Database Server)和应用程序服务器(Application Server)。运行以上软件的计算机或计算机系统也被称为服务器。相对于普通计算机来说，服务器在稳定性、安全性、性能等方面都要求很高，因此在 CPU、芯片组、内存、磁盘系统、网络等硬件上和普通计算机有所不同。它的高性能主要体现在高速度的运算能力、长时间的可靠运行、强大的外部数据吞吐能力等方面。

服务器就像是邮局的交换机，而微机、笔记本、PDA、手机等固定或移动的网络终端，就如散落在家庭、各种办公场所、公共场所等处的电话机。与外界日常生活、工作中的电话交流、沟通，必须经过交换机，才能到达目标电话；同样如此，网络终端设备如家庭、企业中的微机上网，获取资讯，也必须经过服务器才能达成，因此可以说是服务器在"组织"和"领导"这些设备。

再来看服务器的功能，服务器可以用来搭建网页服务(通常上网所看到的网页页面的数据就是存储在服务器上供人访问的)、邮件服务(发的所有电子邮件都需要经过服务器的处理、发送与接收)、文件共享、打印共享服务、数据库服务等。而所有的应用都有一个共同的特点，即它们面向的都不是一个人，而是众多的人，同时处理的是众多的数据。所以服务器与网络是密不可分的。可以说离开了网络，就没有服务器；而服务器是为提供服务而生，只有在网络环境下它才有存在的价值。而个人计算机完全可以在单机的情况下完成用户的数据处理任务。

1.　基于结构划分服务器

1) 塔式服务器

塔式服务器是目前应用广泛且常见的一种服务器。外观上为一台体积比较大的计算机，机箱做工一般也比较扎实，如图 5.1 所示。

优点：成本低于机架、刀片服务器，由于机箱较大，具备良好的扩展能力和散热性能，可以配置多路处理器、多根内存、多块硬盘、多个冗余电源和散热风扇。

缺点：机器重量、空间占用率相对其他两种要高。

推荐给对服务器扩展、散热性能要求较高，且采购数量不多、空间比较冗余的用户。

塔式服务器是常见的、较容易理解的一种服务器结构类型，它的外形以及结构都与平时使用的立式计算机差不多。当然，由于服务器的主板扩展性较强、插槽也多出一堆，所以个头比普通主板大一些，从而塔式服务器的主机机箱也比标准的 ATX 机箱要大。一般都会预留足够的内部空间以便日后进行硬盘和电源的冗余扩展。

图 5.1   塔式服务器

由于塔式服务器的机箱比较大，服务器的配置可以很高，冗余扩展可以很齐备，所以它的应用范围非常广，应该说目前使用率最高的一种服务器就是塔式服务器。平时常说的通用服务器一般都是塔式服务器，它可以集多种常见的服务应用于一身，不管是速度应用还是存储应用都可以使用塔式服务器来解决。

就使用对象或者使用级别来说，目前常见的入门级和工作组级服务器基本上都采用这一服务器结构类型，一些部门级应用也会采用。不过由于只有一台主机，即使进行升级扩张也有限度。所以在一些应用需求较高的企业中，单机服务器已无法满足要求，这样就需要多机协同工作。而塔式服务器个头太大，独立性太强，协同工作在空间占用和系统管理上都不方便，这也是塔式服务器的局限性。不过，总的来说，这类服务器的功能、性能基本上能满足大部分企业用户的要求，其成本通常也比较低，因此这类服务器还是拥有非常广泛的应用的。

2) 机架式服务器

机架式服务器顾名思义就是"安装在机架上的服务器"。可以统一地安装在按照国际标准设计的机柜当中，机柜的宽度为 19in，机柜的高度以 U 为单位，1U=1.75in=44.45mm，不同的规格在标准上面进行相乘，即 2U=89mm，4U=178mm，如图 5.2 所示。

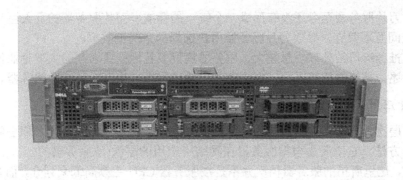

图 5.2　机架式服务器

优点：相对塔式服务器大大节省了空间占用，使布线、管理更为简洁，节省了机房的托管费用。并且随着技术的不断发展，机架式服务器有着不逊色于塔式服务器的性能。机架式服务器是一种平衡了性能和空间占用的解决方案。

缺点：由于机身的限制，在扩展能力和散热能力上不如塔式服务器，这就需要对机架式服务器的系统结构进行专门的设计，如主板、接口、散热系统等，设计成本较高，所以价格一般也要高于塔式服务器。

推荐给资金较为充裕，针对性比较强的应用，如需要密集型部署的服务运营商、群集计算等。

3) 刀片式服务器

刀片式结构是一种比机架式更为紧凑整合的服务器结构，它是专门为特殊行业和高密度计算环境所设计的。刀片式服务器在外形上比机架式服务器小，只有机架服务器的 1/3～1/2，每个刀片就是一台独立的服务器，具有独立的 CPU、内存、I/O 总线，通过外置磁盘可以独立地安装操作系统，并提供不同的网络服务，如图 5.3 所示。

图 5.3　刀片服务器

优点：扩展方便，刀片可以进行热插拔，通过刀片架组成服务器集群，提供高速的网络服务。如需升级，在集群中插入新的刀片即可。每个刀片服务器不需要单独的电源等部件，共享服务器资源。这样可以有效地降低功耗，并且可以通过机柜统一进行布线和集中管理，为连接管理提供了极大的便利，从而有效节省企业总体拥有成本。

缺点：刀片服务器至今还没有形成一个统一的标准，刀片服务器的几大巨头如 IBM、HP、Sun 之间互不兼容，导致刀片服务器用户选择的空间很狭窄。

建议：推荐给日常处理信息量大、服务器集群多且性能要求高的大型企业使用。

综上所述，按照结构的区分，中小企业一般选用塔式或者机架式的服务器。

2. 基于应用类别划分服务器

按应用层次划分通常也称为按服务器档次划分或按网络规模划分，是服务器最为普遍的一种划分方法。它主要是根据服务器在网络中应用的层次(或服务器的档次)来划分的。要注意的是，这里所指的服务器档次并不是按服务器 CPU 主频高低来划分，而是依据整个服务器的综合性能，特别是所采用的一些服务器专用技术来衡量的。按这种划分方法，服务器可分为入门级服务器、工作组级服务器、部门级服务器和企业级服务器。

1) 面向企业网站的服务器

这类服务器主要以介绍企业为主要内容，数据量不高，并发访问通常为静态网页或访问量在 200 次/秒以下，推荐硬件配置：Xeon 3040*1/ASUS P5BV-C(S3200)/1G ECC*2/160G*2/双千兆网卡。

2) 面向门户网站的服务器

这类服务器主要为门户网站服务。门户网站访问量巨大，通常生成动态网页或访问量在 500 次/秒以下，推荐硬件配置：Xeon 5310 或 Xeon 5405*1-2 颗/ASUS DSBV-DX-SAS/2G FBD667*2 条/146G SAS/RAID 1/双千兆网卡(每秒访问 1000 次以上)。

3) 面向在线游戏的服务器

运行软件：传奇、奇迹、A3 等。

技术要求：1U 或塔式机箱，多处理器，大内存。

推荐配置：维持 500 人以下同时在线，Xeon3210*1 颗/1G DDR667*2 根/160G SATA/RAID 1/千兆网卡；维持 1000 人以下同时在线，Xeon 5335*2 颗/1G FBD667*4 根/146G SAS*3/RAID 5/双千兆网卡；维持更多，四路服务器或多服务器集群。

4) 视频、电影服务器

运行软件：Helix Server、Windows Media Services、VOD 软件。

技术要求：访问速度快，存储容量大，RAID 5。

推荐配置：低配，Xeon 3210*1 颗/ASUS P5BV-C/2G/SATA 750G*8/RAID 5/双千兆网卡；高端，Xeon5410*2 颗/ASUS DSBV-DX-SAS/2G/400G SAS*8/RAID 5/双千兆网卡。

不同的网站内容对 Web 服务器硬件的需求也是不同的。如果 Web 站点是静态的，对 Web 服务器硬件要求从高到低依次是网络系统、内存、磁盘系统、CPU。如果 Web 服务器主要进行密集计算(如动态产生 Web 页)，则对服务器硬件需求依次为内存、CPU、磁盘子系统和网络系统。

主机托管，1U 为主。IDC 机房服务器托管费用是按 "U" 来收费的，节省 1U 的空间意味着每年节省数千元的服务器托管费用。所以如果对服务器的性能及扩展性能没有特殊要求，企业可以尽量采购 1U 服务器来尽可能节省服务器托管费用。

3. 采购 Web 服务器的注意事项

Web 服务器是针对 Web 应用的专用服务器。对于 Web 应用来说，最重要的就是及时响应能力和并发用户支持能力。而这两方面的能力在服务器上最直接的体现就是服务器的性能配置和网络带宽。因此，企业在采购 Web 服务器方面最应该看重的是服务器的时间处理能力、网络带宽及系统稳定性。企业在选择 Web 服务器方面应该考虑以下几个问题。

1) 性能与价格的平衡

选择服务器应该是在性能和价格中间找到一种平衡。由于 Web 服务器有它的特殊性，在价格允许范围内，最好是选择性能强大的服务器品牌。Web 应用的不确定性决定了服务器具有强大的性能绝非是未雨绸缪(例如，可能网站在某个时候的访问用户突然暴增，这时服务器的强大性能就能够保证业务顺利进行)。

现在的网站基本上都在向多媒体类型的网站发展，因此就要求 Web 服务器在"多网卡优化"和"高速硬盘 I/O"两方面表现突出。所以，在考虑 Web 服务器性能时需要考虑 CPU 处理能力对网络带宽的影响、硬盘 I/O 和随机读/写比率的峰值对实际应用中客户端 Web 单击的影响、网络性能对系统效率的影响、并发事件对系统资源占用率的影响等方面。

2) 看重"支持并发用户能力"和"事件及时响应能力"

对于电子商务公司来说，看重的是服务器的"支持并发用户能力"和"事情及时响应能力"两方面。作为一个服务器的管理人员，需要考虑企业并发用户数的范围、峰值等。应该说并发用户支持数主要是由系统的硬件配置、网络出口带宽及应用复杂性等因素决定的。服务器的事件及时响应能力主要是指服务器在接受用户的请求后做出处理的能力。任何客户端都喜欢自己的请求发出后能够尽早地得到响应。

3) 网络线路选择

采用自建机房的方式发布网站，就需要从电信运营商申请一条 Internet 专线以及至少一个公网 IP 地址。国内主要的 ISP 有联通、电信、移动、铁通，不同的 ISP 的网络有所不同。

一般来讲，电信运营商就是从电信和联通两家运营商中进行选择，如果网站用户的访问者多为电信(南方用户为主)，建议使用电信线路；反之使用联通线路。如果对访问速度要求较高，则建议使用双条线路或其他的方式解决电信联通互连互通的问题。

4. 操作系统选择

操作系统是管理计算机硬件与软件资源的程序，同时也是计算机系统的内核与基石。操作系统是一个庞大的管理控制程序，目前常见的操作系统有 UNIX、Linux、Windows 等。表 5-1 是不同的操作系统列表。

表 5-1　不同操作系统列表

操作系统类型	版本	使用场合
Windows 操作系统	Windows 2000 Server	服务器端
	Windows XP	个人计算机
	Windows Server 2003	服务器端
	Windows Vista	个人计算机
	Windows Server 2008	服务器端
	Windows 7	个人计算机

操作系统类型	版本	使用场合
	Linux	服务器端
类 UNIX 操作系统	FreeBSD	服务器端
	Solaris	服务器端

如果是企业网站、个人网站或者一般的平台网站，一般使用 Windows 操作系统，这是由于 Windows 便于管理。而对于一些很大很严谨很安全的系统或者网站，就需要使用 Linux 操作系统。由于 Linux 操作系统使用起来需要专业的技术知识，所以对于中小型企业来说会增加其运营成本。表 5-2 列出了几大网站使用的操作系统及服务器组件和脚本语言。

表 5-2　各大网站用的操作系统、Web 服务器和脚本语言

网站	操作系统	Web 服务器	脚本语言
Sina	FreeBSD	Apache/2.0.54	PHP
Yahoo	FreeBSD	Apache	PHP
网易	Linux	Apache 2.24	PHP/Java
Livedoor	FreeBSD	Apache	PHP/Perl
Google	Linux	GWS(Google WebServer)	C/Python/PHP
腾讯 QQ	Linux	Apache	PHP/Perl/C
Sohu	Linux	Apache/1.3.33	PHP/C/Java
TOM	Linux	Apache/1.3.34 Debian	PHP/5.1.2-1
Xinnet	FreeBSD	Apache/1.3.26 UNIX	PHP/4.2.2
MOP	Linux	F5 Lighttpd/Apache	PHP/Java
Youku	Linux	Apache	PHP
Ganji	Linux	Apache2.0.55	PHP 5.05
Baidu	Same Liunx	BWS(Baidu WebServer)	PHP/Java/C/C++
Facebook	FreeBSD	Apache/1.3.37.fb1	PHP
Alibaba	Linux	Apache/2.0.59	Java/PHP
Tabao.com	Liunx	Apache	PHP
Enet	Liunx	Apache	PHP/Java
zol.com.cn	Linux/Solaris	Apache	PHP
Xunlei.com	Liunx	TWS	PHP

5．Web 组件的选择

为了网站的顺利运行，需要在操作系统上安装 Web 服务器端组件，常见的 Web 服务器端组件有 Apache 和 IIS。

1) Apache

Apache 可以运行在几乎所有广泛使用的计算机平台上，由于其跨平台和安全性被广泛使用，是商业使用中较为流行的 Web 服务器端软件之一。Apache 音译为阿帕奇。在 Apache

计划的早期，这个服务器几乎每天都需要打上新的补丁，因此有人称它是"打满补丁"(a patchy)的服务器，这个名称也就这样流传下来。Apache 图标如图 5.4 所示。

图 5.4　Apache 图标

时过境迁，在 20 世纪 90 年代下半叶，Apache 已经成长为最流行的 Web 服务器。已有超过 2/3 的 Web 服务器在使用 Apache，人们津津乐道于它的稳定性。

2) IIS

IIS(Internet Information Services，互联网信息服务)，是由微软公司提供的基于运行 Microsoft Windows 的互联网基本服务，如图 5.5 所示。最初是 Windows NT 版本的可选包，随后内置在 Windows 2000、Windows XP Professional 和 Windows Server 2003 中一起发行，但在普遍使用的 Windows XP Home 版本上并没有 IIS。IIS 是微软公司用来与 Apache 竞争的武器。大部分用户以 IIS 作为服务器，并不是因为它比 Apache 更好，而仅仅是因为它与 Windows XP 专业版捆绑在一起，并且与 IE 完全兼容。因为一般中小企业都选择 Windows 操作系统作为服务器操作系统，网站设计语言多为 ASP 或静态的 HTML 语言，所以对于中小企业来讲，使用 IIS 作为服务器组件较为合适。表 5-3 为不同的 IIS 版本之间的区别。

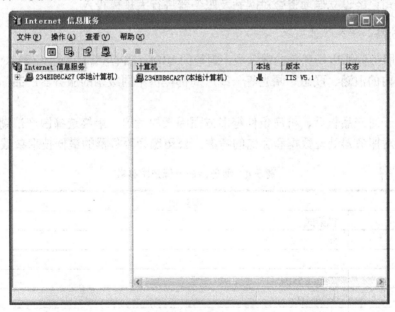

图 5.5　Internet 信息服务

表 5-3　不同 IIS 版本之间的区别

	IIS 5.0	IIS 5.1	IIS 6.0
平台	Windows 2000	Windows XP Professional	Windows Server 2003 家族
体系结构	32 位	32 位和 64 位	32 位和 64 位

续表

	IIS 5.0	IIS 5.1	IIS 6.0
数据库配置	二进制	二进制	XML
安全性	Windows 身份验证 SSL Kerberos	Windows 身份验证 SSL Kerberos 安全向导	Windows 身份验证 SSL Kerberos 安全向导 Passport 支持
群集支持	IIS 群集	Windows 支持	Windows 支持

5.1.3 服务器选购实例

1. 前期调查

聊城汽车网秉承服务本地汽车经济发展的宗旨，致力于为客户提供高效、便捷、优质的服务。目前聊城汽车网定位在"立足聊城，辐射周边"。下面是聊城汽车网的前期调查情况。

- 平均日访问量达 5000 次。
- 网站多媒体信息较多，对服务器的存储能力和数据处理能力有较高的要求。
- 网站服务器存放在一个简易机房中，机房中还有电话等线路，条件复杂。
- 服务器用电稳定，电压无明显波动。
- 公司已经设立专项资金对网站及服务器进行大规模投入。

2. 服务器品牌及性能要求

目前，服务器的市场竞争非常激烈，国外的 IBM、HP(惠普)、DELL(戴尔)、SUN 等著名厂商和国内的浪潮、联想、曙光等一线厂商都提供不同级别的服务器产品，满足不同的用户需求。

但是出于对产品售后、机房条件等多方面因素的考虑，最终选择国产浪潮的机架式服务器。出于对服务器处理数据和存储的考虑，公司选择服务器的最低技术参数见表 5-4。

表 5-4 服务器的最低技术参数

基本类别	
类别	机架式
结构	2U
处理器	
CPU 类型	Xeon E5504
CPU 频率	2000MHz
处理器描述	标配 1 个 Xeon E5504 处理器
CPU 二级缓存	1MB
CPU 核心	四核(Gainestown)
内存	
内存大小	2GB
内存插槽数量	8
最大内存容量	64GB

基本类别	
存储	
硬盘大小	120GB
硬盘类型	SAS
内部硬盘架数	最大支持 6 个热插拔 3.5 英寸 SAS 硬盘
最大热插拔硬盘数	支持 6 个热插拔
磁盘阵列卡	集成 SATA 控制器，支持 RAID0，1，5；SAS 机型集成 8 通道 SAS 控制器，支持 RAID0，1，1E，可选支持 IBUTTON RAID5 组件
网络	
网络控制器	集成 64 位高性能双千兆网卡
接口类型	
标准接口	2 个 RJ-45 网络接口、4 个后置 USB 接口、1 个前置 USB 接口、1 个后置 VGA 串口、1 个后置串口、PS2 键盘、鼠标接口
电源性能	
电源	单电源
软件系统	
系统支持	Windows 2003 Enterprise Edition SP1 Redhat Linux AS 4.0 U4 SuSE Enterprise Server 9 Redflag 4.0 Redhat Linux AS 3.0 Update4 Novell Suse Enterprise Linux 9.0 SCO Unixware 7.1.3

3. 服务器选购

1) 通过系统集成商

联系本地或周边地区的系统集成商，根据提出的技术参数，系统集成商会给出符合技术要求的型号供选择。

注意：本地集成商代理的服务器品牌不止一个，所以在选择型号的过程中，肯定存在型号了解不全等诸多问题。

2) 联系厂商销售代表

电话联系厂商的销售代表或区域经理，他们会登门服务，比较专业地推荐符合要求的服务器型号，这是一个不错的选择。

3) 电话直接联系厂商销售

拨打厂商的 800 或 400 电话，直接打电话进行沟通，通过技术要求，电话支持人员会给出合适的型号。

5.2　网站服务器搭建实例

5.2.1　任务分析

网站在被访问之前，运行在网站服务器之上的操作系统需要提前安装到服务器上，通过网站服务器和相关的组件将建设完成的网站搭建起来。设置网站首页文档、虚拟目录等项目，达到网站搭建的目的。

5.2.2　网站服务器搭建实例

Windows Server 2003 是目前微软推出的使用较广泛的服务器端操作系统。对于中小企业的网站服务器来说，Windows Server 2003 是一个很好的选择。这里以 Windows Server 2003 平台为例，介绍其安装及 Windows Server 2003 环境下的网站服务器搭建。

1. 操作系统的安装

1) 安装前的准备工作

安装 Windows Server 2003 之前，除需要选择正确的 Windows Server 2003 版本外，还需要了解 Windows Server 2003 支持的最新的硬件设备。因为在安装过程中会自动检测硬件兼容性，并报告潜在的冲突。在 http://www.microsoft.com/windows/datalog/server 中可以找到 Windows Server 2003 支持的硬件列表。

安装前需要准备好 Windows Server 2003 的正版安装光盘，针对不同的厂商，建议提前准备好厂商提供的引导盘和驱动盘。如有需要，建议提前拨打服务器厂商的电话，详细询问安装过程，并记录安装过程的注意事项。另外，在安装之前，建议将网线关闭，避免在安装过程中感染病毒。

2) 使用系统光盘安装 Windows Server 2003

(1) 服务器加电启动后，通过对 BIOS 的设置，修改服务器启动方式为光驱启动(具体配置方法请参照相关资料)，并且在光驱中放入 Windows Server 2003 安装光盘，如图 5.6 所示。

图 5.6　修改服务器启动方式为光驱启动

系统安装有如下几种常见的方式。

1) 从 CD-ROM 启动开始全新的安装

这种安装方式是最常见的。而且如果服务器上已经安装了其他低版本的操作系统或需要全新安装时，这种方法也比较合适。

在运行低版本操作系统的计算机上安装

如果计算机上已经安装了早期版本的操作系统，那么在完成 Windows Server 2003 安装后可以实现双启动。通常用于需要 Windows Server 2003 和原有系统并存的情形。

2) 从网络进行安装

这种安装方式是原有的安装程序不在本地计算机上，而是在网络服务器上共享 CD-ROM，然后使用共享的文件夹下的 winnt32.exe 开始安装。这种方式适合于需要在网络中安装多台 Windows Server 2003 服务器的场合。

远程服务器安装

这种安装方式需要远程有一台服务器，对该服务器进行适当的配置。可以把一台配置好 Windows Server 2003 和各种应用程序的计算机上的系统做成镜像文件，并且把镜像文件放到远程安装服务器(RIS)上。将客户端设置成从网络启动，随后的操作参阅相关步骤。

3) 无人值守安装

在安装 Windows Server 2003 的过程中，通常要回答一系列的问题，使得管理员不得不在服务器前等待安装完成。无人值守安装是实现配置一个应答文件，在文件中保存安装过程中需要输入的信息，让安装程序从应答文件中读取所需的信息，这样管理员就无须在计算机前等待并输入各种信息。

4) 升级安装

如原来的服务器已经安装了老版本的操作系统，可以在不破坏以前各种设置和安装程序的情况下进行升级安装。这样可以大大减少重新配置系统的工作量，同时可保证系统过度的连续性。

(2) 然后重启计算机。安装光盘中的启动程序会将启动需要的文件加载到内存中，并开始检测服务器的硬件配置，如图 5.7 所示。

图 5.7　安装前的硬件检测

提示： 这个过程中不同的厂商会要求使用专门的引导光盘进行引导安装，如果服务器使用了 RAID 技术，还需要单独安装 RAID 的驱动。

(3) 硬件检测结束后，安装界面显示 Windows Server 2003 安装的欢迎界面。按 F8 键后跳转到安装程序界面，如图 5.8 所示。

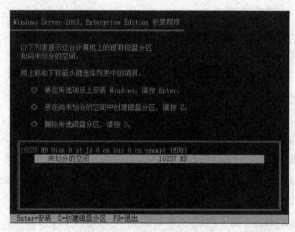

图 5.8　显示可用空间

(4) 按 C 键创建分区，做好安装前的准备，如图 5.9 所示。

图 5.9　创建系统分区

(5) 创建好系统分区后，选择合适的文件系统格式化新的分区，如图 5.10 所示。

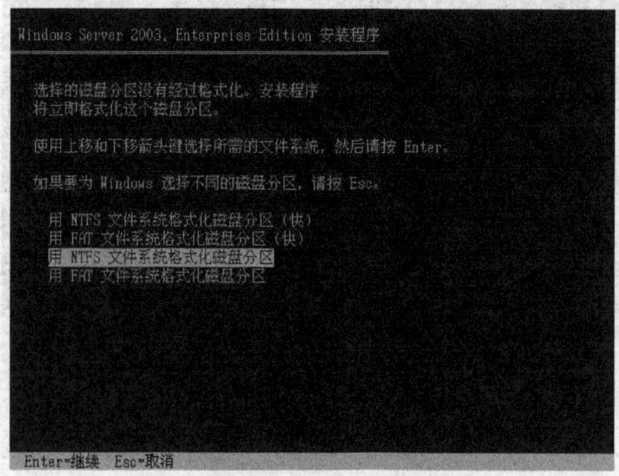

图 5.10　使用 NTFS 格式化分区

文件系统格式就是操作系统用来存放文件的一种组织形式，常用的有 FAT16、FAT32、NTFS 等，不同的文件系统格式有不同的性能和能力。

① FAT16：使用 16 位的空间来表示每个扇区(Sector)配置文件的情形，故称为 FAT16。但是它的磁盘分区最大支持 2GB，并且不支持长文件名、配额、访问权限控制、加密等功能。DOS 和 Windows 95 采用的都是 FAT16 格式。

② FAT32：FAT32 实际上是文件分区表采取的一种形式，它是相对于 FAT16 而言的。它最大支持的分区大小为 2TB，并且文件分配更为灵活。但仍不支持长文件名、配额、访问权限控制、加密等功能。

③ NTFS：NTFS(New Technology File System)是 Windows NT 和 Windows Server 2003 等高级服务器网络操作系统环境下的文件系统。NTFS 的目标是提供可靠性，通过可恢复能力(事件跟踪)和热定位的容错特征实现；增加功能性的平台；消除 FAT 和 NTFS 文件系统中的限制。

(6) 格式化分区后，安装进程会将光盘中的安装文件复制到硬盘上，提示重启，并从硬盘启动，如图 5.11 所示。

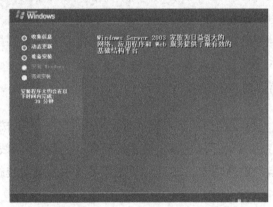

图 5.11　Windows Server 2003 安装

(7) 安装过程中会提示调整时间时区、产品密钥等，可以按照真实情况进行填写，其中产品密钥位于安装光盘包装的背面。安装过程提示选择服务器授权模式，如图 5.12 所示。

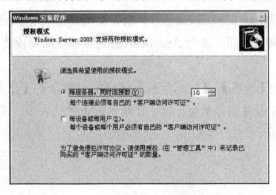

图 5.12　授权模式的选择

安装进程提示调整本地的 IP 配置，向服务器申请的地址是 203.171.239.142，其他选项请参照网络服务提供商的提示。

授权模式分为每服务器和每设备或每用户两种，但是在这里选择默认的每服务器 10个连接。

① 每服务器模式：在【每服务器】许可模式中，每个连接到特定服务器的并发连接都需要一个单独的客户端访问许可证。也就是说，这台服务器在任何时刻都只能支持固定数量的连接。例如，如果选择具有 5 个许可证的每服务器客户端许可模式，那么这台服务器在任何时刻都只能拥有 5 个并发连接。使用这些连接的客户端不需要其他的许可证。如果组织的专用服务器只有一个用途，而大量不同的用户对其进行访问，那么它们通常偏好每服务器许可模式。例如，一台单独的专用 Extranet 服务器拥有 100 个授权访问该服务器的账户，但是在任何时刻同时登录的用户都不超过 20 个。这个解决方案推荐使用每用户或每设备许可模式。

② 每设备或每用户模式：在每设备或每用户模式中，每个访问或使用服务器的设备或用户都需要单独的客户端访问许可证。使用一个客户端访问许可证，特定的设备或用户可以连接到环境中任何数量的服务器。例如，如果您选择具有 5 个许可证的每设备或每用户模式，那么它将允许 5 个用户或设备访问任意数量的服务器，建立任意数量的并发连接。如果组织在环境中拥有承载多种服务的服务器，这就是它们最常用的许可模式。

(8) 之后的安装过程可以选择默认选项并直接单击【下一步】按钮即可。

(9) 安装完成后，使用移动存储设备安装杀毒软件，并且连接网线。Windows Server 2003 安装后默认开启系统自动更新功能，通过自动更新可以为系统安装补丁程序，提高服务器的安全性。

Windows Server 2003 在安装过程中，会产生大量的安装日志，这些日志可以帮助了解系统安装的过程，可以通过【控制面板】|【管理工具】|【事件查看器】进行查询。

2．网站服务器搭建

下面以聊城汽车网(www.lcqch.com)为例来介绍网站服务器搭建的全过程。通过使用 IIS 6.0 搭建聊城汽车网的页面，并对 Apache 的搭建过程做简要说明。

1) 安装 IIS 6.0

(1) 执行【开始】|【设置】|【控制面板】|【添加或删除】|【添加/删除 Windows 组件】命令，弹出【Windows 组件向导】对话框。在所示的组件列表中，选中【应用程序服务器】复选框，如图 5.13 所示。

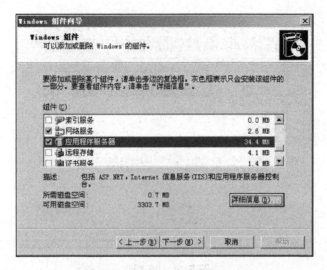

图 5.13　Windows 组件安装向导

IIS 6.0 的新功能

① 可靠性，IIS 6.0 可以提供程序的隔离环境，使得单个 Web 应用程序能够各自独立的工作，与早版本相比更为可靠。

② 安全性，IIS 6.0 提供了确保网站和 FTP 站点内容的完整性的安全功能和技术。IIS 安全功能包括身份验证、访问控制、加密、证书和审核等功能。

③ 性能的改进，IIS 6.0 提供了较好的伸缩性，可以直接减少站点所需的服务器。

④ 支持 Web 应用程序技术，IIS 6.0 支持 ASP.NET 和 IIS 的集成，改善了开发人员的个人体验。

⑤ 强大的管理工具集，IIS 6.0 可以满足各类使用者的需要，提供了多种管理工具和功能。管理员可以用 IIS 6.0 管理器、管理脚本或通过直接编辑 IIS 纯文本配置运行 IIS 6.0 的服务器。管理员还可以远程管理 IIS 服务器的站点。

⑥ 最新 Web 标准的支持，IIS 6.0 支持最新的 Web 标准，如 HTTP1.1、TCP/IP、FTP、SMTP、NNTP 等。

(2) 单击【详细信息】按钮，弹出【应用程序服务器】组件列表，选中【Internet 信息服务(IIS)】复选框，如图 5.14 所示。

(3) 选中【Internet 信息服务(IIS)】复选框并单击【详细信息】按钮，在弹出的【Internet 信息服务(IIS)】对话框中，选择的子组件有【Internet 信息服务管理器】、【万维网服务】和【文件传输协议(FTP)服务】，如图 5.15 所示。

(4) 单击【确定】按钮，然后单击【下一步】按钮，开始安装组件，这个过程需要插入系统光盘进行安装。安装完成后，在【完成 Windows 组件向导】界面中，单击【完成】按钮。完成后，就会在【开始】|【设置】|【控制面板】|【管理工具】中找到 Internet 信息服务(IIS)管理器的图标，说明 IIS 安装成功，可以进行服务器的配置。

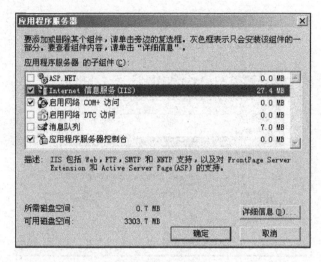

图 5.14　IIS 组件

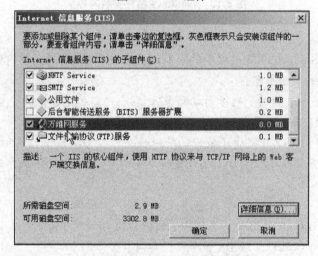

图 5.15　Internet 子组件列表

2) 创建网站更新账户——Server-U 安装与配置

Server-U 是一款优秀的 FTP 服务器端软件，它设置简单，功能强大，性能稳定。FTP 服务器用户通过它用 FTP 协议可以在 Internet 上共享文件。它并不是简单地提供文件的下载，而是为用户的系统安全提供了相当全面的保护。Server-U 遵从通用 FTP 标准，包括众多的独特功能，可为每个用户提供文件共享的完美解决方案。它可以设定多个 FTP 服务器、限定登录用户的权限、登录主目录及空间大小等，功能非常完备，且具有非常完备的安全特性。

使用 Server-U 的主要目的：当网站建设完成之后，今后的网站更新和网站文件的备份工作既可以使用移动设备直接更新或备份网站文件，同时也可以通过 Server-U 远程登录文件服务器覆盖网站文件进行更新和备份。

Server-U 可以从网上下载共享版，并且通过许可证号获得正版的授权。具体的下载和购买步骤不再介绍，下面介绍 Server-U 的配置过程。

(1) Serv-U 安装后会在桌面上生成图标，双击打开后，出现如下的界面，如图 5.16 所示。

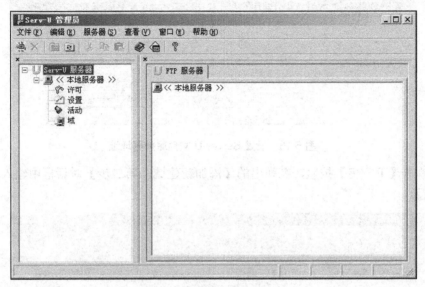

图 5.16　Server-U 主界面

(2) 创建网站文件管理账户，首先右击【域】节点，在弹出的快捷菜单中选择【新建域】命令，如图 5.17 所示。

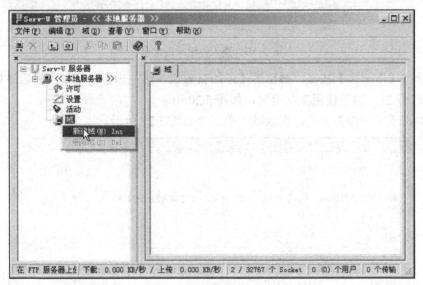

图 5.17　新建 Server-U 作用域

(3) 在弹出的【添加新建域—第一步】对话框中设置域 IP 地址，如图 5.18 所示。

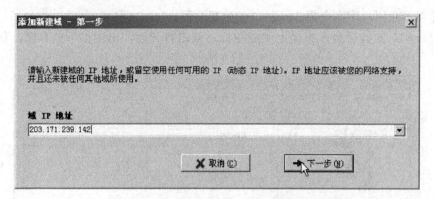

图 5.18　设置 Server-U 文件服务器地址

(4) 单击【下一步】按钮，在弹出的【添加新建域—第二步】对话框中输入域名，如图 5.19 所示。

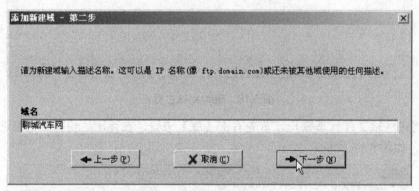

图 5.19　输入作用域的域名

(5) 单击【下一步】按钮，弹出的【添加新建域—第三步】对话框中显示 FTP 作用域的默认端口号 21，这里使用默认设置，如图 5.20 所示。

(6) 单击【下一步】按钮，完成域的建立，如图 5.21 所示。

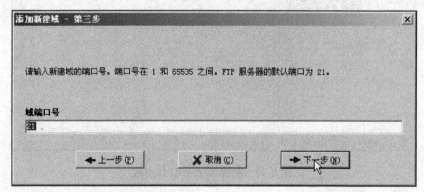

图 5.20　新建域端口号

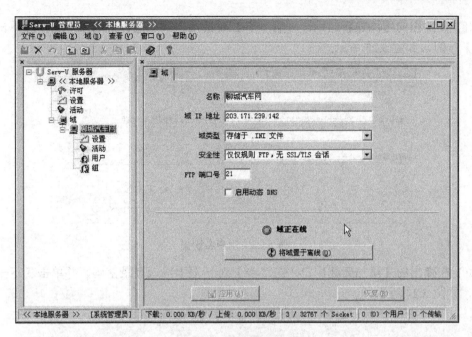

图 5.21　完成域的建立

(7) 域的建立完成，就设定了远程访问的 IP 地址，并且为接下来的用户创建和设置打下基础。右击【用户】节点，在弹出的快捷菜单中选择【新建用户】选项，如图 5.22 所示。

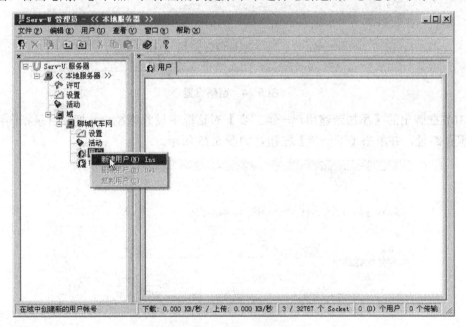

图 5.22　新建用户

(8) 在弹出的【添加新建用户—第一步】对话框中输入远程访问用户名，并单击【下一步】按钮，如图5.23 所示。

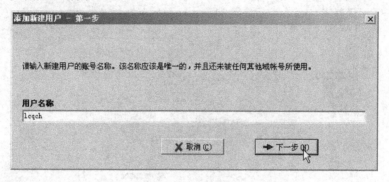

图 5.23　用户名设置

(9) 在弹出的【添加新建用户—第二步】对话框中输入登录密码，并单击【下一步】按钮，如图5.24 所示。

图 5.24　密码设置

(10) 在弹出的【添加新建用户—第三步】对话框中设置路径，并把主目录指向网站默认的保存路径，并单击【下一步】按钮，如图5.25 所示。

图 5.25　主目录设置

(11) 单击【完成】按钮，结束远程访问用户的创建，并在【目录访问】选项卡中，给用户添加相关的权限，使用户可以远程对网站文件进行替换和更新，如图5.26 所示。

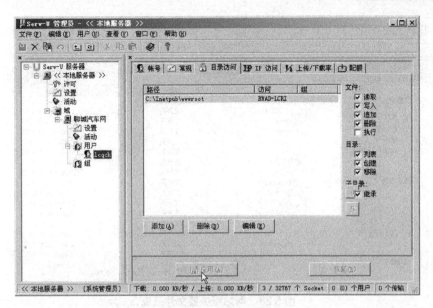

图 5.26　完成用户创建

(12) 打开浏览器，并在地址栏中输入 ftp://203.171.239.142，弹出【登录身份】对话框，输入管理员为用户设置的用户名和密码，并单击【登录】按钮，如图 5.27 所示。

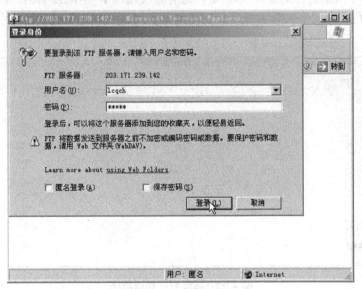

图 5.27　远程访问

(13) 在主窗口中可以看到网站文件的列表，如图 5.28 所示。当网站需要更新时，就可以复制更新文件，登录网站服务器后，直接粘贴替换旧文件，完成网站文件的更新。

图 5.28　网站服务器文件列表

3) Web 服务器的搭建

IIS 安装完成后，系统会自动建立一个【默认网站】，这里将【默认网站】作为演示网站(或者新建一个网站进行配置)。本节中，服务器使用的 IP 地址为 203.171.239.142。

(1) 选择【Internet 信息服务管理器】|【网站】|【默认网站】选项，并右击，如图 5.29 所示。

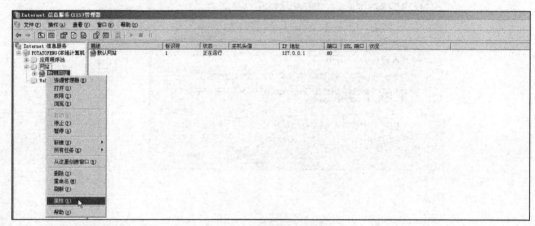

图 5.29　选择默认网站属性

(2) 在弹出的快捷菜单中选择【属性】命令，弹出【默认网站 属性】对话框，如图 5.30 所示。

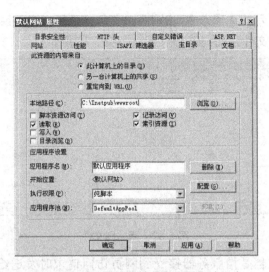

图 5.30　默认网站属性【主目录】选项卡

提示：【主目录】选项卡主要指定网站文件存放的路径。

① 此计算机上的目录：Windows Server 2003 默认的网站保存路径是 localdrive: \\Inetpub\wwwroot。LocalDrive 指的是 Windows Server 2003 系统安装所在的磁盘驱动器，即系统盘。

② 另一台计算机上的共享：也就是把网站文件存放的路径指定到另一台计算机的某个共享文件夹，同时，必须指定一个用户，使之有权访问此文件夹。

③ 重定向到 URL(统一资源定位器)：如图 5.30 所示，将网站重定向到 http://jsj.lcvtc .edu.cn/cisco，当用户访问到网站后，将看到 http://jsj.lcvtc.edu.cn/cisco 的网页。

(3) 选择【网站】选项卡，并在【IP 地址】文本框中，输入从网络服务提供商处申请的 IP 地址，其他使用默认设置，如图 5.31 所示。

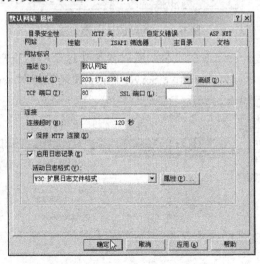

图 5.31　网站 IP 地址配置

(4) 在如图 5.30 所示的选项卡中，将网页保存的主目录指定到系统默认路径 C:\Inetpub\wwwroot，同时将网站文件移动到该目录下，如图 5.32 所示。

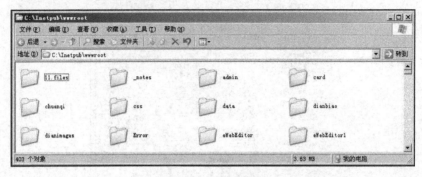

图 5.32　网站源文件

(5) 网站的默认文档是指服务器接受到网页访问请求时发送给客户的网站首页的文件。这个网站的首页文件名为 index.asp，如图 5.33 所示。

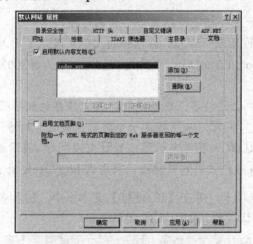

图 5.33　网站默认内容文档

(6) 因为首页文件是一个.asp 的文件，所以要想让这个网页正常显示，还需要进行进一步的设置，如图 5.34 所示。开启 Active Server Pages 使之支持对.asp 文件的编译。

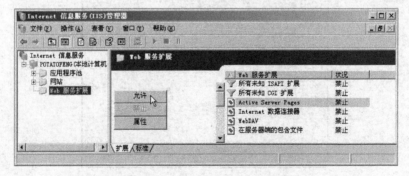

图 5.34　开启 Active Server Pages

(7) 在【默认网站】的内容列表中，右击 index.asp 弹出快捷菜单，如图 5.35 所示。

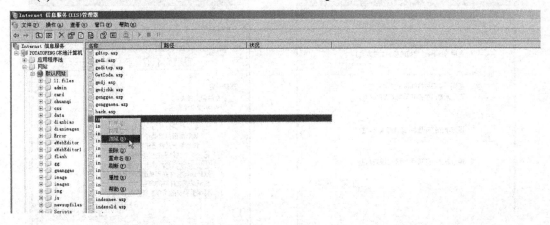

图 5.35　浏览网页

(8) 单击【浏览】后即可打开网站首页，如图 5.36 所示。

图 5.36　浏览网页

提示：在前几章里，已经完成网站域名的注册和备案，DNS 也做了相关的设置。在本章企
　　　业采取自建机房的方式搭建服务器后，该网站就可以在 Internet 上使用域名或地址来
　　　访问。

4) 文件夹属性的设置

(1) 执行【工具】|【文件夹选项】命令，弹出【文件夹选项】对话框，如图 5.37 所示。

(2) 选择【查看】选项卡，在【高级设置】选项组中取消"使用简单文件共享(推荐)"
复选框的勾选，如图 5.38 所示。

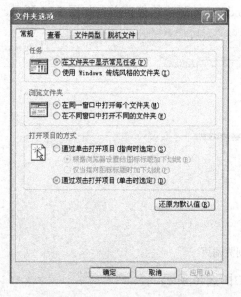

图 5.37 文件夹属性对话框

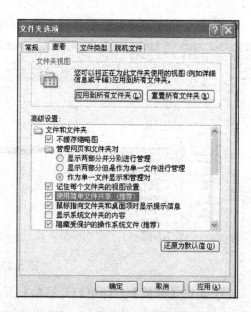

图 5.38 文件夹选项【查看】选项卡

(3) 选中文件夹右击，在弹出的快捷菜单中选择【属性】命令，弹出【文件名 属性】对话框，如图 5.39 所示。

(4) 选择【安全】选项卡，添加权限，如图 5.40 所示。

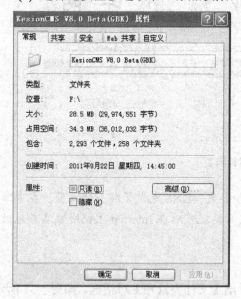

图 5.39 文件夹属性对话框

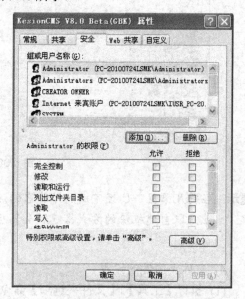

图 5.40 【安全】选项卡

(5) 单击【添加】按钮，弹出【选择用户或组】对话框，如图 5.41 所示。单击【高级】按钮，弹出如图 5.42 所示对话框。单击【立即查找】按钮，选择 "IUSR_…" 权限进行添加。这样就可以正确浏览.asp 文件了。

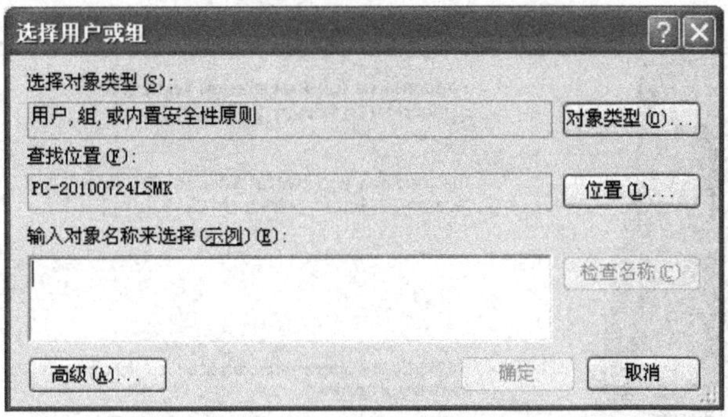

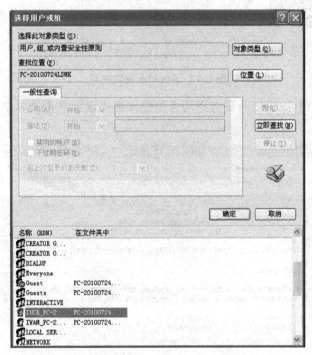

图 5.41　选择用户或组对话框

图 5.42　选择用户或组对话框

5) Apache 网站搭建介绍

Apache 是开源软件,可以直接从网上下载其安装文件,安装文件有针对 Linux、Windows 和 UNIX 平台的, 这里介绍 Windows 平台下 Apache 服务器的搭建。

Apache 的下载页面:http://httpd.apache.org/download.cgi。从 http://labs.xiaonei.com/apache-mirror/httpd/binaries/win32/apache_2.2.14-win32-x86-no_ssl.msi 处下载 Apache 的服务器组件。

(1) 双击下载后的文件 apache_2.2.14-win32-x86-no_ssl.msi,弹出安装向导,如图 5.43 所示。

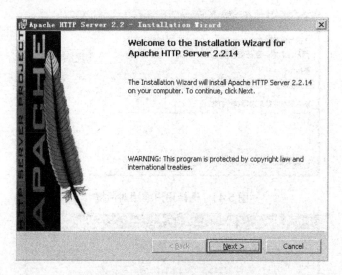

图 5.43　Apache 安装向导

　　(2) 单击【Next】按钮后需要选择同意接受许可协议，并再次单击【Next】按钮，如图 5.44 所示。

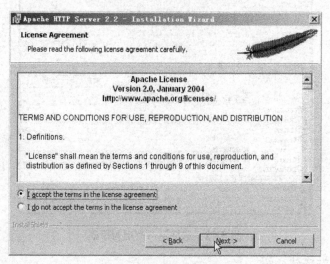

图 5.44　同意许可协议

　　(3) 阅读 Apache Server 的简介，并单击【Next】按钮，如图 5.45 所示。

　　(4) 在弹出的对话框中，填入申请的域名和网站主机名，并留下网站管理员的邮箱，如图 5.46 所示。

　　(5) 单击【Next】按钮后，在弹出的对话框中通过 Change 按钮指定路径，并单击【Next】按钮开始安装，如图 5.47 所示。

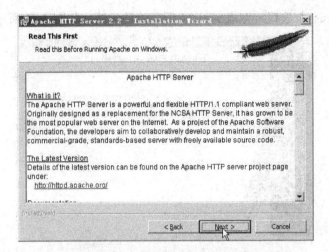

图 5.45 Apache 服务器介绍

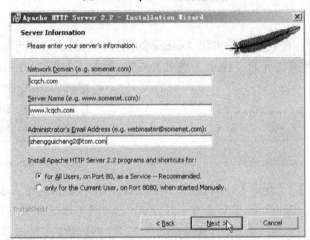

图 5.46 填入服务器信息

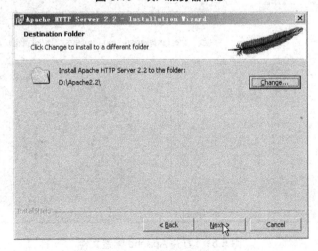

图 5.47 更改安装路径

(6) 单击【Finish】按钮，完成 Apache 服务器的安装，如图 5.48 所示。

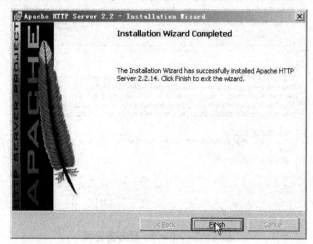

图 5.48　完成 Apache 安装

(7) 安装成功后，在系统栏中出现 Apache 的图标，如图 5.49 所示。单击图标后弹出快捷菜单，从中可以便捷的开启、停止、重启 Apache 服务，如图 5.50 所示。

图 5.49　Apache 服务　　　　　　　　　　　图 5.50　Apache 服务器

(8) 执行【开始】|【程序】| Apache HTTP Server 2.2 | Configure Apache Server | Edit the Apache httpd.conf Configuration File 命令，打开 Apache 服务器端配置文件，如图 5.51 所示。

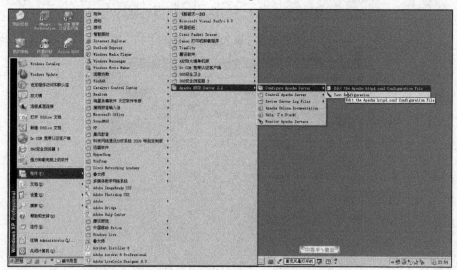

图 5.51　打开 Apache 配置文件

(9) Apache 服务器的主目录是 D:\Apache2.2\htdocs，如图 5.52 所示。Apache 服务器的默认启动文档为 index.html，如图 5.53 所示。

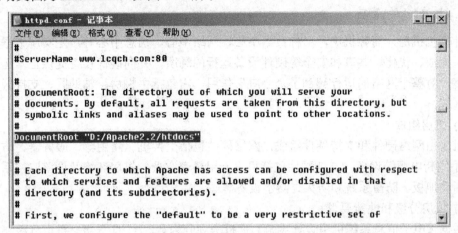

图 5.52　Apache 服务器主目录

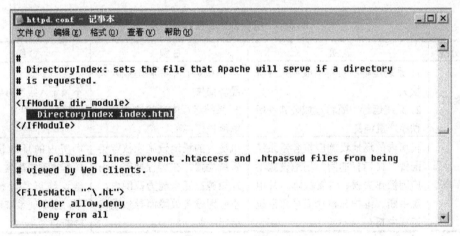

图 5.53　Apache 服务器默认文档

将网站文件移动到主目录中，并从配置文件中指定首页文件，Apache 服务器配置已完成。服务器其他配置，请参考相关资料。

5.3　网站服务器管理

5.3.1　任务分析

如果说服务器是网站的"躯壳"，服务器的安全管理就是网站自身的"免疫力"，网站数据就是网站或者服务器的"灵魂"。本节主要介绍网站服务器的机房管理、安全管理和数据管理。

5.3.2　相关知识

1. 机房(硬件)管理

计算机机房，简称机房，又称数据中心、网络中心、信息中心等，是实现数据收集、中转、集成、优化、共享和安全等硬件设备运行的场所，并向硬件设备提供正常运行的良好环境，对整个网络的运行起到了"心脏"作用。它包括主机房、辅助区、支持区和行政管理区等。

1) 机房组成

机房由网络硬件和支持硬件组成，网络硬件包括交换机、路由器、服务器、防火墙、UPS 不间断电源等设备，支持硬件包括机房专用精密空调、机房环境及设备监控系统、防静电活动地板、防雷系统和防火、防水设备等。

2) 机房分级和性能要求

根据《电子信息系统机房设计规范》把机房划分为 A、B、C 三级。机房分级要求和性能要求见表 5-5。

表 5-5　机房分级和性能要求表

机房分级	A 级	B 级	C 级
分级要求	1. 系统运行中断将造成重大经济损失 2. 系统运行中断将造成公共场所秩序严重混乱	1. 系统运行中断将造成较大经济损失 2. 系统运行中断将造成公共场所秩序混乱	不属于 A 级或 B 级的系统机房
性能要求	机房内的场地设施应按容错系统配置，在运行期间，场地设施不应因操作失误、设备故障、外电源中断、维护和检修而导致系统运行中断	机房内的场地设施应按容错系统配置，在运行期间，场地设施在冗余能力范围内，不应因设备故障而导致系统运行中断	机房内的场地设施应按基本需求配置，在场地设施正常运行情况下，应保证系统运行不中断

3) 机房环境因素

机房里有大量网络设备，所有的硬件设备价格昂贵，存储的数据非常重要，因此，硬件的维护和正常运行对机房的环境提出了较高的要求。为使硬件设备正常运行，机房环境需要考虑的因素：第一，温度、相对湿度和空气含尘浓度；第二，噪声、电磁干扰、振动和静电；第三，防火、防水和疏散通道；第四，根据机房级别，制定机房规格、负荷计算、气流组织和设备布局。

4) 机房安全因素

机房对于网络运行是一个非常关键的场所，安全因素非常重要，因此必须保证以下两方面的安全。

(1) 机房物理安全。

① 需要布置一个宽大、安全的设备间。每排设备架间要留出足够的空间，以便安全地移动设备而不必担心撞上设备架。

② 设备间的选址，通常在办公楼的中间层位置。并有相应的防盗措施，如保安监控、门禁(又称出入管理控制系统，Access Control System)，保证机房的安全。

③ 设备间应有防火灾、防地震、防雷击、静电、屏蔽等措施。放置防火设备、避雷设备，有防止静电、屏蔽的机房设置，如机房的防雷和接地的设计。

④ 网络备份点放在与设备间不同的地方。为了防止数据失效，应该在晚上或 WAN 流量很小时进行数据备份。应考虑在需要时把某个站点作为备份的数据中心。预先做好紧急情况下的步骤清单，清单中应包括在备份站点所需要提供的服务和怎样得到从原来站点到复制站点的备份数据。对于关键设备配置的备份，任何时候当所需设备改变时，都要及时做修改备份。

(2) 机房电气安全。系统故障往往先出在通信设备的电源上，因此首要的任务是保证网络设备的电源供应。为了保证断电后网络设备的正常运行，必须配有 UPS 不间断电源。

仅保证提供持续稳定的电源是不够的，还需要给设备分配电力。当某路电源及其设备断路或短路时，可切断故障电源而不会影响其他设备的正常工作。

以上可以参考阅读材料《电子信息系统机房设计规范》。

5) 制定机房管理制度

机房是支持信息系统正常运行的重要场所。为保证机房设备与信息的安全，保障机房有良好的运行环境和工作秩序，需制定机房管理制度。

为确保机房安全，根据岗位职责的需要，机房值班管理员(可兼任系统管理员)负责对机房内各类设备、操作系统进行安全维护和管理。机房管理员应认真履行各项机房监控职责，定期按照规定对机房内各类设备进行检查和维护，及时发现、报告、解决硬件系统出现的故障，保障系统的正常运行。

系统管理员需制定 IP 地址分配表和中心内部线路的布局图，给每个交换机端口编上号码，以便操作和维护。机房管理员需经常注意机房内温度、湿度、电压等参数，并做好记录；发现异常及时采取相应措施。机房内服务器、网络设备、UPS 电源、空调等重要设施由专人严格按照规定操作，严禁随意开关。系统管理员的操作须严格按照操作规程进行，任何人不得擅自更改系统设置。

严格遵守保密制度，数据资料和软件必须由专人负责保管，未经允许、不得私自复制、下载和外借；严禁任何人使用未经检测允许的介质(软盘、光盘等)。未经许可任何人不得挪用和外借机房内的各类设备、资料及物品。严格控制进入机房的人员，非机房人员未经许可不得入内。

2. 安全管理

安全管理分为以下 4 个方面。

1) 防止未授权存取

计算机安全最重要的问题是未授权用户进入系统。用户意识，良好的密码管理(由系统管理员和用户双方配合)，登录活动记录和报告，用户和网络活动的周期检查，这些都是防止未授权存取的关键。

2) 防止泄密

防止泄密也是计算机安全的一个重要问题。防止已授权或未授权的用户存取重要信息。文件系统查账、登录和报告、用户意识、加密都是防止泄密的关键。

3) 防止用户拒绝系统的管理

这一方面的安全应由操作系统来完成。一个系统不应该被一个有意试图使用过多资源的用户损害。不幸的是，UNIX 不能很好地限制用户对资源的使用，一个用户能够使用文件系统的整个磁盘空间，而 UNIX 基本不能阻止用户这样做。系统管理员最好用 PS 命令检查系统。查出过多占用 CPU 的进程和大量占用磁盘的文件。

4) 防止丢失系统的完整性

这一方面的安全与一个好的系统管理员的实际工作(例如，周期性地备份文件系统，系统崩溃后运行 fsck 检查，修复文件系统，当有新用户时，检测该用户是否使用使系统崩溃的软件)和保持一个可靠的操作系统有关(即用户不能经常性地使系统崩溃)。

搭建一个安全稳定的 Web 服务器是用户的共同心声，如果要完全实现服务的安全性和软件系统的稳定，还需要安全的 Web 服务安全方案。可以采取以下几个措施来保证 Web 服务器的安全。

(1) 机房布设。Web 服务器应当安排专用机房(或者托管)，安置关键设备及稳定电源系统。要充分考虑机房的容量设计、系统承载能力是否符合需求。

(2) 安全配置 Web 发布系统。对 Web 发布系统进行综合安全配置，防止网络黑客对页面的非法篡改，并使网站具备实时监控、实时阻断、实时备份、实时恢复的能力。

(3) 电子公告服务内容过滤系统。建设有电子公告服务的网站，要求具备内容过滤系统，对电子公告服务活动进行实时监管。重点加强对电子公告板和聊天室的内容过滤，对黄色、反动、暴力等不良信息及其发布者及时进行处理，以维护网站的内容健康。

(4) 防火墙系统。当前防火墙主要有两种类型，一种为包过滤型防火墙，另一种为应用代理型的防火墙，二者各有侧重点。为了保护 Web 服务器和内部网络的安全，当前更安全的做法是实现双层防火墙。外层防火墙实现包过滤功能，内部防火墙允许最中间的内部网络访问外部网络。在外部防火墙和内部防火墙之间形成一个单独区域，提供外部网络访问的服务器就位于这个区域，即使攻击者通过外部防火墙进入这个区域，也无法攻入内部网络。

(5) 病毒防治系统。服务器应当建设计算机病毒防治系统，防止病毒入侵并对已经入侵的病毒及时进行检测和清除。病毒防治系统应当具备定期扫描功能和实时检测功能。应当优先选用能够自动网上升级的病毒防治系统，无法实现自动网上升级的，必须由人工及时做好病毒样本库和病毒防治系统的升级工作。

(6) 邮件过滤系统。具备自身邮件系统的网站要求建设邮件过滤系统。邮件过滤系统是针对电子邮件的安全防护，应当包括反恶意攻击、反垃圾邮件、邮件病毒过滤、邮件内容过滤 4 项基本功能。对不同性质的非法邮件和可疑邮件分别做处理，封堵垃圾邮件和邮件炸弹，确保网上的邮件系统能够正常运行，防止恶意使用者利用服务器大量转发不良邮件。

(7) 网络入侵检测系统。Web 服务器应当设置网络入侵检测系统，对网络或操作系统上的可疑行为做出策略反应，及时切断资料入侵资源、记录、并通过各种途径通知网络管理员，最大限度地保障系统安全。

(8) 主机漏洞扫描系统。单个安全技术或者安全产品的功能和性能都有其局限性，只能满足系统与网络特定的安全需求。因此，建立主机漏洞扫描系统，同时按照一定的安全策略建立相应的安全辅助系统必不可少。可以通过定期扫描主要网络设备和主机增强安全管理能力，并对扫描系统的漏洞及弱点规则库进行及时更新或者升级。

此外，还需对服务器系统做到有限授权、预防攻击、主机恢复以及审计跟踪等安全措施。

3. 数据管理

从数据本身来讲，数据管理是指收集数据、组织数据和提供数据等几个方面。随着网络和多媒体技术的发展，数据管理不仅包括了数据的产生、收集、存储、删除等活动，还增加了数据传输、访问、共享和安全等方面的内容，如图 5.54 所示。

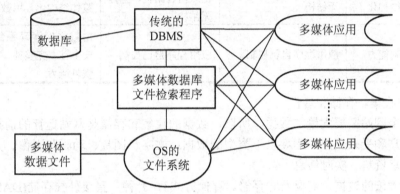

图 5.54　数据管理分布图

1) 数据管理的定义

数据管理是利用计算机硬件和软件技术对数据进行有效收集、存储、处理和应用的过程。其目的在于充分有效地发挥数据的作用。实现数据有效管理的关键是数据组织。随着计算机技术的发展，数据管理经历了人工管理、文件系统和数据库系统 3 个发展阶段。在数据库系统中所建立的数据结构，更充分地描述了数据间的内在联系，便于数据修改、更新与扩充，同时保证了数据的独立性、可靠性、安全性和完整性，减少了数据冗余，进而提高了数据共享程度及数据管理效率。

数据管理是在 20 世纪 80 年代提出的概念，代表人物是美国数据管理专家维尼。他以战略发展为目标，利用先进的管理手段和计算机硬件、软件，实现对数据资源的规划、设计、使用以及维护与控制的全面管理，其目的在于充分有效地发挥数据的作用。数据管理包括数据资源管理、数据处理管理。

2) 数据管理技术的产生和发展

在计算机硬件、软件发展的基础上，在应用需求的推动下，数据管理技术的发展经历了人工管理、文件系统和数据库系统 3 个阶段，见表 5-6。

表 5-6　数据管理的 3 个阶段的比较

		人工管理	文件系统	数据库系统
背景	应用背景	科学计算	科学计算、管理	大规模管理
	硬件背景	无直接存取、存储设备	磁盘、磁鼓	大容量磁盘
	软件背景	没有操作系统	有文件系统	有数据库管理系统
特点	处理方式	批处理	联机实时处理、批处理	联机实时处理,分布处理批处理
	数据的管理者	人	文件系统	数据库管理系统
	数据面向的对象	某一应用程序	某一应用程序	整个应用系统
	数据的共享程序	无共享,冗余度极大	共享性差,冗余度大	共享性高,冗余度小
	数据的独立性	不独立,完全依赖予程序	独立性差	具有高度的物理独立性和逻辑独立性
	数据的结构化	无结构	记录内有结构,整体无结构	整体结构化,用数据模型描述
	数据控制能力	应用程序自己控制	应用程序自己控制	由数据库管理系统提供数据安全性、完整性、并发控制和恢复能力

3) 数据收集、存储和备份

由于一个网站需要大量的数据,所以,数据的收集和存储是网站运行的前提。根据网站针对的客户和受众用户,需要以下类型的数据:文字和图片、动画和影像、人员信息资料、产品信息资料、实时信息。

网站中大量的数据,需要及时存储。存储方式有 3 种:直接外挂存储(DAS)、网络附加存储(NAS)和存储域网络(SAN)。

(1) DAS 数据存储方案。DAS 直连式数据存储方案依赖服务器主机操作系统进行数据的 I/O 读写和存储维护管理,数据备份和恢复要求占用服务器主机资源(包括 CPU、系统 I/O 等),数据流需要回流主机再到服务器连接着的磁带机(库),数据备份通常占用服务器主机资源的 20%～30%。因此,许多企业用户的日常数据备份常常在深夜或业务系统不繁忙时进行,以免影响正常业务系统的运行。直连式存储的数据量越大,备份和恢复的时间就越长,对服务器硬件的依赖和影响就越大。

(2) NAS 数据存储方案。NAS 数据存储方案是基于局域网设计的,按照传统的 TCP/IP 协议进行通信,面向消息传递,以文件的 I/O 方式进行数据传输。在 LAN 环境下,NAS 已经完全可以实现异构平台之间的数据级共享,如 Windows NT、Linux、UNIX 等平台的共享。基于这种原因,对于企业来说,NAS 存储方案的使用和维护的成本相当低,完全可以由现有网管员负责。

(3) SAN 数据存储方案。SAN 数据存储方案简化了管理和集中控制,将全部存储设备都集中在信息中心,这是非常有现实意义的。SAN 将企业的存储和服务器平台分开,可以实现 24×7 不间断的系统可用性和集中管理,在这个平台的基础上,还可以应用一套统一的灾难恢复解决方案,同时可经济高效地扩展存储环境。因此,SAN 非常适用于非线性编辑、服务器集群、远程灾难恢复、Internet 数据服务等多个领域。

虚拟存储技术可以提高存储设备利用率。通过动态地管理磁盘空间，虚拟存储技术可以避免磁盘空间被无效占用。目前虚拟技术已经引起了几乎所有存储系统厂商的关注，采用虚拟存储技术的设备将成为数据存储方案市场的新主流。

为了使网站在出现故障时，还能正常的运行，必须做好数据的备份。通常备份的方式有以下 3 种。

(1) 全备份(Full Backup)。所谓全备份，就是对整个服务器系统进行备份，包括服务器操作系统和应用程序生成的数据。这种备份方式的特点就是备份的数据最全面、最完整。当发生数据丢失的灾难时，只要用一盘磁带(即灾难发生前一天的备份磁带)，就可以恢复全部的数据。

(2) 增量备份(Incremental Backup)。增量备份指每次备份的数据只相当于上一次备份后增加的和修改过的数据，注意是相对上一次备份而增加或修改过的数据。这种备份的优点很明显：没有重复的备份数据，节省磁带空间，又缩短了备份时间。但它的缺点在于发生灾难时，恢复数据比较麻烦。

(3) 差分备份(Differential Backup)。差分备份就是每次备份的数据是相对于上一次全备份之后新增加的和修改过的数据，注意这是相对上一次全备份之后新增加或修改过的数据，而并不一定是相对上一次备份。差分备份无须每天都做系统完全备份，因此备份所需时间短，并节省磁带空间。它的灾难恢复也很方便，系统管理员只需两盘磁带，即系统全备份的磁带与发生灾难前一天的备份磁带，就可以将系统完全恢复。

4) 数据应用

网站服务器存储的数据，通过服务器内部处理，在客户端，用户可以得到网站提供的信息。数据转化为信息，使存储的数据得到应用。

根据网站类型的不同，各个网站数据的应用也有所不同。数据应用的比较见表 5-7。

表 5-7　网站数据应用比较

网站类别	企业网站	商业网站	政府网站	教育科研机构网站	个人网站	非营利性网站
数据应用	企业信息、企业产品信息、客户关系信息	及时信息、广告信息、用户个人信息、论坛和博客等信息	政府权威信息、重要文件发布	教育类、科研类信息	个人信息、文字和图片发布	公益性信息

本 章 小 结

本章主要讲解了网站服务器、网站配置、机房管理。对于公司的网络管理员来讲，服务器的选择要充分考虑多种因素，网站的搭建要考虑组件的选取、Windows Server 2003 系统的安装、网站搭建平台的选择等问题，同时为了更好地运行网站，最后还介绍了如何对机房进行有机、科学的管理。

习 题

1. 选择题

(1) 目前使用范围最为频繁，应用最为广泛的服务器是(　　)。

 A．机架式服务器   B．刀片服务器

 C．塔式服务器   D．游戏服务器

(2) 下列(　　)服务器品牌不是国产品牌。

 A．浪潮   B．IBM   C．曙光   D．联想

(3) 计算机机房又被称为(　　)。

 A．数据中心   B．信息中心   C．网络中心   D．娱乐中心

(4) 在全新安装操作系统的时候，最常用的安装方法是(　　)。

 A．光盘安装   B．网络安装   C．无人值守   D．升级安装

2. 填空题

(1) Windows 的分区在格式化时可用的文件系统有_____、_____和_____3 种。

(2) Windows Server 2003 所支持的两种授权模式是_____和_____。

(3) IIS 6.0 具有_____、_____、_____、支持 Web 应用程序技术、强大的管理工具集、最新 Web 标准的支持等功能。

(4) 计算机机房分为_____级、_____级和_____级。

3. 简答题

(1) 简述在选择网站服务器时需要考虑的因素。

(2) 在安装 Windows Server 2003 的过程中，有哪些需要注意的问题？

(3) 简述如何更好地进行机房的硬件管理。

(4) 简述如何更好地进行网站服务器的数据管理。

实 训 指 导

某汽车配件网的网站建设已经基本完成，域名已经申请好，并且完成网站备案。该网站是为本地区某汽车城开发的汽车及其周边产品的销售、信息发布的综合业务平台，每日访问量较大，网页上多媒体信息较多，具体环境见表 5-8。请结合目前实际情况，按照以下要求完成实训。

表 5-8　网站环境

公司所在地	南方某省
用户群	汽车爱好者、汽车购买者等
公司宽带接入类型	电信 10M 光纤专线
公司接入计算机数量	20 台
预计日访问量	1000 次/日
预计月流量	10GB/月
数据库类型	SQL Server 2000
网站语言	ASP
需绑定域名	2 个
现网站空间大小	300MB
预计网站增长	5MB/天
公司现有技术人员	1 人　女　计算机专业专科毕业

项目 1：

根据公司发展安排，公司暂时(1 年内)不会为该网站投入太多的经费进行运营，一次性可投入资金要求在 2 万元内。请根据要求，完成以下任务。

任务 1：请按照 IDC 主机托管的方式选择服务器及托管服务商，并提出方案及预算。

任务 2：请按照单位自建简易机房的方式为公司选择满足需求的两款网站服务器。

项目 2：

公司计划在网站平台上进行持续的投入，将该网站在 3 年内建设成区域内唯一的专业汽车销售平台。在公司内建设标准化机房，由于公司预计在 3 年后规模将有大的发展，办公行政人员会增至 60 人左右，机房除为公司宽带接入及汽车网服务外，还要实现办公自动化 OA、建立公司的 ERP 系统。

任务 1：请根据《电子信息系统机房设计规范》及其他相关标准文件完成公司标准机房的设计，写出设计方案及预算。

任务 2：完成公司网站服务器的设计选型，并提交预算。

任务 3：请根据公司情况设计公司机房管理、安全管理、数据管理等制度。

任务 4：利用 IIS 6.0 完成该汽车网站的服务器端的搭建。

第**6**章　网 站 管 理

教学任务

随着网络技术的迅速发展，网络进入了 Web 2.0 时代，网站的数量和种类呈现出爆炸式增长，而由此引发的网站管理维护和安全问题也日益突出。如何保障网站高效稳定的运行，已经成为网站管理人员必须解决的问题。网站建成后，需要进行管理和维护，使其综合性达到最佳状态，进而使整个网站能够正常、高效地运行，网站资源得到充分利用，并在网站运行出现故障时及时地报告和处理。本章将从网站管理现状与对策、网站管理目标、网站管理内容、网站的日志管理、数据备份及安全保护、网站的内容更新及功能升级等方面进行介绍。

该教学过程可分成如下 3 个任务。

任务 1：认识网站管理。主要包括网站管理现状与对策、网站管理目标、网站管理内容。

任务 2：网站的日常管理。主要包括网站日志管理、网站数据备份、网站安全保护。

任务 3：网站的更新与升级。主要包括网站内容更新、网站功能升级。

教学过程

本章根据网站在建设完毕及运营中涉及的网站管理的各方面问题和现实生活中网站存在的管理上的不足和缺陷，给出了几种网络管理的对策，提出了网站管理的目标和具体管理内容。对于网站的日志管理、数据备份和安全保护做了较为详细的说明，重点突出了在网站管理的这 3 个方面要注意的问题，并且给出了一些实用的做法。为了保证网站的吸引力和生命力，本章还介绍了网站在内容等方面的更新，网站升级的重要性和具体实施内容。

教学目标	主要描述	学生自测
了解网站管理的现状与目标	(1) 能够了解目前网站管理的现状 (2) 能够掌握网站管理的目标 (3) 能够掌握网站管理的内容 (4) 能够掌握常用的网站管理对策	了解网站管理的现状与内容，并为自己的网站制定网站管理方案
掌握网站日常管理的方法和流程	(1) 能够进行网站的日志管理 (2) 能够进行网站数据备份与恢复 (3) 能够对网站进行安全保护	对自己的网站进行日志管理，对网站数据库进行备份，对网站进行安全保护设置
掌握网站更新与升级的方法和流程	(1) 能够通过网站后台进行网站的内容更新 (2) 能够对网站进行功能升级	对自己的网站进行内容更新，对网站进行功能升级

6.1 网站管理概述

6.1.1 任务分析

随着网络技术的发展，网站已不再单纯的是企业行业发布资讯的平台，现在人们可以通过网站在不同的地方通过不同的终端设备访问 Web 上的数据，如网上订票、查看订座情况等，目前网站在电子商务、电子政务、公司业务流程电子化等应用领域有广泛的应用。网站的迅速发展，使网站管理变得非常重要。本节主要任务就是对网站管理的现状、对策、目标、内容进行介绍，让读者对网站管理有一个初步了解。

6.1.2 相关知识

1. 网站管理的现状

网站管理是网站正常运营的根本前提。网站管理的最终目的是使网站能够高效、稳定地运行，通过及时对网站的功能和内容进行更新和调整，使得网站能够在瞬息万变的信息社会中提高自身的吸引力和影响力。网站管理不只是对网站内容的管理，还包括网站的功能、性能、安全等各个方面。涉及的内容也非常多，主要包括网站的日常管理、网站的更新与升级、网站的备份等。目前，网站管理的现状并不理想，很多中小企业、政府、企事业单位对于网站的管理，都存在这样或那样的问题，主要体现在以下几点。

1) 网站管理意识滞后

网站管理的工作对象是网站。很多组织或个人在网站建设规划时对网站的管理工作重视不够，没有对网站的管理系统进行统一的需求分析和功能规划，造成网站功能不够完善且可扩展性差、网站特色不突出、网站框架设计不合理、网站导航设计有缺陷等多种问题的出现。同时，很多组织和个人在选择网站运行环境时，并没有完全考虑到网站以后的运行负载、并发访问量等因素，导致网站不能够稳定正常的运行。

2) 网站规模不断扩大，网站内容日益丰富

随着网站的运营和发展，网站的规模势必会越来越大，网站数据量迅速膨胀，网站管理的难度也日益提高。管理和维护复杂的、规模庞大的网站需要采用科学的管理方式和方法。现今网站提供的信息服务已从简单的信息公告、数据传递拓展为音乐、视频、动画等多媒体信息传输，涉及工作、学习和生活的各个方面。配置、控制、管理和维护好这些服务，要求网站管理者提高管理水平。

3) 网站内容和功能更新不及时

很多单位和个人对网站建设认识不够全面，只重视网站前期的开发建设，而忽略了后期的网站管理和维护、内容的更新等工作。据调查，有超过 40% 的网站自建立起就没有更新过，能够保持经常更新(至少每月一次)的网站不足 10%，从而造成网站建设后信息资料长期不更新的情况。

4) 网站安全管理不到位

很多网站主办者对网站管理的认识仅仅局限于网站内容的管理、网站功能的更新和升级，对网站的相关安全管理不够重视，导致网站的安全漏洞过多，网络黑客等不法分子乘虚而入，窃取网站机密信息，给网站的主办者和用户造成无法估量的损失。

2. 网站管理的对策

对于网站管理工作，网站的所有者或主办者应派专人进行网站的管理和维护，从而提升网站的性能和稳定性。总的来说，可以考虑从以下 5 个方面入手，以保证网站长期顺利地运转。

1) 在网站建设过程中，对网站管理进行科学规划

在网站初期的整体设计阶段，除了做好网站风格的设计和框架设计外，如果财力允许，应该购买网站专用的服务器；对网站技术人员做好培训计划，或者直接让技术人员参加网站建设，以提高技能。很多企业的网站都是通过第三方公司建设，在这种情况下，需要在前期与公司进行有效的沟通和交流，明确建设方和使用方的责任和义务，签订建设和维护网站的合同，保证双方的权益。

2) 建立完善的网站管理制度

网站建设完成后，要建立相关制度规范各部门信息发布的流程和义务，既要考虑信息的安全传输，又要保证信息更新的实时性和真实性。为保证这个环节的顺利完成，网站主办者或所有者应建立一套完善的网站管理制度，规范网站管理工作的操作规程，杜绝不科学的网站管理工作。

3) 通过对网站的管理，及时更新网站内容

网站上线运营后，为进一步提高对受众群体的影响力和吸引力，应对网站的内容进行定时更新。及时把最新、最有价值的信息发到网站上，对过时信息或无用信息需定期清理，从而提高网站的性能，提升网站的访问效率，也同时能够提高主流搜索引擎的收录比例和整体的访问率。

4) 重视网站的安全管理

网站的安全管理是网站管理的重要组成部分。为保证网站的信息不受他人非法窃取和破坏，网站主办者要采取一系列措施进行预防和补救，如经常对网站的数据库进行备份、对网站进行整站备份、经常查看系统安全日志等。这些都可以在很大程度上提高网站的安全性，为网站的高效、稳定运行提供良好的前提。

3. 网站管理的目标

网站管理的主要目的是使网站更好地运营。但很多组织或个人在完成网站建设的工作后，就认为网站的受众群体会自动对网站进行浏览。事实并非如此，就像一栋房子或者一部汽车，如果长期搁置无人维护，必然变成朽木或者废铁。网站也是一样，只有不断地更新、管理和维护，才能留住已有的浏览者并且吸引新的浏览者。

网站管理的目的就是最大可能地增加网站的访问量，增加网站的可使用时间，经济地利用和组织好网站的各类资源，提供安全、可靠和优质的服务，并保障网站经济、安全、

稳定而正常地运行。网站管理的目标就是通过收集、监控网络中各种设备和设施的工作参数、工作状态信息并显示给管理员接受处理，从而最大限度地增加网站的可用时间，提高网络的服务质量和安全性；保证网络设备的正常运行，控制网站运行成本以及提供网站长期规划等；合理配置各类资源，满足用户需求；提供网站的有效使用率，使网站经济运行。

总之，网站管理的目标是使网站正常高效地运行，及时更新网站的内容和改进网站的性能，并针对网站的评价结果对网站进行升级，具体有以下几个方面。

1) 网站的安全正常运行

保证网站运行的系统安全，防止黑客、恶意代码以及竞争对手的恶意攻击，及时修复系统漏洞，清除病毒。检测网站域名是否过期，提前做好网站域名的续费工作，防止域名到期后被其他人抢注。监测网站空间及网站代码，防止网站被他人挂马，继而使浏览者的本地计算机感染病毒。定期对网站数据库进行备份，严防误操作或其他软硬件故障造成网站数据丢失，以便及时恢复，避免带来不必要的损失；评估整个网站系统的安全性，及时解决网站的一些安全隐患，保证网站的正常运行。

2) 通过网站管理定期更新网站内容

在保障网站正常安全运行的前提下，定期更新网站内容，保证网站对本企业形象的良好宣传效果。通过制度杜绝网站的长时间不更新，定期聘请专业网页美工负责排版，保障页面显示效果，充分体现企业网站的专业性、规范性。定期更新网站的形象 Banner 条、Flash 动画，更换相关图片的设计，增加网站效果。

3) 减少网站停止运行的时间，改进响应时间，提高设备利用率

网站在正常运行期间，原则上是全天候工作的，永不停机的，但由于网站运行环境等原因，如服务器性能不够稳定、网络质量欠佳等问题，造成网站不能正常运行或网站响应时间过长。在网站管理时，应充分考虑到这些因素，尽量采用性能稳定、网络质量好的网站空间提供商，最大限度减少网站停止运行的时间。

4) 采用新技术、新方法提高网站的运行速度和性能

随着网络技术的迅速发展，在不改变网站数据的情况下，采用新技术、新方法更新网站程序或数据库的做法已十分成熟。网站主办者完全可以在不改变内容的情况下，采用更为先进的技术改变原有的网站结构，从根本上提升网站整体的性能，提高网站受众群体的用户体验。

4. 网站管理的内容

网站管理内容十分广泛，主要是进行网站服务器的日常维护、网站访问性能的检测、网站的日常维护、网站数据的定期备份及清理、网站内容的更新等，并通过管理评测确定网站的性能，提出网站的修改建议，提高网站的访问率和影响力。网站管理的内容主要包括以下几个方面。

(1) 网站服务器性能的管理和维护。网站服务器的管理主要包括服务器的目录管理、用户的注册与管理、服务器系统性能评测等。

(2) 网站的统计与分析。网站管理中应对网站的访问率、日独立 IP 访问量、日最高访问量等记录进行评测和分析，作为网站运营的重要指标。

(3) 网站内容的管理和维护。网站内容是网站的主要数据，必须对数据进行及时管理和更新，并针对信息提供的内容作搜索优化。

(4) 网站模板的更新。网站的模板是定义网站风格的重要依据。网站的模板不应该是单一和单调的，应该根据网站的变动和外部社会文化进行适当的调整，从而提升网站的活力。

(5) 网站域名解析的管理和维护。域名是网站的重要战略资源，对域名的解析情况应定期进行测试，确保域名解析的有效性和稳定性。

(6) 网站程序备份。为确保网站在被病毒或木马破坏后能及时恢复，网站管理者需对网站进行定期的网站程序备份。

(7) 数据库清理与备份。网站数据库是网站所有数据的所在，是网站最重要的信息资源。为保障网站数据信息的安全性，应定期对网站数据库进行备份。为提高数据库的性能，应定期对数据库进行清理。

(8) 网站用户管理。网站管理员应对网站的各类用户进行定期管理和审核，保证用户权限的规范性和网站后台管理系统的安全性。

6.2 网站日常管理

6.2.1 任务分析

网站的安全性不是一天两天就能完善的，需要在日常的网站管理和维护中不断积累，所以做好平时的网站日常管理工作对于增强网站安全性具有积极的促进作用。网站日志和数据备份可以帮助管理员迅速恢复网站。本节的主要任务就是对网站的日志管理、数据备份及安全保护进行介绍，让读者掌握网站的日常管理工作的流程和方法。

6.2.2 相关知识

1. 网站的日志管理

操作系统的日志文件可以记录系统中硬件、软件和系统问题的信息，同时还可以监视系统中发生的事件。用户可以通过它来检查错误发生的原因，或者寻找受到攻击时攻击者留下的痕迹，如图 6.1 所示。

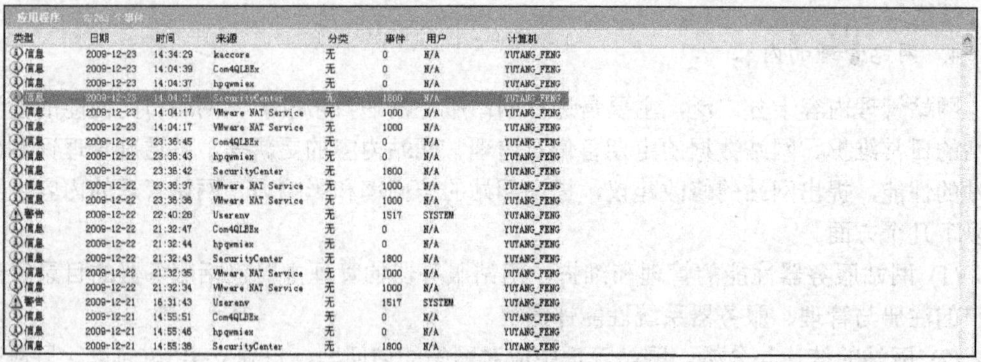

类型	日期	时间	来源	分类	事件	用户	计算机
信息	2009-12-23	14:34:29	kaccore	无	0	N/A	YUYANG_FENG
信息	2009-12-23	14:04:39	Com4QLBEx	无	0	N/A	YUYANG_FENG
信息	2009-12-23	14:04:37	hpqwmiex	无	0	N/A	YUYANG_FENG
信息	2009-12-23	14:04:21	SecurityCenter	无	1800	N/A	YUYANG_FENG
信息	2009-12-23	14:04:17	VMware NAT Service	无	1000	N/A	YUYANG_FENG
信息	2009-12-23	14:04:17	VMware NAT Service	无	1000	N/A	YUYANG_FENG
信息	2009-12-22	23:36:45	Com4QLBEx	无	0	N/A	YUYANG_FENG
信息	2009-12-22	23:38:43	hpqwmiex	无	0	N/A	YUYANG_FENG
信息	2009-12-22	23:36:42	SecurityCenter	无	1800	N/A	YUYANG_FENG
信息	2009-12-22	23:38:37	VMware NAT Service	无	1000	N/A	YUYANG_FENG
信息	2009-12-22	23:38:36	VMware NAT Service	无	1000	N/A	YUYANG_FENG
警告	2009-12-22	22:40:28	Userenv	无	1517	SYSTEM	YUYANG_FENG
信息	2009-12-22	21:32:47	Com4QLBEx	无	0	N/A	YUYANG_FENG
信息	2009-12-22	21:32:44	hpqwmiex	无	0	N/A	YUYANG_FENG
信息	2009-12-22	21:32:43	SecurityCenter	无	1800	N/A	YUYANG_FENG
信息	2009-12-22	21:32:35	VMware NAT Service	无	1000	N/A	YUYANG_FENG
信息	2009-12-22	21:32:34	VMware NAT Service	无	1000	N/A	YUYANG_FENG
警告	2009-12-21	16:31:43	Userenv	无	1517	SYSTEM	YUYANG_FENG
信息	2009-12-21	14:55:51	Com4QLBEx	无	0	N/A	YUYANG_FENG
信息	2009-12-21	14:55:46	hpqwmiex	无	0	N/A	YUYANG_FENG
信息	2009-12-21	14:55:38	SecurityCenter	无	1800	N/A	YUYANG_FENG

图 6.1 Windows 安全事件查看

网站日志是记录 Web 服务器接收处理请求以及运行时错误等各种原始信息的。Windows 平台的网站日志文件的扩展名为.log。

通过网站日志可以清楚地知道用户是在什么 IP、什么时间、用什么操作系统、什么浏览器、什么分辨率显示器的情况下访问了网站的哪个页面，是否访问成功。

网站日志一般存放在虚拟主机的 logfiles 文件夹下，可以通过 FTP 工具将网站日志下载下来，通过 txt 文档方式查看。

对于从事搜索引擎优化的工作者而言，网站日志可以记录各搜索引擎蜘蛛机器人爬行网站的详细情况。例如，哪个 IP 的百度蜘蛛机器人在哪天访问了网站多少次，访问了哪些页面，以及访问页面时返回的 HTTP 状态码。

网站日志还可以给管理员提供建议。例如，用 Apache 来构建一个商务网站，在投入运行前用测试仪模拟上万个客户端对服务器进行测试，如果呈现的性能曲线令人非常失望，这时别忘了查一下网站日志。Apache 的错误日志会提出警告："服务器用来处理页面请求的线程已经用光了，请考虑增大每个子进程下的线程数目"。依提示而行，如果不同时存在其他瓶颈，性能问题就解决了。日志提示信息的详细程度，用户是可以通过 Apache 配置文件中的 LogLevel 关键字进行定制的。如果有专用工具来分析网站日志，那么不妨让日志提供尽可能多的信息，分析工具生成的报告可以让你更充分地了解网站的工作过程。

日志在实际的 Web 系统中有更多的用途。比较典型的是进行网站的流量统计和安全分析。

在 Web 日志中找出攻击 Web 服务器的蛛丝马迹并不是非常直接的一件事，因为日志中条目繁多，哪些记录的背后隐藏着杀机呢？这需要分析访问者的源 IP 地址和请求的页面，猜测访问者的企图，他是在进行站点镜像还是 CGI 漏洞扫描，进而做有针对性的查漏补缺。

直接去读日志文件仅适用于查找某一特定内容的情况，更多时候，需要借助专用的日志分析工具。比较著名的工具有 AWStats、Webalizer 和 Analog 等，它们都是开源软件。它们不仅可以进行简单的基于访问时间和 IP 地址来源的分析，还可以发现自己的网站与搜索引擎的关系。如果使用 Apache，在它的配置文件中可以设置日志格式为 combined，这样在日志中会包含某一页面访问的转向来源：HTTP_REFERER，如果用户是从某个搜索引擎的搜索结果中找到了自己的网页并打开，日志中记录的 HTTP_REFERER 就是用户在搜索引擎结果页面的 URL，这个 URL 中包含了用户查询的关键词。从汇总统计结果中，就可以发现用户搜索的关键词以及搜索次数，并且还可以看到用户最感兴趣的是哪些关键词等，使用这些工具，还可以将统计结果做成 CSV 格式，便于以后导入数据库进行历史统计，做更深层次的数据挖掘。

2. 网站的数据备份

1) 数据备份的意义

目前，从国际上来看，以美国为首的发达国家都非常重视数据存储备份技术，而且将其充分利用，服务器与磁带机的连接已经达到 60%以上。而在国内，据专业调查机构的调查数据显示，只有不到 15%的服务器连有备份设备，这就意味着 85%以上的服务器中的数据面临着随时遭到全部破坏的危险。而且这 15%中绝大部分属于金融、电信、证券等大型企业领域或事业单位。由此可见，国内用户对备份的认识与国外相比存在着相当大的差距。

这种巨大的差距，体现了国内与国外在经济实力和观念上的巨大差距。一方面，因为国内的企业规模比较小，信息化程度比较低，因此对网络的依赖程度也较小。另一方面，国内的企业大多数属于刚起步的中小型企业，它们还没有像国内一些著名企业那样丰富的经历，更少有国外公司那样因数据丢失或毁坏而遭受重大损失的亲身体验。但是，在现在的社会网络大环境中，即使是小型企业也可能有许多的工作通过网络来完成，也必将有许多企业信息以数据的形式保存在服务器或计算机上。它们对计算机和网络的依赖程度必将逐渐加大。由此可见，无论是国内的大型企业，还是占有绝大多数的中小型企业，都必须从现在起重视数据备份这一项以前总认为"无用"的工作。

根据 3M 公司的调查显示，对于市场营销部门来说，恢复数据至少需要 19 天，耗资 17 000 美元；对于财务部门来说，这一过程至少需要 21 天，耗资 19 000 美元；而对于工程部门来说，这一过程将延至 42 天，耗资达 98 000 美元。而且在恢复过程中，整个部门实际上是处在瘫痪状态的。在当今社会，长达 42 天的瘫痪足以导致任何一家公司破产，而唯一可以将损失降至最小的行之有效的方法莫过于数据的存储备份。其实数据备份并不是"无用"的，而是有相当大的作用的，它在一定程度上决定了一个企业的生死。

2) 数据破坏的主要原因

了解数据备份的意义后，再来了解可能造成数据被破坏的一些主要原因。虽然不可能全面避免这些不利因素的发生，但至少可以做到有针对性的预防。而且有些主观上的因素还是可以尽量减少的。

目前造成网络数据破坏的原因主要有以下几个方面。

(1) 自然灾害，如水灾、火灾、雷击、地震等造成计算机系统的破坏，导致存储数据被破坏或丢失，这属于客观因素，无能为力。

(2) 计算机设备故障，其中包括存储介质的老化、失效，这也属于客观原因，但可以提前预防，只需做到经常管理，就可以及时发现问题，避免灾难的发生。

(3) 系统管理员及管理人员的误操作，这属于主观因素，虽然不可能完全避免，但至少可以尽量减少。

(4) 病毒感染造成的数据破坏和网络上的"黑客"攻击，这虽然也可归属于客观因素，但其实还是可以做好预防的，而且还有可能完全避免这类灾难的发生。

3) 有关数据备份的几种错误认识

在一般人的脑海里，往往把备份和复制等同起来，把备份单纯看成是更换磁带、为磁带编号等一个完全程式化的、单调的操作过程。其实不然，除了复制外，备份还包括更重要的内容，如备份管理和数据恢复。备份管理包括备份计划的制订，自动备份活动程序的编写、备份日志记录的管理等。事实上，备份管理是一个全面的概念，它不仅包含制度的制定和磁带的管理，而且还要决定引进备份技术，如备份技术的选择、备份设备的选择、介质的选择乃至软件技术的挑选等。

也有不少人往往把双机热备份、磁盘阵列备份以及磁盘镜像备份等硬件备份的内容和数据存储备份相提并论。事实上，所有的硬件备份都不能代替数据存储备份，硬件备份只是拿一个系统、一个设备等作牺牲来换取另一台系统或设备在短暂时间内的安全。若发生人为的错误、自然灾害、电源故障、病毒侵袭等，产生的后果就不堪设想，如造成所有系统瘫痪，所有设备无法运行，由此引起的数据丢失也就无法恢复。事实证明，只有数据存储备份才能为人们提供万无一失的数据安全保护。

还有一种就是把数据备份与服务器的容错技术混淆起来，这也是错误的。数据备份指的是把数据从在线状态分离出来并且进行存储的过程，服务器容错技术是当服务器发生错误时还能让服务器不间断运行的一种技术。虽然从目的上讲，这些技术都是为了消除或减弱意外事件给系统带来的影响，但是，由于其侧重的方向不同，实现的手段和产生的效果也不尽相同。容错的目的，是为了保证系统的高可用性。也就是说，当意外发生时，系统所提供的服务和功能不会因此而中断。对数据而言，容错技术是保护服务器系统的在线状态，不会因单点故障而引起停机，保证数据可以随时被访问。

4) 常见网站数据备份方法

(1) 固定数据的备份和还原。固定数据是指除生成静态文件外的网页程序，这些网页程序一般改动不大，对这样的程序的备份，一般是通过 cuteftp、flashftp 等上传下载工具，把修改过的程序页面下载到本机上。当这些网站程序丢失或者中毒后，直接把这些程序上传到网站空间即可，如图 6.2 所示。

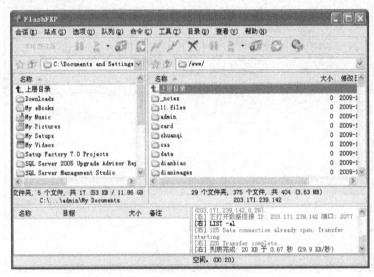

图 6.2 FlashFXP 上传界面

(2) 数据库数据的备份和还原。数据库的数据一般随着网站内容的更新而变化，所以更新比较频繁，也是日常备份工作的重点。数据库的备份根据不同的数据库类型来进行，网站中常用的数据库有 Access、MySQL 和 SQL Server。

① Access。常见的 Access 数据库备份最简单，只需要直接转存数据库文件即可。如果是多个数据库的时候，要注意数据库的路径，最好记录下来以便还原的时候不会弄错。如果需要还原时，直接上传到空间覆盖原数据库即可。

② MySQL。MySQL 是一个开源数据库，其备份比较复杂，主要有以下几种方式。

a. 使用 mysqldump 工具进行备份。mysqldump 是采用 SQL 级别的备份机制，它将数据表导成 SQL 脚本文件，在不同的 MySQL 版本升级时相对比较合适，这也是最常用的备份方法。用 mysqldump 备份出来的文件是一个可以直接导入的 SQL 脚本，直接运行该脚本就可以实现数据的还原。

b. 使用 mysqlhotcopy 工具进行数据备份。mysqlhotcopy 是一个 PERL 程序，最初由

Tim Bunce 编写。它使用 LOCK TABLES、FLUSH TABLES 和 cp 或 scp 来快速备份数据库。它是备份数据库或单个表的最快的途径，但它只能运行在数据库文件(包括数据表定义文件、数据文件、索引文件)所在的机器上。mysqlhotcopy 只能用于备份 MyISAM，并且只能运行在 UNIX 和 NetWare 系统上。mysqlhotcopy 备份出来的是整个数据库目录，使用时可以直接复制到指定的目录下。

c．SQL 语法备份。使用 BACKUP TABLE 或者 SELECT INTO OUTFILE 语法进行数据库备份。BACKUP TABLE 语法其实和 mysqlhotcopy 的工作原理差不多，都是锁表，然后复制数据文件。它能实现在线备份，但是效果不理想，因此不推荐使用。它只复制表结构文件和数据文件，不同时复制索引文件，因此恢复时比较慢。图 6.3 是利用 SQL 语法对 MySQL 数据库进行备份的界面。

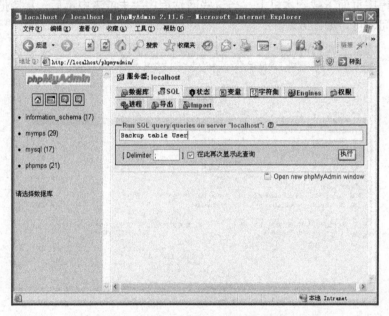

图 6.3 通过 SQL 语法备份数据库

③ SQL Server。SQL Server 备份 SQL 数据库主要分为以下几个步骤。

a．打开 SQL 企业管理器，在控制台根目录中依次单击 Microsoft SQL Server。

b．选择 SQL Server 组，双击打开服务器，然后双击打开数据库目录。

c．选择数据库名称(如财务数据库 cwdata)，然后执行【工具】|【备份数据库】命令，如图 6.4 所示。

d．在备份选项中选择完全备份，如果原来有路径和名称，则选中名称并单击【删除】按钮，然后单击【添加】按钮；如果原来没有路径和名称则直接选择添加，接着指定路径和文件名，然后单击【确定】按钮返回备份窗口，接着单击【确定】按钮进行备份。

SQL 数据库的还原主要分为以下几个步骤。

a．打开 SQL 企业管理器，在控制台根目录中依次单击展开 Microsoft SQL Server。

b．打开 SQL Server 组，双击打开服务器，单击【新建数据库】按钮，新建数据库的名称自行设置。

图 6.4 SQL Server 2005 管理界面

c. 单击新建好的数据库名称(如财务数据库 cwdata)，然后执行【工具】|【恢复数据库】命令。

d. 在弹出的窗口中的还原选项中选择从设备，单击选择设备，单击【添加】按钮，然后选择备份文件名，添加后单击【确定】按钮返回，这时候设备栏应该出现刚才选择的数据库备份文件名，备份号默认为 1(如果对同一个文件做多次备份，可以单击备份号旁边的查看内容，在复选框中选中最新的一次备份后单击【确定】按钮)，然后单击上方常规旁边的选项按钮，如图 6.5 所示。

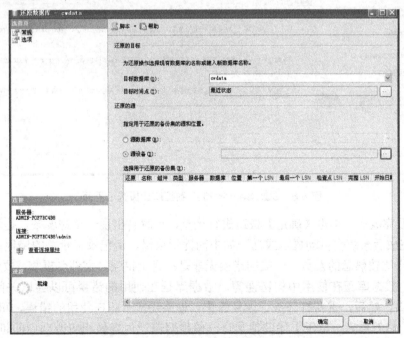

图 6.5 SQL Server 2005 数据库还原界面

　　e. 在弹出的窗口中选择在现有数据库上强制还原,以及在恢复完成状态中选择使数据库可以继续运行但无法还原其他事务日志的选项。在窗口的中间部位的将数据库文件还原必须按照 SQL 的安装进行设置(也可以指定自己的目录),逻辑文件名不需要改动。移至物理文件名要根据所恢复的机器情况做改动,如 SQL 数据库装在 D:\data 那么就按照恢复机器的目录进行相关改动,并且最后的文件名最好改成当前的数据库名(如原来是KYCMSV1.0.mdf,现在的数据库是 cwdata,就改成 cwdata_data.mdf),日志和数据文件都要按照这样的方式做相关的改动(日志的文件名是*_log.ldf),这里的恢复目录可以自由设置,前提是该目录必须存在(如可以指定 d:\cwdata.mdf 或者 d:\cwdata.ldf),否则恢复将报错,如图 6.6 所示。

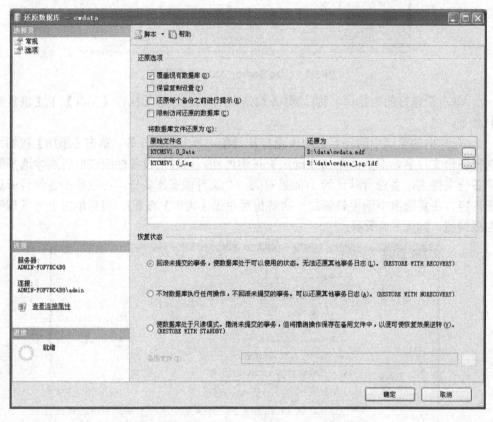

图 6.6　SQL Server 2005 数据库还原选项界面

　　f. 修改完成后,单击【确定】按钮进行恢复,这时会出现一个进度条,提示恢复的进度,恢复完成后系统会自动提示成功,如中间提示报错,请记录下相关的错误内容并询问对 SQL 操作比较熟悉的人员。一般的错误无非是:目录错误、文件名重复、文件名错误、空间不够、数据库正在使用中的错误等。数据库正在使用的错误可以尝试关闭所有关于SQL 的窗口,然后,重新打开进行恢复操作。如果还提示正在使用的错误,可以将 SQL服务停止,然后重启。至于上述其他错误一般按照错误内容做相应改动后即可恢复。

3．网站安全保护

1）密码安全

不要用弱密码，虚拟主机和域名控制面板上的 FTP 账号密码以及网站管理员密码不要使用同一个。不要用纯数字密码，不要用与自己信息相关的密码，更不能使用管理员的默认密码。设置密码，一定要设置一个强度高的密码，尽量多使用特殊字符。由于大多数网站系统使用 MD5 算法加密密码，所以确定安全的最好方法就是把密码加密后的 MD5 值在黑客们常去(破解 MD5)的网站试一试。如果不能被破解，在一定程度上说明设置的密码是安全的。

2）网站设置安全

为了网站的安全，最好将网站后台的一些设置做一些调整。有些提供上传功能的网站，为了安全起见最好取消上传功能。如果要保留，最好设置为.gif、.jpg、.png、.zip、.rar 等格式文件的上传，且限制用户一天上传的文件大小。如果可以生成 HTML 页面的系统，那么最后生成 HTML，尽量避免使用 ASP 等动态页面。在设置管理员时不要将数据库操作和网站配置等版块的权限划分给其他管理员，除非他很值得信任。如果发现会员填写的记录中有〈%%〉、〈SCRIPT〉等符号，一定要清除它。图 6.7 是某网站后台基本信息设置界面。

网站Logo地址：	/images/logo.jpg　　　　　　　申请友情链接时显示给用户
生成的网站首页：	◉ Index ○ Default .html ▾ 扩展名为.asp,首页将不启用生成静态HTML的功能
专题是否启用生成：	◉ 启用 ○ 不启用
默认允许上传最大文件大小：	1024　　KB　　提示:1 KB = 1024 Byte, 1 MB = 1024 KB
默认允许上传文件类型：	html|jpg|bmp|gif|png|swf|mid|mp
删除不活动用户时间：	20　　分钟
文章自动分页每页大约字符数：	100　　个字符 如果不想自动分页,请输入"0"
站长姓名：	
页面发布时顶部信息：	0　　　　　　　　　　　　填写"0"将不显示
官方信息显示：	☑ 显示顶部公告 ☑ 显示论坛新帖

图 6.7 网站基本信息设置

3）修改脚本，确保安全

修改程序版权信息，这样可以杜绝黑客靠观察网站程序的版权信息来获取当前网站系统的版本，并通过搜索引擎来获取有利于个人入侵的信息。所以，一定要把版权信息改掉。

4）目录安全

确保在每一个目录里都含有 index.html 文件。如果没有就新建一个不含有任何内容的 index.html，这样可以防范服务器 IIS 设置不严而出现的目录浏览。Windows 2003 中的 IIS 还有一个很严重的漏洞就是如果有一个文件夹名为 files.asp，那么该文件夹下的所有文件，均可以被 asp.dll 解释并执行。如果恶意者设法构造了那么一个文件夹，上传了一个扩展名为 rar 的 asp 木马，那么在恶意者访问这个上传后的 rar 文件时就运行了 asp 木马。所以网站管理者在检查网站时也应注意是否存在这样命名的文件夹。

5) 数据库安全

数据库对网站来说非常重要,为了数据库安全,主要从数据库的防下载处及防暴库入手。

防暴库处理:网站脚本系统一般都会有一个数据库连接文件,而如果没有容错语句 On Error Resume Next,就可能产生网站数据库被暴出物理路径的危险,所以检查一下 conn.asp 或 mdb.asp 等数据库连接文件中有没有 On Error Resume Next 一句,如果没有就在出现数据库物理路径的脚本语句之前加上即可。

防下载处理:对数据库比较重要的一点就是防下载处理,这里提供两种,第一种更改系统默认数据库路径及数据库名,并在其中加入"#","*","%"等特殊字符。第二种用 Access 打开数据库,新建一个表,命名为<%asdfg%>(<%~%>之间可以加任何的数值,只要不是正确的 ASP 语句即可),添加其中记录也同样是用这个,关闭数据库后将文件扩展名改为 asp 或 asa 即可达到防下载的目的。

有时黑客可以通过几项功能获得 WebShell,从而任意增删修改数据库中的内容,为了解决这个问题,可以将网站后台的数据库备份、数据库恢复和执行 SQL 语句的相关功能页面删除,最好也将注册条约等管理页面的相关页面删除。这样做虽然对网站管理造成一定的不便,但是这样可以防止数据库被任意增删修改。

6) 后台安全

网站的后台管理登录页面是管理员进行管理网站的地方,该路径不能随便暴露给客户。如果黑客不知道网站登录路径,那么即使黑客知道了管理员用户名和密码也不知道从哪里登录,因此保护好网站后台登录界面,对网站安全具有非常重要的作用。

为了保护网站后台登录界面,只需要修改后台的 Admin 文件夹名或后台登录页面,如 admin_login.asp 等文件名,然后在其余文件中查找原来路径并替换成新路径即可。修改后台页面标题信息,这样黑客就不能通过 Google 等搜索引擎来查询到后台地址。

7) robots.txt 文件

黑客通过构造关键字就可以在搜索引擎中查询出网站和一些敏感信息,如版权信息、后台地址等等,这对网站安全很不利。为了不让搜索引擎的蜘蛛程序搜索到网站的某些较为敏感的目录,可以在网站的根目录上仿制一个 robots.txt 文件,里面写上不让蜘蛛程序探测的目录,这样蜘蛛程序在搜索网站时,就不会访问 robots.txt 文件中指定不让访问的目录,敏感信息自然就不会出现在搜索引擎的搜索结果中了。

8) SQL 注入威胁的防御

SQL 注入的产生是由于网站系统对用户的输入过滤不严格以至于用户可以执行 SQL 语句,黑客利用傻瓜化的工具在几分钟之内就可以提交 SQL 语句,将网站管理员的信息从数据库中猜解出来,这对网站的安全威胁很大。如果不知道自己的网站有没有注入点,可以使用"啊 D"等 SQL 注入工具打开自己的网站,注入工具会自动提交数据并提示发现注入点。

SQL 注入可算是当今较为流行的注入方式,如果网站存在 SQL 注入点的话,可能随时都会被黑客攻破。如果是 MSSQL 数据库,而且 SA 用户存在弱密码,黑客就会通过 SA 用户获取 SYSTEM 权限,从而摧毁整个服务器。对于这些后果比较严重且比较流行的攻击方式不得不防,最根本的解决方式是阅读脚本源代码,找到未过滤的或过滤不完全的变量,用 replace 函数过滤 "and"，"exec"，"backup"，"insert"，"update" 等 SQL 语句中所含的字符。更简单的方法就是使用 SQL 防注入工具。将通用防注入工具的页面包含在数据库连接文件中，SQL 工具依然可以扫描到注入点，但是无法进行 SQL 注入来获取数据库内容。但是这种方法也不是万能的，黑客同样可以用 cookies 注入在本地提交的 SQL 语句来完成注入，所以说要从根本处防止 SQL 注入，最好的办法还是阅读源代码。

9) 脚本木马查杀

脚本木马其本质就是脚本管理程序，一般权限都很低，但是借助系统某些组件和权限设置不好便可以浏览服务器上的所有盘，任意更改其他服务器上的文件，上传文件甚至执行 CMD 命令，所以对网站安全的威胁也是不可小视的。杀毒软件固然可以杀掉一部分木马，但是脚本文件可以进行复杂的加密变形及大小写互换，而不影响脚本木马本身的功能，所以现在很多的杀毒软件对大多数的脚本木马都没有很好的查杀能力。对付这样的木马，可以用雷客图工具。

雷客图可以通过对所有网站脚本中的可疑变量进行检查和提示，可以打开那个脚本文件看看有没有木马的登录提示，从而知道它是否是木马。它还可以通过对比、修改文件来排查出木马，当然也有防 SQL 注入以及反批量挂马的功能。

10) 日常注意与管理

一个好的网站和虚拟主机服务商虽然对网站安全有一定的作用，但是也不能大意，往往名气越大的脚本越容易被发现漏洞。网站管理者们要经常到网上查看脚本，经常到后台查看管理记录，看是否有非法的记录等。如果黑客对网站一点办法都没有，他们往往会用 Whois 查询出在同一个服务器上的其他网站，然后对他们下手，获得 webshell 或服务器权限后即可对网站进行破坏，这就是所谓的旁注。如果网站管理者和同一服务器的其他管理者一起做好服务器的安全，黑客就无计可施了。

11) 虚拟主机相关设置

虚拟主机服务商往往是为了保证用户网站安全会为用户加一些安全策略。有些虚拟主机里一开始就会有一个目录，看看目录里面的说明才会发现这正是服务商为用户提供的网站安全辅助。

12) 其他安全防护措施

(1) 安全配置。关闭不必要的服务，最好只提供 WWW 服务，安装操作系统的最新补丁，将 WWW 服务升级到最新版本并安装所有补丁，对根据 WWW 服务提供者的安全建议进行配置等，这些措施将极大限度地提高 WWW 服务器本身的安全。

(2) 防火墙。安装必要的防火墙，阻止各种扫描工具的试探和信息收集，甚至可以根据一些安全报告来阻止来自某些特定 IP 地址范围的机器连接，给 WWW 服务器增加一个防护层，同时需要对防火墙内的网络环境进行调整，消除内部网络的安全隐患。

(3) 漏洞扫描。使用商用或免费的漏洞扫描和风险评估工具定期对服务器进行扫描，以发现潜在的安全问题，并确保不会给升级或修改配置等正常的管理工作带来安全问题。

(4) 入侵检测系统。利用入侵检测系统(IDS)的实时监控能力，发现正在进行的攻击行为及攻击前的试探行为，记录黑客的来源及攻击步骤和方法。

这些安全措施都将极大限度地提高 WWW 服务器的安全，减少网站被攻击的可能性。

6.2.3 网站数据库备份与恢复实例

网站数据库的备份与恢复操作分为本机备份和远程备份。下面以聊城汽车网(www.lcqch.com)为例来介绍网站数据库备份与恢复的过程。

(1) 登录会员中心(http://www.sudu.cn/login.php)，如图 6.8 所示。

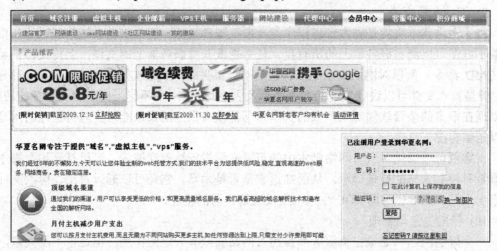

图 6.8　会员登录界面

(2) 进入会员中心之后，单击【产品管理】图标，单击【我的主机】图标，如图 6.9 所示。

图 6.9　会员中心界面

(3) 在【我的主机】页面找到相应的虚拟主机进行【管理】，如图 6.10 所示。

(4) 单击【管理】选项，便可以看到【查看数据库】图标，如图 6.11 所示。

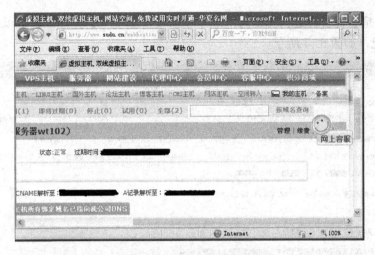

图 6.10 虚拟主机管理界面

图 6.11 查看数据库界面

(5) 单击【查看数据库】图标即可进入【数据库开通情况】页面,如图 6.12 所示。

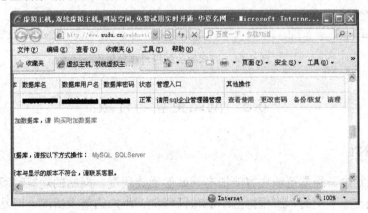

图 6.12 数据库开通情况

(6) 如果想了解目前数据库使用情况，单击【查看使用】选项，就可以看到目前数据库的使用情况，如图 6.13 所示。

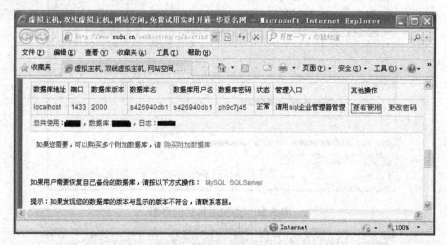

图 6.13　数据库使用情况

(7) 如果想要进行备份/恢复的话，单击【备份/恢复】选项即可；如果想要恢复数据库的话，找到相应日期的备份进行【恢复】即可，如图 6.14 所示。

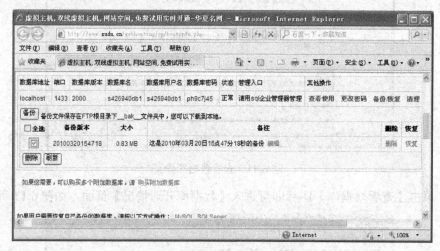

图 6.14　数据库的备份与恢复界面

6.3　网站更新与升级

6.3.1　任务分析

在网站运行中，经常更新内容能提高网站的受关注度。网站的功能和版本乃至网站程序都不应该是一成不变的，应根据网站的访问情况、用户的需求情况、网站运行的性能评测数据进行适当的升级，进一步提升用户的体验和网站的吸引力。本节的主要任务就是对网站的内容更新、网站的功能升级进行介绍，让读者掌握网站更新与升级的基本方法和流程。

6.3.2　相关知识

1．网站的更新

网站内容是网站主要价值的体现，经常更新内容的网站更能吸引网站的各受众群体，提高网站的被关注度。网站的内容管理是网站管理的重要组成部分，网站内容的更新主要分为以下几个方面。

1）网站主体信息的更新

网站的主体信息是网站提供的主要信息，如新闻类主体信息为各个种类的新闻报道、视频网站的主体信息为用户上传的视频等，网站的主体信息的管理一般通过用户的后台管理系统进行网站主体信息的管理。一般而言，网站后台管理系统都具有网站主体信息发布的功能，使用十分方便，网站管理员还可以对已发布的信息进行查询、修改和删除。

2）网站模板信息的更新

网站的风格主要是由网站的模板风格决定的，网站模板包括网站的整体布局、网站的主色调、网站的所有背景和主体图片信息等网站外观相关信息，网站管理员应根据网站的类型和外部社会环境的变化修改网站的风格和外观，如春节或国庆节期间应使用喜庆的模板、哀悼日应使用灰黑色基调的模板等。

3）网站配置信息的更新

网站管理员可以根据网站后台管理系统对网站的系统信息进行设置，如网站栏目设置、网站基本信息设置、网站的优化设置、数据库管理等。通过对网站进行配置，可以优化网站的搜索引擎关键字，设置网站的 ICP 备案证号等信息，对网站版权信息进行设置，完成网站主要基本信息的配置。

2．网站的功能升级

网站的功能不应该是一成不变的，应根据网站的访问情况、用户的需求情况、网站运行的性能评测数据进行适当的升级，这些升级不仅包括某些功能模块的升级改进，也包括整站的版本升级，通过网站功能的升级可以进一步满足用户的需求，提升用户的体验和网站的吸引力。

网站的功能升级主要通过网站程序的更新来实现，网站程序的更新分为网站部分功能的升级和网站的整站改版。

1）网站部分功能的升级

在网站的使用过程中，难免会发现某些功能存在错误或不足，这种情况下需对网站程序文件进行更新。在实际的应用中，一般采用上传部分程序文件的方式更新网站源程序，对原来的文件进行直接覆盖。可以通过 CuteFTP 登录网站根目录，进入需更新的网站程序文件目录，通过上传覆盖的方式对网站程序进行更新，从而起到网站功能更新的效果，如图 6.15 所示。

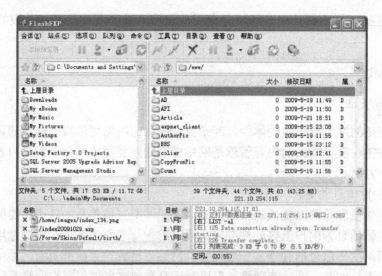

图 6.15　通过覆盖网站程序文件更新网站功能

2) 网站的整站改版

网站程序同其他软件一样，有自己的使用寿命。一般情况下，网站使用 3 年以上后应考虑对网站进行整站改版。整站改版一般是在保留原有网站数据的情况下对网站的整站程序进行更新，一般通过以下步骤对网站进行改版。

(1) 登录网站后台管理界面，对网站的数据进行备份。

(2) 登录虚拟主机提供的 FTP 地址，对整站进行压缩备份。

(3) 删除网站整站程序。

(4) 将新版网站程序上传至网站空间。

(5) 运行新版网站，并进行数据恢复。

以上步骤可以作为网站整站升级的参考，进行网站升级时的详细步骤应向网站空间提供商进行咨询。

6.3.3　网站更新实例

网站更新是网站管理的重要组成部分，下面以聊城汽车网(www.lcqch.com)为例来介绍网站内容更新的过程，步骤如下。

(1) 登录网站后台管理系统，如图 6.16 所示。

图 6.16　网站后台管理系统登录界面

(2) 输入正确的用户名和密码即可进入网站后台管理系统。图 6.17 所示为网站后台管理系统内容管理主界面。

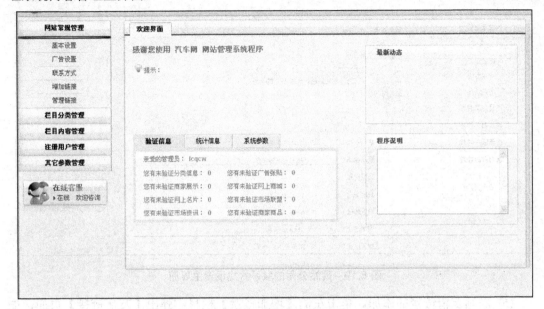

图 6.17　网站后台管理系统内容管理主界面

(3) 网站基本信息设置。单击左侧【基本设置】栏目，就可以进入网站基本信息设置页面，如图 6.18 所示，在文本框中输入相应的网站信息，单击【完成以上修改】按钮，即可完成网站的基本信息设置。

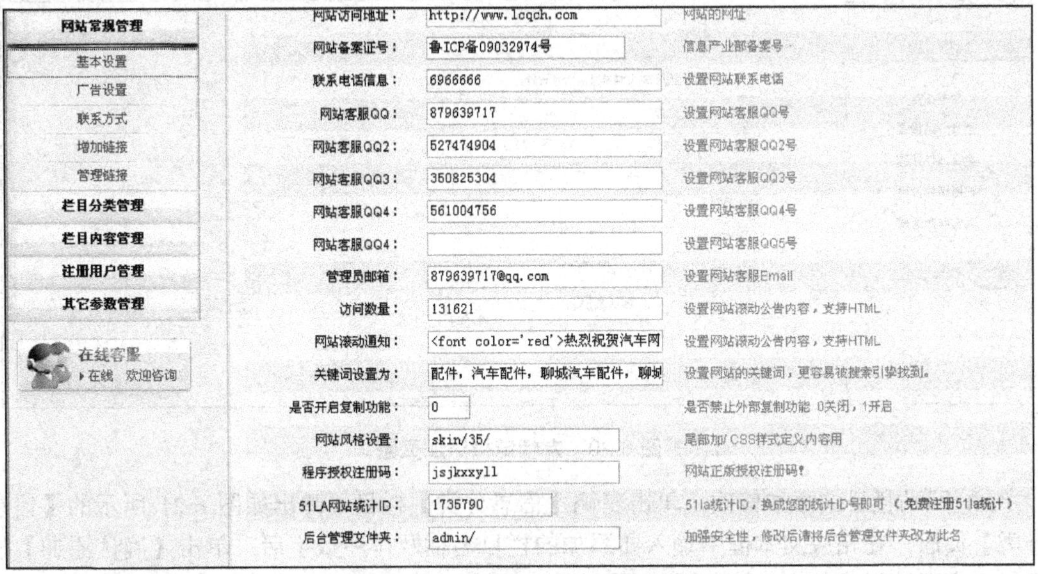

图 6.18　网站基本信息设置主界面

(4) 添加网站公司的联系方式。单击左侧【联系方式】栏目，弹出联系方式设置页面，如图 6.19 所示，对网站公司的联系方式进行设置或修改后，单击【确认要修改】按钮完成修改。

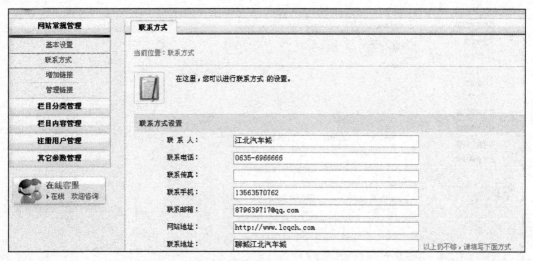

图 6.19　网站公司的联系方式设置主界面

(5) 网站友情链接的添加。单击左侧【增加链接】栏目，弹出【友情链接】页面，如图 6.20 所示，在网站名称文本框中输入网站的名称，Logo 地址文本框中输入网站的 Logo 地址(注：此地址只能为网络地址)，在网站地址中输入网站的网址，单击【确认添加】按钮，即可完成网站友情链接的添加。

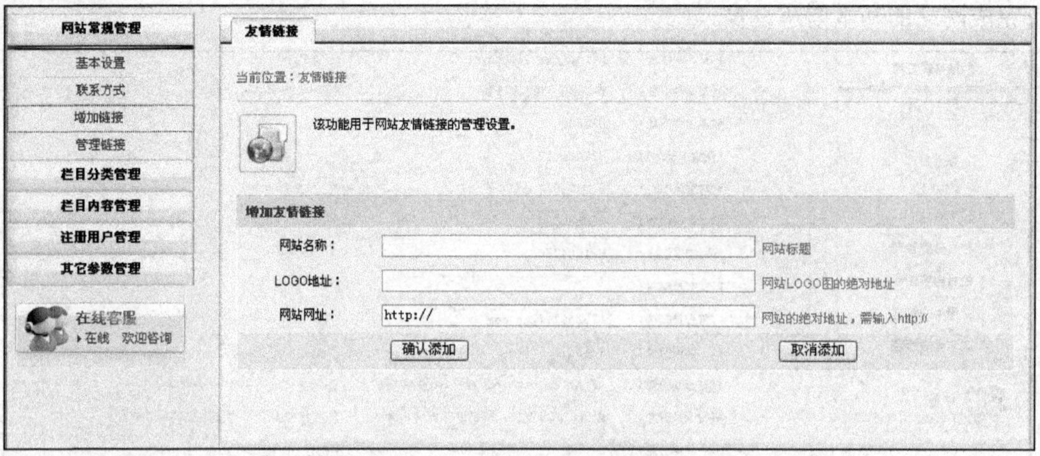

图 6.20　友情链接添加页面

(6) 网站栏目的添加修改。单击左侧【信息分类】栏目，弹出如图 6.21 所示的【信息分类】页面，在相应文本框中输入要添加的栏目名称及排序数字后，单击【确认添加】按钮，完成网站栏目添加。根据页面提示按钮也可以对网站栏目进行删除和修改操作。

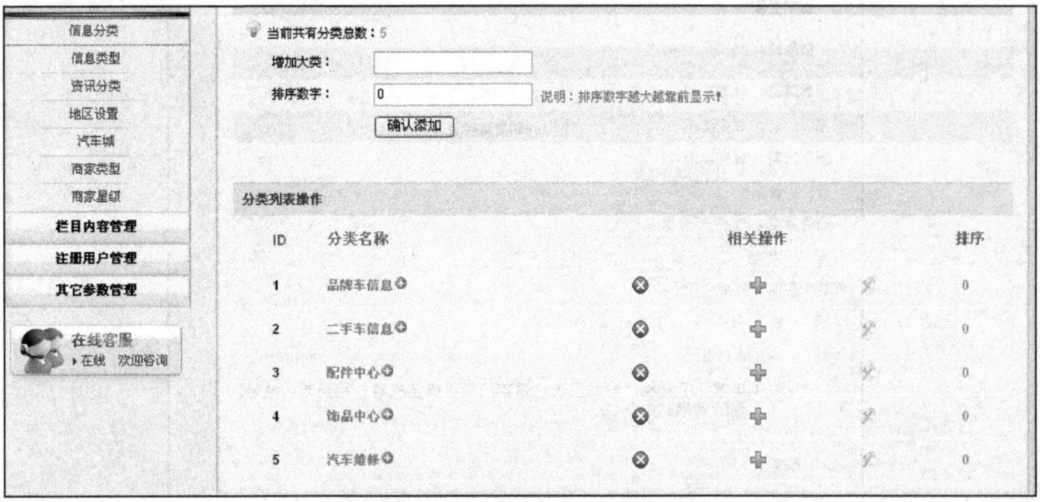

信息分类	当前共有分类总数：5
信息类型	
资讯分类	增加大类：
地区设置	排序数字： 0 说明：排序数字越大越靠前显示！
汽车城	
商家类型	确认添加
商家星级	

分类列表操作

图 6.21 信息分类管理栏目页面

(7) 信息的管理。用户在前台添加信息后，网站管理人员可以对用户发布的信息进行修改。单击左侧【信息修改】栏目，弹出如图 6.22 所示【信息管理】主界面，单击【展开控制】按钮，弹出如图 6.23 所示【信息管理】按钮，单击【删除该信息】按钮删除信息，单击【删除所有回复】按钮删除信息的回复，单击【编辑信息】按钮弹出如图 6.24 所示【信息修改】页面，在文本框中输入信息，单击【开始发布信息】按钮，完成信息的修改。网站管理员在后台单击【通过验证】审核通过用户在前台发布的信息。

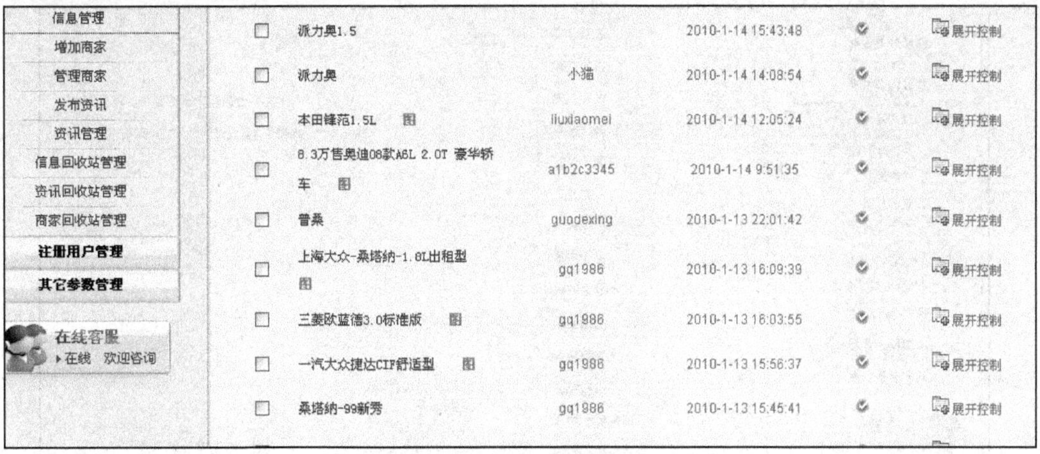

图 6.22 信息管理主界面

图 6.23 信息管理按钮

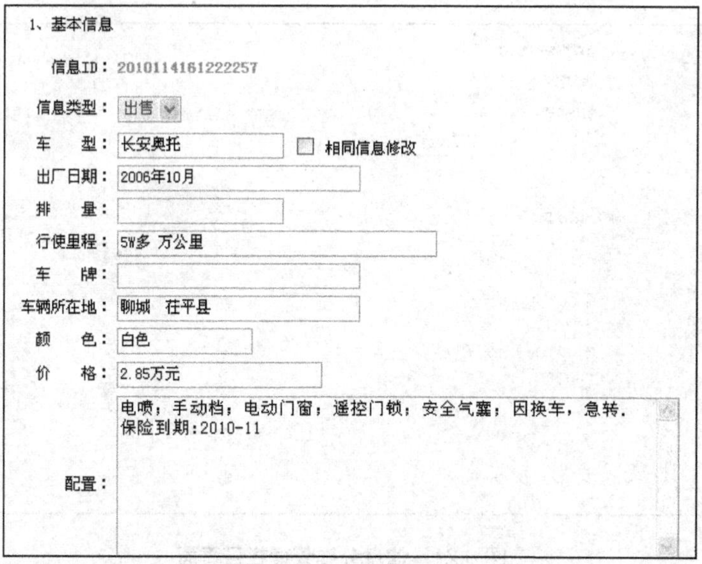

图 6.24　信息修改页面

(8) 商家的发布。单击左侧的【添加商家】按钮，弹出如图 6.25 所示【添加商家】页面，在【选择分类】下拉列表框中选择商家类型，在相应的文本框中输入相应的信息，单击【标注位置】按钮弹出如图 6.26 所示的【网站地图】对话框，标注商家的地理位置，单击【上传商家展示缩图】按钮添加商家的店标，所有信息添加完成后，单击【确认以上修改】按钮完成商家的添加。

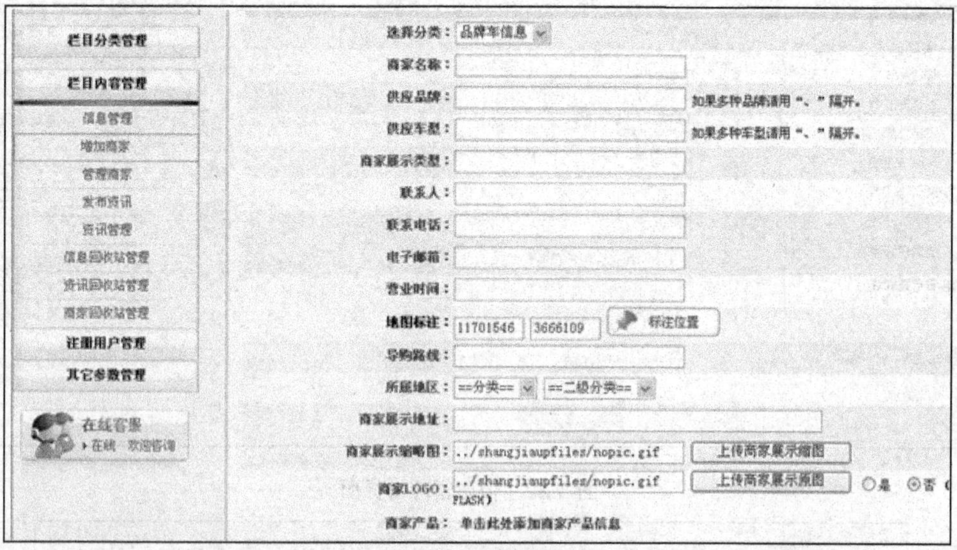

图 6.25　添加商家信息

(9) 商家信息的修改。单击左侧【管理商家】按钮，弹出如图 6.27 所示【商家信息】页面，单击【商家名称】弹出如图 6.28 所示【修改商家信息】页面，输入商家新信息，单击【确认以上修改】按钮完成商家信息的修改，单击【删除】按钮即可完成信息的删除。

图 6.26 网站地图

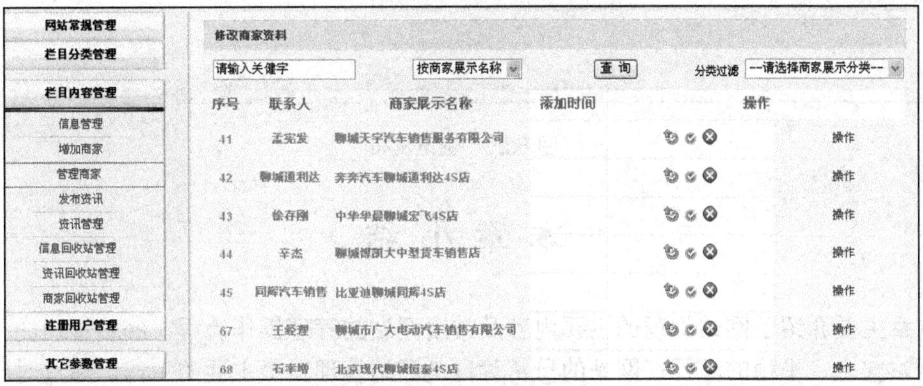

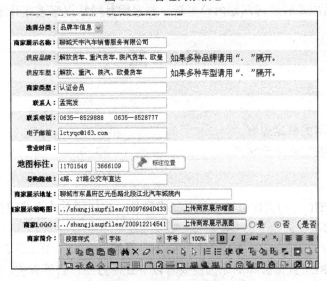

图 6.27 管理商家信息

图 6.28 修改商家信息

(10) 资讯发布。单击左侧【发布资讯】栏目，弹出如图 6.29 所示【资讯发布】页面，输入相应的信息，单击【确认发布资讯】按钮完成资讯发布。

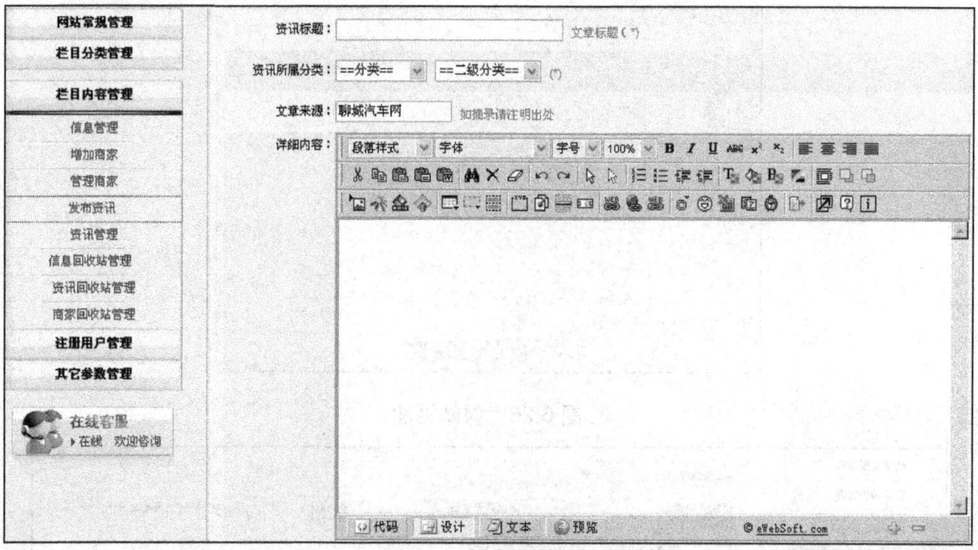

图 6.29　资讯发布

本 章 小 结

　　本章主要介绍了网站管理的主要内容及常用网站的管理操作流程。网站管理的目标是保证网站安全、平稳的运行；网站的日常管理是网站管理员最主要的工作，通过对网站的日志、数据库进行检测和管理，及时了解网站的运行状态，维护网站的稳定性。为提高网站的吸引力，网站应及时进行网站内容更新，并定期对网站程序进行升级。

习 　 题

1. 填空题

(1) 网站中常用的数据库有_____、_____和_____。

(2) 网站内容的更新主要包括_____、_____和_____。

2. 选择题

(1) 操作系统的(　　)文件可以记录系统中硬件、软件和系统问题的信息，同时还可以监视系统中发生的事件。

　　A. 文本　　　　　B. 程序　　　　　C. 系统　　　　　D. 日志

(2) 目前造成网络数据破坏的原因主要有以下几个方面：自然灾害、计算机设备故障、管理人员的误操作、(　　)。

　　A. 病毒感染　　　B. 系统崩溃　　　C. 软件版本低　　D. 网络中断

3. 简答题

(1) 请概述网站管理应达到的目标。

(2) 网站管理内容主要包括哪几个方面？

(3) 如何对网站日志进行分析？

(4) 造成网站数据破坏的原因主要有哪些？

(5) 网站安全保护主要分为哪几个方面？

实 训 指 导

项目：张某是某网站的网站管理员，负责该网站信息的更新、升级与维护。请根据以下任务，完成实训报告。

任务 1：该公司是一家知名度很高的上市公司，为了给公司的营销策略提供依据，张某现在需要查看公司网站的日志文件，统计百度搜索引擎机器人的爬行记录。请写出查看流程。

任务 2：该网站是基于 ASP+SQL 2005 的，在网站运营过程中，需要及时备份数据库，请给出备份数据库的步骤。

任务 3：为了保证网站的安全，请列出网站安全的一些保护措施。

任务 4：网站在运营过程中，由于客户需求不断变化，网站相应的功能与栏目也在发生变化，请列出网站功能升级的流程。

第**7**章　网站的搜索引擎优化

教学任务

随着计算机互联网的快速普及，据最新统计，全球网民突破 23 亿人，全球网站个数突破 5.55 亿人，而且这个数值每天都在增加。如何在海量信息中找到我们所需要的信息，如何让更多的人找到我们制作的网站，搜索引擎可以轻松解决这个问题。现在搜索引擎网站已经是每个网民浏览最多的网站。本章主要介绍如何通过一定的策略让网站能够容易被搜索引擎收录，能够被更多的人轻松找到，以达到宣传推广网站的目的。

该教学过程可分成如下 4 个任务。

任务 1：认识 SEO。主要包括搜索引擎优化概念、SEO 的作用、著名搜索引擎的功能介绍。

任务 2：SEO 工作原理及关键技术。主要包括 SEO 工作原理、SEO 关键技术、SEO 框架。

任务 3：SEO 实例操作。主要包括优化网站域名、优化网站结构和内链接、优化关键字、优化外链接。

任务 4：SEO 的注意事项。主要包括影响 SEO 的几种因素。

教学过程

本章主要介绍网站发布后如何对网站进行搜索引擎优化，提高网站的排名，从不同的角度对网站进行优化。按照实际工作流程，从域名的命名、网站结构、关键字、链接、注册等方面应用基于工作流程的教学方式进行讲解。

教学目标	主要描述	学生自测
掌握搜索引擎优化的基本知识	(1) 掌握搜索引擎优化的概念 (2) 掌握搜索引擎优化的作用 (3) 掌握 Google 提供的功能 (4) 掌握百度所提供的功能	能够利用网站查询网站的优化程序
了解 SE 工作原理及关键技术	(1) 了解 SEO 工作原理 (2) 了解 SEO 关键技术 (3) 了解 SEO 框架	在设计网站时从 SEO 的角度出发进行设计

教学目标	主要描述	学生自测
网站 SEO 优化	(1) 掌握网站域名优化 (2) 掌握网站结构和内链接优化 (3) 掌握网站关键字优化 (4) 掌握网站外部链接优化	能够对网站进行各方面优化
了解影响 SEO 的几种因素	(1) 了解网站域名和空间对优化的影响 (2) 了解目录结构、框架结构和 URL 对优化的影响 (3) 了解图像和网页页面对优化的影响	能够对网站优化的各方面进行掌握

7.1　认识 SEO

7.1.1　任务分析

SEO 为搜索引擎优化，是近年来较为流行的网络营销方式，主要目的是增加特定关键字的曝光率以增加网站的能见度，进而增加销售的机会。SEO 分为站外 SEO 和站内 SEO 两种。本节的主要任务就是介绍 SEO，让读者对 SEO 有一个初步认识。

7.1.2　相关知识

1. 什么是搜索引擎

搜索引擎，是指根据一定的策略、运用特定的计算机程序收集互联网上的信息，在对信息进行组织和处理后，将处理后的信息显示给用户，并为用户提供检索服务的系统。

2. 什么是 SEO

SEO(Search Engine Optimization，搜索引擎优化)，是通过研究各类搜索引擎如何抓取互联网页面和文件，研究搜索引擎进行排序的规则，来对网页进行相关的优化，使其有更多的内容被搜索引擎收录，并针对不同的关键字获得搜索引擎更高的排名，从而提高网站访问量，最终提升网站的销售能力及宣传效果。

目前，SEO 是网站中最热门的话题，也是网站推广中最重要的技术之一。现在，IT 行业对 SEO 人才的需求也非常大，所以学好 SEO 技术对从事 IT 行业的人员来说非常重要。

3. SEO 的作用

网站优化是指在搜索引擎许可的优化原则下，通过对网站中代码、链接和文字描述的重组优化，以及后期对该优化网站进行合理的反向链接操作，最终实现被优化的网站在搜索引擎的检索结果中排名的提升。

网站优化就是通过对网站功能、网站结构、网页布局、网站内容等要素的合理设计，使得网站内容和功能表现形式达到对用户友好并易于宣传推广的最佳效果，充分发挥网站的网络营销价值。搜索引擎优化工作贯穿网站策划、建设、维护全过程的每个细节，便于网站设计、开发和推广的每个参与人员了解其职责对于 SEO 效果的意义。

优化好的网站，从搜索引擎来的流量将会有很大的提高，不过这仅是能带来用户，而真正能够留住用户的是网站的内容，所以搜索引擎优化仅仅是辅助手段，在网站建设的过程中仍然要将大部分精力放在网站内容的完善上。

由于网站优化的目的是在搜索引擎上获得好的排名，而搜索引擎是其他公司的，排名的影响因素有很多，所以优化的效果就不可能有 100%的把握。能做的就是在已知的关键因素上下功夫，这样不论搜索引擎算法如何改变，都不会使排名有特别大的波动。

4. 国际著名搜索引擎——谷歌(Google)

Google 目前被公认为是全球规模最大的搜索引擎，它提供了简单易用的免费服务，用户可以在瞬间得到相关的搜索结果。当访问 Google 域名时(图 7.1)，可以使用多种语言查找信息，查看股价、地图和要闻，查找美国境内所有城市的电话簿名单、搜索数十亿张计的图片并详读全球最大的 Usenet 信息存档超过十亿条帖子，发布日期可以追溯到 1981 年。

图 7.1 Google 中国网站

Google 除了搜索引擎外，还提供很多其他服务，见表 7-1 和如图 7.2 所示。

表 7-1 Google 所提供的各种网络服务

GoogleWebAPI	GoogleBookSearch	Gmail	Blogger	Orkut	GoogleNotebook
Picasa	Chrome Google 浏览器	Google 桌面搜索	Google 工具栏	Google Web Accelerator	GoogleMars
GoogleMaps	GoogleMoon	GoogleSketchUp	Google 新闻	Google 网页目录	GoogleAnswers
GoogleTalk	GoogleLocal	GoogleSpecial	GoogleScholar	FriendConnect	GoogleVideo
YouTube	Google	Google 音乐搜索服务	Google 拼音输入法	Google 搜索服务器虚拟版 GSAve	GoogleEarth
GoogleStreetView					

图 7.2　Google 大全

5. 国内著名搜索引擎——百度(Baidu)

百度公司(baidu.com)的主页，如图 7.3 所示。

图 7.3　百度主页

百度以自身的核心技术"超链分析"为基础，提供的搜索服务体验赢得了广大用户的喜爱；超链分析就是通过分析链接网站的多少来评价被链接的网站质量，这保证了用户在百度搜索时，越受用户欢迎的内容排名越靠前。百度总裁李彦宏就是超链分析专利的唯一持有人，该技术已为世界各大搜索引擎普遍采用。

百度拥有全球最大的中文网页库，收录中文网页已超过 20 亿个，这些网页的数量每天以千万级的速度在增长；同时，百度在中国各地分布服务器，能直接从最近的服务器上，把所搜索的信息返回给当地用户,使用户享受极快的搜索传输速度。

百度每天处理来自超过 138 个国家超过数亿次的搜索请求,每天有超过 7 万个用户将百度设为首页,用户通过百度搜索引擎可以搜索到世界上最新最全的中文信息。2004 年起,"有问题,百度一下"在中国开始风行,百度成为搜索的代名词。

百度除了搜索引擎外,还提供很多其他的服务,如图 7.4 所示。

图 7.4 百度产品大全

7.2 SEO 工作原理及关键技术

7.2.1 任务分析

搜索引擎公司各自研发关键技术和经验,它们使用的技术也不一样。通过本节不仅可以让大众技术人员通过了解搜索引擎的工作原理,提高对技术的理解,而且还使网站设计者、网站站长更好地运用搜索引擎。

7.2.2 相关知识

1. 名词解释

(1) Spider 又称网络蜘蛛,是搜索引擎用来访问 Internet 上网页的自动程序。Spider 根据 HTML 的语法和格式,对读取的页面进行代码过滤,收录相关的文字内容。目前搜索引擎无法像人那样去读取相应的图片、Flash、影片里面的内容。图片中的文字对 Spider 来说是毫无意义的。对于 JavaScript 里面的内容,现在已经有部分网站开始收录。

(2) PR 值:即 Page Rank,网页级别。Google 对网页级别的描述是这样的:"为组织管理工具,网页级别利用互联网独特的民主特性及其巨大的链接结构"。PR 值级别从 0 到 10级,10 级为满分,越高说明该网页越受欢迎,越重要。

(3) 开放目录 DMOZ：即 Open Directory Project，是互联网上最大的、最广泛的人工目录。它是由来自世界各地的志愿者共同维护与建设的最大的全球目录社区。开放目录专案是建立在开放资源共享的理念上的，是唯一的 100%免费的大型目录。提交一个网站或使用目录数据不需要支付任何费用。开放目录专案的数据在同意遵守免费使用条款的情况下，任何人都可以免费使用。

(4) 搜索频率：搜索引擎对网站的访问频率。网站内容更新越快，一定的周期内搜索引擎对网站的访问次数越多。

(5) 搜索深度：理论上，搜索引擎可以搜索到网站的每一个链接。搜索引擎每增加一个访问的层次，就会产生组合爆炸。对于高权重的网站，搜索引擎会增加网站的搜索深度，对于普通的网站，搜索的深度一般为 3 层，对于访问深度 4 层以上的页面不再继续收录。假如搜索引擎访问网站的首页为访问入口，那么首页上所有列出的链接为访问的第一层，第一层链接进去的页面上的链接为第二层，以此类推。

(6) 爬虫 Crawler：搜索引擎根据 Spider 收集回来的 URL 链接库收集网站的程序。

(7) 网站地图(Sitemap)：Sitemap 可方便管理员通知搜索引擎网站上有哪些可供抓取的网页。最简单的 Sitemap 形式，就是 XML 文件，在其中列出网站中的网址以及关于每个网址的其他元数据(上次更新的时间、更改的频率以及相对于网站上其他网址的重要程度)，以便搜索引擎可以更加智能地抓取网站。

Google Site Map Protocol 是 Google 自己推出的一种站点地图协议，此协议文件基于早期的 robots.txt 文件协议，并有所升级。在 Google 官方指南中指出，加入了 GoogleSiteMap 文件的网站将更有利于 Google 网页爬行机器人的爬行索引，这样将提高索引网站内容的效率和准确度。文件协议应用了简单的 XML 格式，一共用到 6 个标签，其中关键标签包括链接地址、更新时间、更新频率和索引优先权。

(8) 关键字：简单地说，关键字就是用户在使用搜索引擎时输入的、能够最大程度地概括用户所要查找的信息内容的字或者词，是信息的概括化和集中化。在搜索引擎优化 SEO 行业谈到的关键字，往往是指网页的核心和主要内容。对于搜索引擎来说，网页内容主要是哪方面的内容，就可以归结出一个(更多时候会是多个)关键字。

(9) 分词技术：英文是以词为单位的，词和词之间是用空格隔开，而中文是以字为单位，句子中所有的字连起来才能描述一个意思。例如，英文句子"This is an apple"。用中文则为"这是一个苹果"。计算机可以很简单地通过空格知道 apple 是一个单词，但是不能很容易明白"苹"和"果"两个字合起来才表示一个词。把中文的汉字序列切分成有意义的词，就是中文分词，也称为切词。

搜索引擎要对所收集到的信息进行整理、分类、索引以产生索引库，而中文搜索引擎的核心是分词技术。分词技术是利用一定的规则和词库，切分出一个句子中的词，为自动索引做好准备。

(10) Google Dance：它是指 Google 搜索引擎数据库每月一次的大规模升级。在升级期间，新的网页被加入，无效网页被删除，对收录网站进行全面深度检索，也可能在这期间调整算法。Google 搜索结果显示出剧烈的排名波动，同时被索引网站的外部链接也获得更新。每个季度更新一次的网页级别(Page Rank)也发生在 Google Dance 期间。Dance 一般持续几天时间，Dance 结束后，Google 搜索结果和网站外部链接数量趋于稳定，直至下一个周期的 Google Dance 到来。

Google Dance 是 Google 定期更新它的索引的活动，给人感觉就像是跳舞一样。在这个 Dance 的过程中，Google 所储存的索引都被重新更新，网站的排名会发生剧烈变化，有的网站在 Google 上的排名一夜之间消失，有的网站则名列首位。GoogleDance 通常在月末的那周开始，新结果在月初几天可以看到，大概是每 36 天一次或者一年 10 次。

(11) 更新带动器：就是为了让一个网页(注意，不是网站)能够经常自动更新。由于有了开源程序，就有这样一个设置：最新文章、最新留言等。我们就可以把这个小块内容放在网页的某个角落，这样当网站更新了一篇文章时，这个版块的字会跟随着动的。例如，SEO 论坛首页的更新带动器："最新发表主题"。

(12) 长尾关键词：网站上的非目标关键词但也可以带来搜索流量的关键词，称为长尾关键词。 长尾关键词的特征是比较长，往往由 2～3 个词组成，甚至是短语，存在于内容页面，除了内容页的标题，还存在于内容中，搜索量非常少，并且不稳定。 长尾关键词带来的客户，转化为网站产品客户的概率比目标关键词高很多。存在大量长尾关键词的大中型网站，其带来的总流量非常大。长尾关键词的基本属性：可延伸性，针对性强，范围广。

(13) Nofollow 标签：是一个 HTML 标签的属性值。它的出现为网站管理员提供了一种方式，即告诉搜索引擎不要追踪此网页上的链接或不要追踪此特定链接。这个标签的意义是告诉搜索引擎这个链接不是经过作者自己编辑的，所以这个链接不是一个信任票。Nofollw 是用来屏蔽蜘蛛抓取的，这个特性对我们来说是把双刃剑。如果用得好，可以把不希望蜘蛛抓取的内容屏蔽掉。

(14) 佛罗里达更新：2003 年 11 月 15 日，Google 进行了有史以来最重要的一次算法升级，后来被称为"佛罗里达更新"。在这次更新中，几乎所有商业领域的关键词都受到了影响，尤其是一些热门的关键词，Google 搜索的结果首页完全变了样儿，很多头一天还排在首位的网站被远远甩到了 500 名之后。

(15) 沙盒期效应：SEO 中的沙盒(英文 Sandbox)是指一个新站建立后搜索引擎会对其进行一个类似资格评价的阶段，称为沙盒，在沙盒里面的这段时间，称为沙盒期。沙盒期一般都是 2～6 个月。在沙盒期这段时间内，仍需要经常更新文章，不过不应该过多地修改网站结构，修改文章标题。在此期间你的网站的文章有可能很快被百度收录，但第二天又被搜索引擎删除，这种情况不必担心，只要你不采用作弊手段，一段时间后网站的文章会被重新收录的。之后，也将网站的收录被搜索引擎清空后未恢复的一段时间，称为沙盒期效应。

(16) SEO 链轮：是指通过在互联网上建立大量的独立站点或是在各大门户网站上开设博客，这些独立站点或是博客群通过单向的、有策略、有计划紧密的链接，指向要优化的目标网站，以达到提升目标网站在搜索引擎结果中排名的目的。SEO 链轮(SEO Link Wheels)是从国外引入国内的，是一种比较新颖的 SEO 策略，是一种比较先进的网络营销方式。

(17) 博客链轮：博客链轮，又称 BLOG-Link Wheeler。通常一个中小型的链轮由若干个 BLOG 组成，这些 BLOG 彼此之间相互串联。如此，只要有一个 BLOG 成功地吸引 SEO 的爬虫或蜘蛛前来，那么，其他的 BLOG 便会从那个 BLOG 的友链或文章锚文本中得到

SEO 的光顾。

(18) robots.txt(统一小写)：是一种存放于网站根目录下的 ASCII 编码的文本文件，它通常告诉网络搜索引擎的漫游器(又称网络蜘蛛)，此网站中的哪些内容是不能被搜索引擎的漫游器获取的，哪些是可以被(漫游器)获取的。因为一些系统中的 URL 是大小写敏感的，所以 robots.txt 的文件名应统一为小写。robots.txt 应放置于网站的根目录下。如果想单独定义搜索引擎的漫游器访问子目录时的行为，那么可以将自定的设置合并到根目录下的 robots.txt，或者使用 robots 元数据。

2. 搜索引擎工作原理及分类

1) 搜索引擎工作原理

大型互联网搜索引擎的数据中心一般运行数千台甚至数十万台计算机，而且每天向计算机集群里添加数十台机器，以保持与网络发展的同步。搜集机器自动收集网页信息，平均速度为每秒数十个网页，检索机器则提供容错的可缩放的体系架构以应对每天数千万甚至数亿的用户查询请求。企业搜索引擎可根据不同的应用规模，从单台计算机到计算机集群都可以进行部署。

搜索引擎一般的工作过程是，首先对互联网上的网页进行收集，然后对收集来的网页进行预处理，建立网页索引库，实时响应用户的查询请求，并对查找到的结果按某种规则进行排序后返回给用户。搜索引擎的重要功能是能够对互联网上的文本信息提供全文检索，如图 7.5 所示。

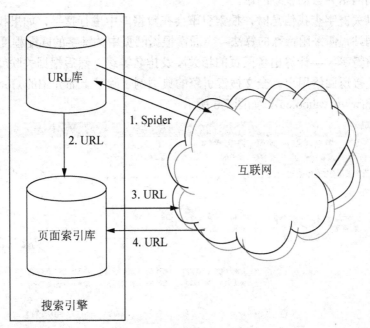

图 7.5　SEO 工作原理

搜索引擎详细的工作过程主要分为以下五步。

(1) 搜索引擎释放网络蜘蛛 Spider，Spider 先检查开放目录 DMOZ 上的网站，根据网站网址进行访问，并根据收录的网站的外部链接找到更多的网站。根据网站的更新频率及权重级别，安排 Spider 的搜索频率。对于新站，搜索引擎进入 Sandbox 处理。

对于站内连接(内连接)，搜索引擎根据网站的 PR 值，计算出搜索深度，检查收录的页面中获取的网址是否更新：是，则收录新的网址；否，则关闭 Spider。Baidu 和 Yahoo 则根据自己的算法，收录访问深度内的网址。

(2) 搜索引擎读取 Spider 收集的网址库，按照网址收录优先规则，调试反爬虫 Crawler。Google 对于提交了 Sitemap 的网站，抓取深层次的页面。

(3) 搜索引擎释放 Crawler 抓取网址页面。

(4) 收录网站为中文网站根据健忘技术进行关键字索引，按照页面的权重进行排位。

(5) 进行反作弊 Spam Kill 和 Dance(Google)。

2) 搜索引擎分类

(1) 全文搜索引擎。搜索引擎的自动信息收集功能分两种。一种是定期搜索，即每隔一段时间(如 Google 一般是 28 天)，搜索引擎主动派出"蜘蛛"程序，在一定 IP 地址范围内的互联网站进行检索，一旦发现新的网站，它会自动提取网站的信息和网址加入自己的数据库。另一种是提交网站搜索，即网站拥有者主动向搜索引擎提交网址，它在一定时间内(2 天到数月不等)定向向网站派出"蜘蛛"程序，扫描网站并将有关信息存入数据库，以备用户查询。由于近年来搜索引擎索引规则发生了很大变化，主动提交网址并不保证你的网站能进入搜索引擎数据库，所以目前最好的办法是多获得一些外部链接，让搜索引擎有更多机会找到网站并自动收录网站。

当用户以关键字查找信息时，搜索引擎会在数据库中进行搜寻，如果找到与用户要求内容相符的网站，便采用特殊的算法——通常根据网页中关键字的匹配程度，出现的位置/频次，链接质量等——计算出各网页的相关度及排名等级，然后根据关联度高低，按顺序将这些网页链接返回给用户。全文搜索引擎的典型例子除了上面介绍的 Google 和百度外，还有中国雅虎(www.yahoo.cn)，如图 7.6 所示。

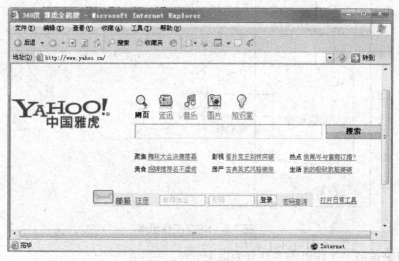

图 7.6   中国雅虎主页

(2) 目录索引。顾名思义就是将网站分门别类地存放在相应的目录下，因此用户在查询信息时，可选择关键字搜索，也可按分类目录逐层查找。例如，以关键字搜索，返回的结果跟搜索引擎一样，也是根据信息关联程度排列网站，只不过其中人为因素要多一些。如果按分层目录查找，某一目录下网站的排名则由标题字母的先后顺序决定。其他典型例子就前面提到的 DMOZ(www.dmoz.org)，其中文网站地址：http://www.dmoz.org/World/Chinese_Simplified/，如图 7.7 所示。

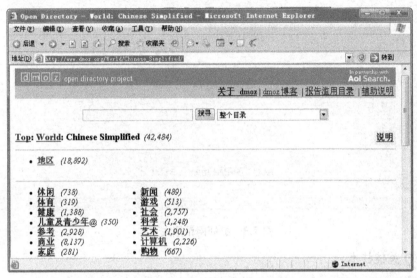

图 7.7　DMOZ 中文网站主页

目前，搜索引擎与目录索引有相互融合渗透的趋势。原来一些纯粹的全文搜索引擎现在也提供目录搜索，如 Google 就借用 DMOZ 开放目录提供分类查询。而像 Yahoo 这些老牌目录索引则通过与 Google 等搜索引擎合作扩大搜索范围。在默认搜索模式下，一些目录类搜索引擎首先返回的是自己目录中匹配的网站，如国内搜狐、新浪、网易等；而另外一些则默认的是网页搜索，如 Yahoo。

(3) 元搜索引擎。就是通过统一的用户界面帮助用户在多个搜索引擎中选择和利用合适的(甚至是同时利用若干个)搜索引擎来实现检索操作，是对分布于网络的多种检索工具的全局控制机制。目前主要的中文元搜索引擎有抓虾网聚搜、搜魅网等，其中抓虾网聚搜就是将百度、Google 两家算法各异的搜索巨头的搜索结果，去重，然后呈现到用户面前，方便用户使用。通过抓虾聚搜的搜索框，还可以方便地进行下列查询：天气预报查询、手机归属地查询、网页计算器、IP 地址查询、网站 PR 值、ALexa 排名速查、快递单号查询等。网站的地址 http://www.zhuaxia.org/，如图 7.8 所示。

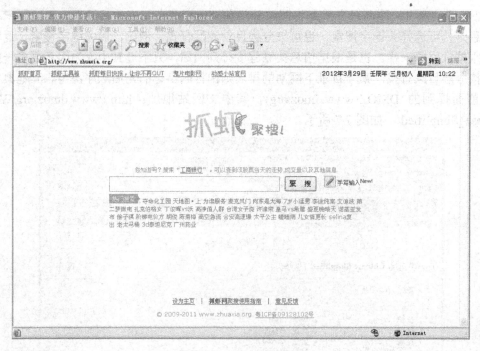

图 7.8　抓虾网聚搜主页

3. SEO 关键技术

1) 页面优化的标准

(1) 页面打开要快：能生成静态的最好是生成静态，把不必要的代码和内容都去掉。

(2) 代码规范：使用 DIV+CSS，使用*.css 文件，给搜索引擎一个比较干净和规整的页面。

(3) 选择合理的关键字：用浏览者习惯搜索的词去描述，并合理地分布在标题、标签和内容里。

(4) 内容布局合理：该用的标签就用，不该用的就不要滥用，做好网站导航。

(5) 主页简洁干净：主页的权重非常关键，放太多的内容关键字就难以表达。

2) 提升 PR 值

实际上，当从网页 A 链接到网页 B 时，就认为"网页 A 投了网页 B 一票"。根据网页的得票数评定其重要性。然而，除了考虑网页得票数(即链接)的纯数量之外，还要分析投票的网页。重要的网页所投出的票就会有更高的权重，并且有助于提高其他网页的重要性。

PR 值算法原理：一个网页被多次引用，则它可能是很重要的；一个网页虽然没有被多次引用，但是被重要的网页引用，则它也可能是很重要的；一个网页的重要性被平均地传递到它所引用的网页。这种重要的网页称为权威网页。

例如，一个网站的 PR 值为 1 表明这个网站不太具有流行度，而 PR 值为 7～10 则表明这个网站非常受欢迎(或者说极其重要)。

提高 PR 值的方法主要有以下几种。

(1) 登录搜索引擎和分类目录；还有友情链接，如果能获得来自 PR 值不低于 4 并与主题相关或互补的网站的友情链接，且很少导出链接，那样效果就更好。

(2) 写一些高质量的文章，发布到大型网站，如果得到大家的认可，你的网址会被无数的网站转载。这种方法对于提高 PR 值效果最好。

(3) 搜索引擎收录一个网站的页面数量，如果收录的比例越高，对提高 PR 值越有利。

(4) 提供有价值的网站内容，并进行 SEO 优化，对提高 PR 值也非常重要。

(5) 最好使网站被三大知名网络目录 DMOZ、Google 和百度收录。如果能被收录，对 PR 值的提高将非常迅速。

(6) 提高网站流量，到 QQ 群或者论坛等人气旺的地方宣传。

3) 登录 DMOZ 开放目录

www.dmoz.org 是全球最大的开放式目录库，登录 DMOZ 的好处：①由于 Google 等重要搜索引擎都采用 DMOZ 的数据库，所以一旦被收录，网站的 PR 会很快升值。②国内有很多人是复制 DMOZ 的数据，相当于间接给网站做链接，对提升 PR 值很有帮助。如果百度等搜索引擎改版，有些信息就来自于 DMOZ，所以加入 DMOZ 好处很多。不过 DMOZ 是人工审核的，要求极其严格。所以要认真填写网站信息，并且要耐心等待。

4. SEO 框架

SEO 主要是指优化网站域名、网站结构、关键字、内链接、外链接和图片及 Flash 等方面，如图 7.9 所示。

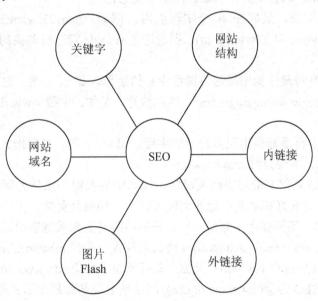

图 7.9　SEO 框架

7.3 SEO

7.3.1 任务分析

SEO 的主要工作是通过了解各类搜索引擎如何抓取互联网页面、如何进行索引以及如何确定其对某一特定关键词的搜索结果排名等技术，来对网页进行相关的优化，使其提高搜索引擎排名，从而提高网站访问量，最终提升网站的销售能力或宣传能力。本节的主要任务就是利用 SEO，提高网页的排名。

7.3.2 相关知识

1. 优化域名

域名是人们进入互联网时对其相应网站的第一印象。如果别人看到域名就会联想到这是一个什么样的网站、突出的主题、所在的行业和地区；那么说明该域名是成功的。如果该域名更具有简洁、明了、好记、含义深刻的特点，那可以肯定这是一个好的域名。好的域名应该具备以下几个特征。

(1) 通过域名就可以想起网站名称，记得网站名称就可以输入域名。例如，百度 www.baidu.com，域名就是中文名称的拼音，非常容易记忆，而且输入也非常方便。又如，帖易 www.teein.com，域名是英文的组合，不容易记忆。

(2) 字符不要太长，最好在 6 个字母以内。例如，hao123(www.hao123.com)，腾讯 (www.qq.com)，Google 中文(www.g.cn)，据说这是 Google 花巨资购买的域名，号称是世上最短的域名。

(3) 域名中的字符最好少出现远离键盘中心的字母，如 z、x 等。这样用户输入起来比较方便。例如，Google www.google.com，输入快速。又如，中搜 www.zhongsou.com，输入比较费劲。

(4) 域名中的字符最好少出现多音节的字母，如 w、x 等。当向别人介绍域名时，读起来会很拗口。例如，中国万网 http://www.net.cn/。

(5) 域名及网站名称中最好出现关键字。域名中的关键字虽然为网站排名加分影响不是很大，但有条件的最好在域名中能够出现关键字。如果是英文，多个关键字之间要使用短横线"-"来分隔，不要使用下划线"_"。短横线隔开后的关键字组还可以获得更多的词组搜索结果。例如，www.madeinchina.com 被认为只有一个词 madeinchina，而 made-in-china 则被看做正常的 made in China 词组。又如，摩托罗拉手机论坛(www.motobbs.com)，网站核心关键字为 moto。SEO 协会(www.seo.org.cn)，网站域名及名称最前面都是核心关键字 SEO。

2. 规划网站的规则

(1) 尽可能多把重要页面的链接和栏目放置到首页；尽可能把第二、三层的栏目标题抽取到首页，而不是没有意义的堆砌。图 7.10 为新浪网的首页，图 7.11 为中国教育在线的首页链接。

图 7.10　新浪网的栏目标题

图 7.11　中国教育在线的栏目标题

(2) 使用网站快速导航或者产品资讯分类。图 7.12 为淘宝网的产品资讯分类。

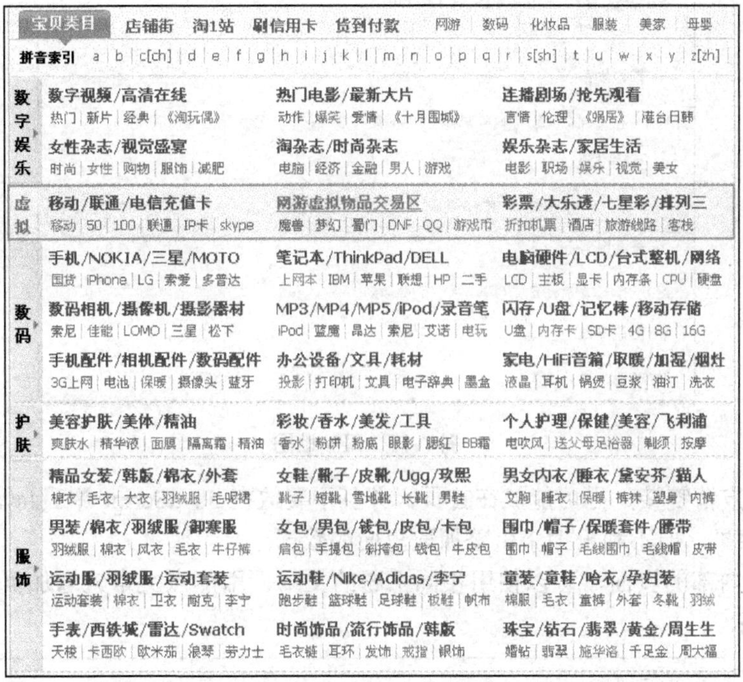

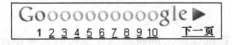

图 7.12　淘宝网的产品资讯分类

(3) 尽可能采用静态页面，搜索引擎可能把页面全部收录，使用 ASP、PHP、JSP 等程序可以方便的调用数据库数据，但这不是搜索引擎友好的方式，解决此类问题的方法，可以使用 Sitemap 直接向搜索引擎提交所有数据，不要采用上一页、下一页的形式，而要像 Google 或者百度的那种分页方式，如图 7.13 所示。

图 7.13　Google 的页面链接

(4) 使用程序动态生成静态页面，现在有很多工具可以实现这一功能。

(5) 网站必须有网站地图，并在首页下方加上地图连接的入口，还可以制作 Sitemap 提交到 Google 里面。网站地图的好处，一方面可以方便客户浏览，另一方面让搜索引擎更清楚地认识网站的结构，更容易抓取页面。以"中华人民共和国文化部网站"为例，它的首页网站地图链接和网站地图页面，如图 7.14 和图 7.15 所示。

图 7.14　首页的网站地图链接

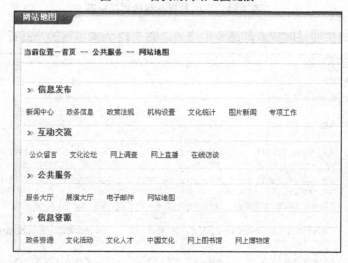

图 7.15　网站地图

(6) 网站友情链接，尽可能放在首页，并且不要放在 JavaScript 中。JavaScript 可以实现很多动态效果，但不利于搜索引擎抓取里面的数据。

(7) 对于内部的页面，可以使用相同主题的文章，用热点文章来增加页面的内连接，如图 7.16 所示。

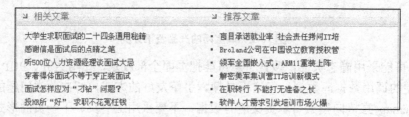

图 7.16　页面内链接

3. 优化关键字

用户是通过关键字找到网站的，同时网站优化过程也是围绕关键字进行的，所以说搜索引擎优化的核心就是关键字。

1) 如何选择关键字

(1) 如果是做大众化的网站，可以参考搜索引擎的搜索风云榜。

http://top.baidu.com/百度搜索风云榜

http://cn.buzz.yahoo.com/bd_index_top.html 雅虎风向标

http://www.google.cn/rebang/home Google 热榜

http://www.sogou.com/top/搜狗指数

(2) 对于专业类的网站可以向客户咨询，了解他们的需求。因为他们是从普通用户的角度来了解产品，他们搜索用的关键字通常与我们想象的完全不一样。例如，有一个关于"野山参"的网站，而用户对这个名称是很陌生的，他们通常使用"人参"来搜索，网站的核心关键字就应该设为"人参"，而不能是"野山参"。

(3) 了解用户常用的搜索关键字。通过网站日志查看工具查看日志，不断补充用户常用的关键字。有些词没有当做关键字，而用户却通过搜索这些词转到网站上，这时就要加强这个关键字的优化。以中国站长广告联盟网(CNZZ)提供的"云南大学"的搜索为例，如图 7.17 所示。另外一个例子是通过专门的网站日志查看工具获得的一个关键字的统计，如图 7.18 所示。

关键字	搜索次数	独立访客	IP	新独立访客
云南大学	48097	34847	25678	22871
云南大学	2518	1699	770	1259
yunnandaxue	1105	676	231	494
www.ynu.edu.cn	904	558	258	364
云南大学[UTF-8]	884	619	479	385
云南大学	471	334	247	232
ynu	365	262	170	117
大学	329	299	283	292

图 7.17　关键字"云南大学"

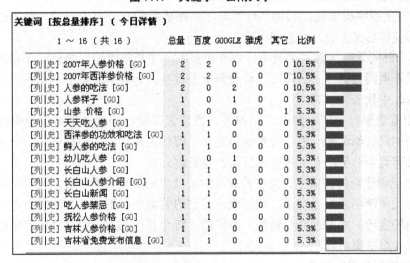

图 7.18　关键字"人参"

(4) 将关键字扩展成一系列词组。例如，人参→长白山人参→长白山人参价格。自动扩展工具有百度相关搜索、Google 网页搜索。以"长白山人参"百度相关搜索为例，如图 7.19 所示。

相关搜索	长白山人参价格	吉林长白山人参批发	吉林长白山人参网	长白山人参的吃法	长白山人参批发价格
	长白山人参网	长白山人参图片	长白山野生人参	长白山野人参	吉林长白山人参

图 7.19 "长白山人参"百度相关搜索

(5) 将关键字进行多重排列组合。组合的方式有：同义词、拼错词、拼音、位置颠倒、增加辅助词等。实例如下。

越狱->《越狱》：关键字增加书名号。

哆啦 a 梦 - >多啦 a 梦：常见错别字前者有 2014 个搜索量，后者 917 个搜索量。

汽车->qiche：使用前者有 132582 个搜索量，后者有 1291 个搜索量。

北京体检->体检北京：搜索的结果不同，相对难度也不同。

SEO 什么意思->什么是 SEO：对关键字进行解释，符合人们的搜索习惯。

(6) 不要使用通用词。如果我们要做一个二手汽车销售的网站，那"二手汽车"就是核心关键字。而"汽车"是个非常通用的词汇，用户在搜索二手汽车网站时，也不会仅仅使用"汽车"这一个关键字来搜索，通常是多个词组合在一起的，如二手汽车、二手车、汽车买卖等。

(7) 使用地理位置。有些需要面对面谈的业务，如汽车销售等，都有地区之分。而有些纯粹是网上的业务，如邮箱、论坛等是没有地区分别的。例如，在百度中搜索"网站建设"，找到相关网页约 2940 万篇，而且前 10 个全是竞价；而搜索"聊城网站建设"找到相关网页约 15.5 万篇，没有一个竞价。这样不仅可以降低排名的难度，而且更容易找到真正的客户。在使用地理位置时要从客户的角度考虑。例如，邮箱，这里面就没有"北京邮箱"这个词，所以地理位置对它来说没有任何意义。

(8) 确定关键字搜索量。关键字选择好了，还要看看有没有人搜索，每天的搜索量多少，否则即使排名做上去，也没有流量。

(9) 对于时间效应很强的关键字，需要提前做，并长年维护。要保证在有效时间范围内排名，就不要因为时效过后流量下降就删除关键字，如春节时期的火车票、七夕短信、情人节鲜花、中秋节月饼等。

(10) 查看竞争对手网站选择的关键字。在搜索引擎中搜索竞争对手做得比较好的网站，将他们的网页都浏览一遍，看看他们选择了哪些关键字。在最终确定一个关键字后，还要看有没有竞争对手，竞争对手少的词更容易做上去。

(11) 自己创建新的关键字。当主营业务的关键字竞争特别激烈时，可以尝试创建新的关键字，用此关键字来描述产品，开创属于自己的关键字。不过此方法需要对新的关键字进行大规模的宣传，成本过高。例如，蒙牛的"特仑苏"在蒙语中是"金牌牛奶"之意，也是蒙牛的一个牛奶品牌。

2) 如何控制关键字密度

关键字密度(Keyword Density)就是在一个页面中，关键字的数量占所有该页面中总的词数量的百分比，该指标对搜索引擎的优化起到重要作用。

(1) 控制关键字数量。一页中的关键字最好只有一个，然后所有内容都围绕这个关键字展开，才能保证关键字密度合理。如果确实有大量关键字需要优化，可以分散在其他页面并有针对性地优化。

最典型的情况是拥有不同的产品和服务的情况下，对每个产品进行单网页优化，而不是罗列在一个首页上。例如，火车票，排名在前面的 http://train.piao.com.cn/这个页面，就只针对"火车票"。

<title>火车票查询–北京火车票–上海火车票–广州火车票–二手火车票–转让|求购火车票–中国票务在线火车票网</title>

而 http://fly.piao.com.cn/这个页面，就只针对"机票"。

<title>机票–北京飞机票–上海飞机票–广州飞机票–飞机票价格查询–中国票务在线</title>

飞机票排名第二页。

(2) 关键字的合理密度及计算方法。关键字密度一般在 3%～5%较为合适，超过这一标准就有过高或过低之嫌。计算方法公式：关键字数量/总词数量=关键字密度。也可以使用一些工具来计算。使用 FireFox 工具可以查看关键字密度，不过不是很准确；登录网站 http://tools.admin5.com 在指定位置输入关键字，即可得到关键字密度如图 7.20 所示。

图 7.20　"聊城汽车网"关键字密度查询结果

3) 关键字位置分布

(1) 网页代码中的 Title、Meta 标签中出现关键字。对搜索引擎友好的网页设计 Title 和 Meta 标签标题(Title)是非常重要的，网页优化可以说是从 Title 开始的。在搜索结果中，每个抓取内容的第一行显示的文字就是该页的 Title，同样在浏览器中打开一个页面，地址栏上方显示的也是该页的 Title。因此，Title 可谓一个页面的核心。对 Title 的选择要注意简短精练，高度概括，含有关键字，而不是只有一个网站名称。但关键字不宜过多，不要超过 3 个词组。

(2) 正文内容必须适当出现关键字，并且"有所侧重"，意指用户阅读习惯形成的阅读优先位置——从上到下、从左至右——成为关键字重点分布位置，包括页面靠顶部、左侧、标题、正文前 200 字以内。在这些地方出现关键字对排名很有帮助。

(3) 超链接文本(锚文本)中出现关键字。

(4) 图片 Alt 属性中出现关键字。搜索引擎不能抓取图片，因此网页制作时在图片属性 Alt 中加入关键字是对搜索引擎友好的，它会认为该图片内容与关键字一致，从而有利于排名。

(5) 页面内容的注释中出现关键字。注释中加入关键字，可以适当增加关键字的密度。

(6) Header 标签。即正文标题<H1><H1/>中的文字。搜索引擎比较重视标题行中的文字，用<b></b>加粗的文字往往也是关键词出现的地方。

(7) 描述(Description)。Description 一般被认为重要性在 Title 和 Keywords 之后。描述部分用简短的句子告诉搜索引擎和访问者关于本网页的主要内容。因此，在描述中要加入关键词，且与正文内容相关。

4. 优化外链接

链接策略，对于简单的关键字，只要做页面内部优化就可以使排名上去，对难度大的关键字，就需要依靠链接策略。外链接主要指导入链接和导出链接。

1) 优化导入链接

导入链接，搜索引擎在决定一个网站的排名时，不仅要对网页内容和结构进行分析，还要围绕网站的链接展开分析。对网站排名至关重要的影响因素是获得尽可能多的高质量外部链接，也称导入链接。将导入链接纳入排名重要指标的依据在于，搜索引擎认为，如果网站富有价值，其他网站会提示；提示越多，说明价值越大。由此引申出链接广度(Link Popularity)在搜索引擎优化中的重要地位。

既然导入链接有这么大作用，人们想方设法地为网站"制造"外部链接，导致涌出大量垃圾(Spam)链接。这就说明以前优化就是在论坛上发帖子。

高质量导入链接可以起到提升网站排名和 PR 值的作用，主要有已加入 DMOZ 目录的网站的链接、与主题相关或互补的网站链接、PR 值不低于 4 的网站链接、具有很少导出链接的网站、内容质量高的网站链接等。

可以使用搜索引擎来查询网站有哪些导入链接，输入 link:www.???.com。例如，现查询聊城职业技术学院网站(www.lctvu.sd.cn)的导入链接，如图 7.21 所示。

图 7.21 网站外链接查询结果

也可以使用站长工具查询网站收录链接和导入链接，查询地址 http://tool.admin5.com，如图 7.22 所示，www.lcqch.com 在百度中收录 889 个页面，导入链接有 758 个，而在 Google 中则没有收录。

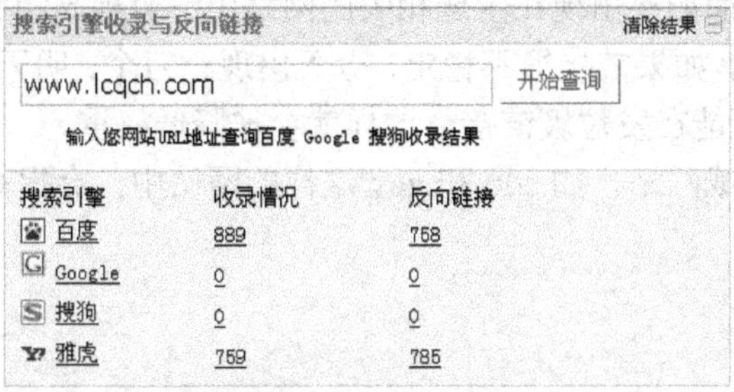

图 7.22　收录链接和导入链接查询结果

获得高质量导入链接的方法有①向搜索引擎目录提交网站。②在重要网站发表专业文章。围绕目标关键字在一些重要站点发表文章，在文章中或结尾带上网站签名。这样既可以获得高质量互惠链接，又可以获得目标客户。重要网站指行业内流量高，威信度也高的网站。例如，IT 技术(zdnet)，被它收录的文章会被很多人转载的，页面的 PR 将不会低于 4。③在所在行业目录提交网站。尽可能向更多的相关网络目录、行业目录、商务目录、黄页提交网站，加入企业库。④寻找高质量的网站交换链接。⑤已经加入搜索引擎分类目录的相关网站。所有主要搜索引擎中与行业相关的目录下的网站，都是理想的链接对象。

垃圾链接不但对网站排名起不到作用反而起反作用，这些链接主要有留言簿或评论中大量发帖带网站链接、太多导出链接的网站、博客的引用、链接基地等。

2) 优化导出链接

导出链接是指网站中指向其他网站的链接。搜索引擎机器人除了分析导入链接，也会分析被引出的站点，如果导出链接站点内容与网站主题相关联，同样有利于搜索引擎友好。这也是交换链接要选择主题相关网站的原因。

还有个现象就是有的网站由于缺乏原创资料，常常转摘其他网站的文章做自己网站的内容，但又不注明来源，唯恐导出链接助长了竞争对手，不利于自己的网站访问量。其实，对搜索引擎来说，适量、适当的导出链接是很有必要的。当然，一个页面的导出链接也不能太多，Google 认为一个页面的最大导出链接数量不应超过 100 个。

3) 优化链接的注意事项

(1) 链接所在的位置，如果链接处于网页的内容位置，则权重高，处于像页脚那样的底部位置，则权重低。

(2) 链接文字的离散性，就是说，如果网站的外链接全都整齐化地使用同一种锚文字来描述，那 Google 就会怀疑这是人工做出来的链接，所以可能降权。

(3) 链接的 Title 属性，Google 会认为这也是相关的描述，但是对于用户可见性不好，相关性肯定不如直接使用文字得高。

(4) 链接超过一定的数量。可能不会被 Google 搜索到，Google 官方举的例子是 100 个，超过这个数 Google 的蜘蛛就"审美疲劳"了。

(5) 链接所在的网站的 IP 地址与指向目标相差越大，效果越好，如果是完全一样，那很可能是同一台服务器上的网站，Google 会误认为有作弊的嫌疑。

(6) 链接所在的页面如果出现与链接锚文字相同、相近的关键字，会提高相关度。

(7) 链接所在的页面如果出现在主题相关的网站中，会提高相关度。

(8) 链接的稳定性，如果链接很不稳定，今天出现一万个，明天剩下几十个，那 Google 就会注意到，认为很可能在发垃圾链接，这样就会被降低权重。

(9) 链接出现在权威网站，如.edu 和.gov 这样的网站中，会提高权重。

7.3.3　网站优化实例

1. 优化域名

聊城汽车网信息服务平台是汽车专业信息发布网站，聊城汽车网针对汽车及配件行业特点，为客户终端提供设计包装企业主页、提供信息发布渠道、树立企业形象、展示企业产品、建立企业与客户沟通平台、发布企业产品信息等多种服务。通过网络简洁高效的检索途径，及时准确掌握业内相关企业供求信息和最新市场动态，高效地满足企业商务活动的需要，降低交易成本，拓展商业机会，树立标准型企业展台。

聊城汽车网信息服务平台要突出的是汽车，所以在域名中最好是突出专业特点，聊城汽车网信息服务平台的域名要以汽车为主题，如 car、qiche 等，它的主要对象是聊城地区，所以也要突出本地特色，但是想到的域名不一定能用，应该在 www.net.cn 网上查询，是否被其他人注册。聊城汽车网采用 www.lcqch.com，不但能体现本地特色聊城而且也很有专业特点。

2. 规划网站的规则

聊城汽车网的页面的链接和栏目设置都放到了首页，如图 7.23 所示。

图 7.23　聊城汽车网主页栏目

3．优化关键字

先确定关键字搜索量，输入并查询"聊城汽车网"，在百度指数中的查询结果，如图7.24所示。

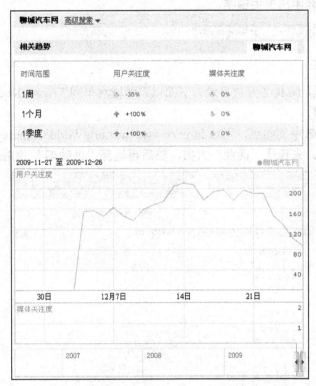

图7.24　"聊城汽车网"查询结果

网页代码中的 Title、Meta 标签中出现关键字。

```
<title>聊城汽车网，汽车配件，品牌车信息，二手车信息--http://www.lcqch.com</title>
<meta name="keywords" content="配件，汽车配件，聊城汽车配件，聊城汽车网，鲁西最大汽车网，品牌车信息，二手车信息，配件信息，汽车饰品，维修信息">
<meta name="description" content="鲁西最大汽车配件供应商，提供各种品牌汽车、汽车配件及二手车交易信息">
```

正文内容适当出现关键字。将网站的描述放在网站的最上面，这样做的好处是让用户和蜘蛛都以最快的速度了解该网站内容，并且以蜘蛛重视的<h1>黑体显示，对其排名有很大作用。

```
<h1 id="BlogTitle"><a href="http://www.lcqch.com/"><h1>聊城汽车网</h1></a></h1><h2 id="BlogSubTitle"><br><br>鲁西最大汽车配件供应商，提供各种品牌汽车、汽车配件及二手车交易信息</h2>
```

超链接文本(锚文本)中出现关键字。

```
www.lcqch.com<a href="http://www.lcqch.com"id=nlinkmenu1 title="聊城汽车网，汽车配件，二手车"><fontcolor="#000000">聊城汽车网</font></a>
```

图片 Alt 属性中出现关键字。

```
<img src="images/log.gif" width="88" height="31" alt="聊城汽车网">
```

页面内容的注释中出现关键字。

```
<!—聊城汽车网，汽车配件，二手车信息图片-->
```

4. 优化外链接

提交网站，登录 DMOZ 开放目录，下面以"聊城汽车网"(www.lcqch.com)为例，介绍登录 DMOZ 的步骤。

(1) 打开 DMOZ 中文站点，网址 http://www.dmoz.org/World/Chinese_Simplified/，选择要登录网站的类别，先选择"商业"大类，然后再选择"机动车"，如图 7.25 所示。

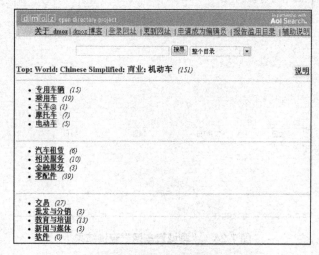

图 7.25　在 DMOZ 中选择类别

(2) 如果想进一步细分类别，可以继续选择下一级的类别，否则，可以直接单击"登录网址"，填写网站相关信息，如图 7.26～图 7.28 所示。

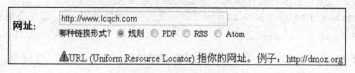

图 7.26　填写网址

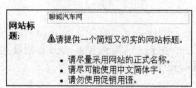

图 7.27　填写网站标题

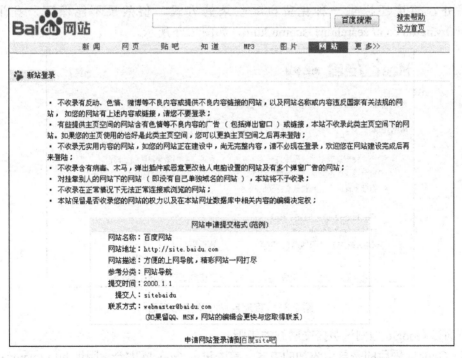

网站说明:	聊城汽车配件供应商，提供各种品牌汽车、汽车配件及二手车交易信息

⚠请提供一个少于一百五十个字的网站说明。一个具体又客观的说明会加快你的网站登录的处理程序。

- 请勿使用 HTML 标记。
- 请用完整的语句和正确的文法和标点符号。
  - 请使用中文简体字。
  - 请勿重复网站名称于说明之中。
- 请勿使用促销用语和针对搜寻引擎设计的关键字词。像 "最好的"、"最新的" 之类的主观词句将被删除。

图 7.28　填写网站说明

填写完毕后，需要耐心地等待管理者的答复。

下面以百度为例说明提交网站的步骤。

百度采用的是自由申请、人工审核的方式。首先，登录到百度【新站登录】页面，地址为 http://site.baidu.com/login.htm，然后根据提示进入【百度 site 吧】，按照要求的格式进行发帖，等待管理员的审核。请一定按要求的格式认真填写真实的资料，并且要耐心等待，如图 7.29 和图 7.30 所示。

Ba**i**du 网站　　　　　　　　　　　　　　　　　百度搜索　　搜索帮助　设为首页

新 闻　　网 页　　贴 吧　　知 道　　MP3　　图 片　　**网 站**　　更 多>>

新站登录

- 不收录有反动、色情、赌博等不良内容或提供不良内容链接的网站，以及网站名称或内容违反国家有关法规的网站，如您的网站有上述内容或链接，请您不要登录；
- 有些提供主页空间的网站含有色情等不良内容的广告（包括弹出窗口）或链接，本站不收录此类主页空间下的网站。如果您的主页使用的恰好是此类主页空间，您可以更换主页空间之后再来登陆；
- 不收录无实用内容的网站，如您的网站正在建设中，尚无完整内容，请不必现在登录，欢迎您在网站建设完成后再来登陆；
- 不收录含有病毒、木马，弹出插件或恶意更改他人电脑设置的网站及有多个弹窗广告的网站；
- 对挂靠别人的网站下的网站（即没有自己单独域名的网站），本站将不予收录；
- 不收录在正常情况下无法正常连接或浏览的网站；
- 本站保留是否收录您的网站的权力以及在本站网址数据库中相关内容的编辑决定权；

网站申请提交格式（范例）
网站名称：百度网站
网站地址：http://site.baidu.com
网站描述：方便的上网导航，精彩网站一网打尽
参考分类：网站导航
提交时间：2000.1.1
提交人：sitebaidu
联系方式：webmaster@baidu.com
（如果留QQ、MSN，网站的编辑会更快与您取得联系）

申请网站登录请到百度site吧

图 7.29　百度【新站登录】页面

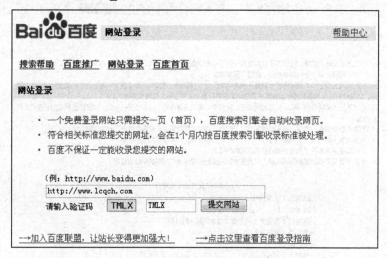

图 7.30 【百度 site 吧】页面

另外，百度还提供一种免费自动收录的方式，但效果不能保证，登录页面 http://www.baidu.com/ search/url_submit.html，如图 7.31 所示。

图 7.31 百度自动收录网站页面

下面以 Google 为例说明提交网站的步骤。

(1) Google 采用的是自由添加的方式。首先进入 Google 大全，网址 http://www.google.cn/intl/zh-CN/about.html，然后选择【提交网站】链接进入提交页面，如图 7.32 和图 7.33 所示。

(2) Google 的提交网站虽然很简单，但只是成功添加到要抓取的网址列表中，并不能说明就已经被 Google 所收录，还要耐心地等待。可以通过一些工具查询是否被收录。网址 http://tool.admin5.com 可以查询，如图 7.34 所示，虽然在 Google 提交网站成功，但现在还没有被 Google 收录。

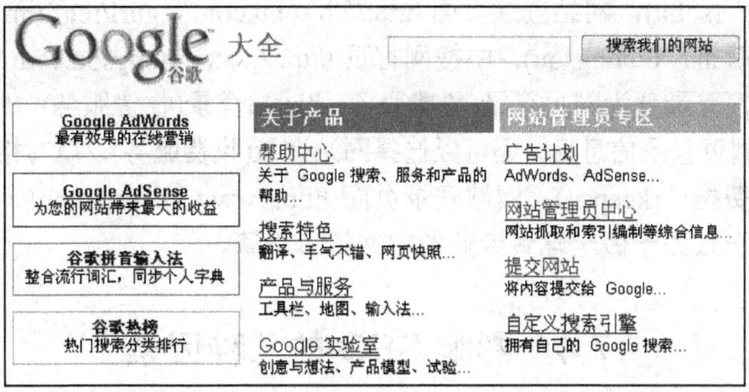

图 7.32　Google 大全

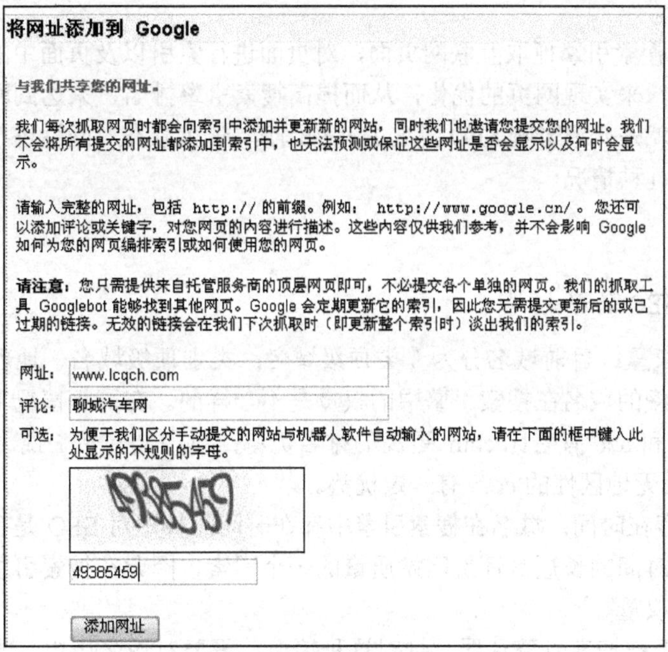

图 7.33　Google 提交网址页面

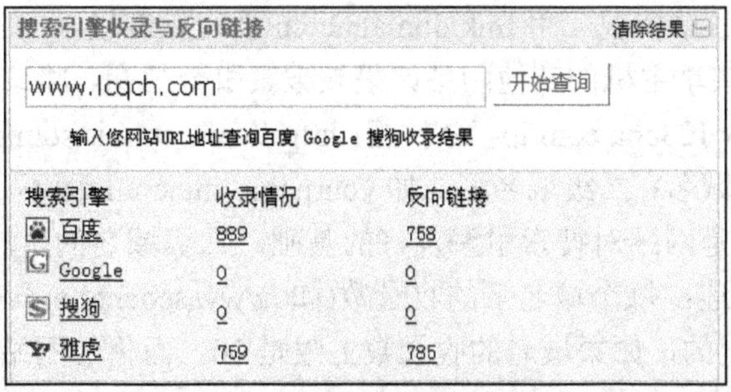

图 7.34　收录情况查询结果

另外，还有其他一些搜索引擎也提供收录，在这里给出仅供参考。

搜狐免费推广(sohu)：网站登录页面 http://db.sohu.com/regurl/regform.asp?

中国搜索免费推广(zhongsou)：中搜网首页 http://www.zhongsou.com，进入该站后单击【网站登录】，中搜登录分为网页登录(免费服务)和网站登录(收费服务)，中搜网默认的是网页登录，在提交网页登录信息后，还可以选择网站登录(收费服务)，填写相关资料登录即可。

天网搜索免费推广(keepso)：网站登录页面 http://www.keepso.com/denglu.htm。北大天网是其前身，现正致力于做全球最专业的中文搜索引擎。

7.4　影响 SEO 的几种因素

7.4.1　任务分析

SEO 是通过搜索引擎抓取互联网页面，对页面进行索引以及页面中的某一特定关键词搜索排名等技术，来实现网页的优化，从而提高搜索引擎排名，来达到网站的高访问量。本节的主要任务就是介绍影响 SEO 排名的几种因素，让大家在对网站进行搜索引擎优化的时候能够避免这几种情况。

7.4.2　相关知识

1．域名对 SEO 的影响

(1) 域名的权重：目前域名分为 3 类顶级域名：类别顶级域名、地理顶级域名、新顶级域名。不同后缀的域名在搜索引擎中的权重是不一样的。在同等情况下，代表非商业性网站的后缀.org 和.net 有着比.com 更高的排名优势；对中文网站来说，表示中国域的.cn和.com、.cn 又比无地区性的.com 有一定优势。

(2) 域名的存在时间：域名在搜索引擎中存在时间的长短对 SEO 是有影响的，搜索引擎认为网站存在时间的长短是评价网站质量的一个因素，因此在搜索引擎中存在时间长的网站会有较高的权重。

(3) 域名是否被搜索引擎惩罚：针对这种情况，需要对域名历史、收录情况、反向链接进行查询，以确定选择的域名是否被惩罚过。可用 www.domain.com 查询域名历史，用site:domain.com 查询收录情况，用 link:domain.com 查询反链接。

(4) 域名与 IP：共享主机的其他网站如果被搜索引擎惩罚，将或多或少波及你的网站。查域名 IP：http://www.123cha.com/ip。IP 反查：http://www.whois.sc/members/reverse-ip.html。

(5) 二级域名(次域名)：二级域名形式如 yourname.site.com，而不是 www.yourname.com。拥有自己的独立域名是网站对搜索引擎友好的基础。二级域名的主域名受到惩罚，二级域名的网站也会受到牵连；每个域名下的收录数(如 www.seochat.org、english.seochat.org 与bbs.seochat.org)是一定的，如果域名的收录数上限是 30，而你的网站是第 31 个，则被搜索引擎收录的机会就很小。

2. 空间选择对 SEO 的影响

空间的位置、空间的速度、空间的稳定性、支持在线人数、是否支持 404 错误这些都会对 SEO 有一定的影响。虚拟主机要确保稳定，空间服务器的稳定肯定影响网站排名。空间维护因为空间商问题导致网站打开速度很慢或打不开网站，网站排名就会下降，因此要选择有信誉的主机提供商。

避免使用免费主机，由于免费主机里面经常会出现 Spammers、镜像网站等"搜索引擎垃圾"，导致很多搜索引擎都不愿意索引免费主机上的网站。此外，免费主机的服务很难保证，常常服务器超载，速度奇慢，宕机频繁，甚至关闭服务，这都会直接影响网站排名。

3. 目录结构和 URL

URL 是统一资源定位，即每个网页的网址、路径。网站文件的目录结构直接体现于 URL，清晰简短的目录结构和规范的命名是搜索引擎友好的体现。

搜索引擎会抓取 2～3 层子目录下的文件，但最好不要超过 3 层，如果超过 4 层搜索引擎就很难去搜索。当然，一般情况下，即使深入第四层甚至更深层次的页面，也同样能被搜索到：该页提供了重要内容，有大量来自其他网站的外部链接(Inbound Links)；在首页上增加一个该页的链接，可以通过首页直接到达，搜索 Spider 可以轻易地找到它；其他网站在顶级页面上链接了该页，其效果和在你自己的首页上做链接是一样的。

4. 动态 URL

目前很多网站都有数据库动态生成的 URL，即动态 URL，往往表现为在 URL 中出现"？"、"＝"、"％"，以及"＆"、"$"等字符。动态 URL 极不利于搜索引擎抓取网页，严重影响网站排名，通常是通过技术解决方案将动态 URL 转化成静态的 URL 形式，如将 http://www.domain.com/messages.php?id=2&type=5 转化为 http://www.domain.com/messages/2/5/。

5. 框架结构

框架结构，即帧结构(Frame)网页表现为一个页面内的某一块保持固定，其他部分信息可以通过滚动条上下或左右移动显示，如左边菜单固定，正文信息可移动，或者顶部导航和 Logo 部分保持固定，其他部分上下或左右移动。邮箱通常都采用框架建构。但大多数搜索引擎无法识别框架，也不会去抓取框架中的内容。解决办法是采用 iframe 即内联框架(Inner Frame)技术来避免 Frame 带来的不便。iframe 可以嵌在网页中的任意部分，也可以随意定义其大小，其代码显示为<iframe src=xx width=x height=x scrolling=xxframeborder=x></iframe>。对搜索引擎来说，iframe 中的文字是可见的，也可以跟踪到其中链接指向的页面，搜索引擎将 iframe 内容看成单独的一个页面内容，与被内嵌的页面无关。

6. 图像优化

一般而言，搜索引擎只识读文本内容，对图像是不可见的。因此，除非你的网站内容是图片为主，如游戏站点或者图片素材网站，否则尽量避免使用大图片，更不要采用纯图像制作网页(Splash Page)。

网站图片优化的方法有①Alt属性：每个图像<IMG>标签中都有Alt属性，可对Alt属性进行文字描述，可在描述中加入关键字，例如，www.marketingman.net/wm37.htm的书籍广告图片代码为<img src="images/webmarketing2_cover_200.jpg" width="200" height="259" alt="《网络营销基础与实践》第3版" border="0">。②在图片上方或下方加上包含关键词的描述文本或在图片下方或旁边增加如"更多某某"的链接，包含关键词。③创建一些既吸引用户又吸引搜索引擎的文本内页，先把流量吸引到这些页面，再提供文本链接指向你的图片页面。

网页图片格式主要有GIF和JPGE两种形式。主要通过减少GIF颜色数量、缩小图片尺寸和降低分辨率来缩小文件，也可以采用层叠样式表达到优化的目的，或采用图片优化工具www.xat.com/internet_technology/download.html(英文)来实现。

对于Flash图片，可以设计一个HTML格式的版本，将Flash内容嵌入到HTML文件中，这样既可以保持动态美观效果，也可以让搜索引擎通过HTML版本的网页来发现网站。另外，Flash网站可以通过付费登录或做搜索引擎关键词广告，这样可以被用户搜索到。

7. 网页页面优化

去掉不必要的代码和内容，减小网页文件大小，能够加快网页加载速度，正常情况下一个页面的文件大小在15K左右，最好不要超过50K。

网页制作应通过DIV+CSS来统一定制字体风格，以使代码标准化。

JavaScript代码可以移到页面结束标签之上，既不影响网站功能还可以加快页面的加载时间。另外，还可以将脚本置入一个.js为扩展名的文件中，.js文件通常在网站访问者的浏览器中被缓存下来，使得下次访问速度加快，也使得网站修改和维护更加方便。

本 章 小 结

本章是为了让现在流行的搜索引擎更好更快地找到我们所做的网站，结合搜索引擎的原理对网站进行优化。主要讲解了搜索引擎的原理，并详细介绍了域名优化、网站结构优化、网站关键字优化、网站内链接优化、网站外链接优化等几个方面，最后介绍了影响搜索引擎优化的几种因素。

习 题

1. 填空题

(1) 搜索引擎优化，是通过研究各类搜索引擎如何抓取_____和文件，研究搜索引擎进行排序的规则，来对_____进行相关的优化，使其有更多的内容被搜索引擎收录，并针对不同的关键字获得搜索引擎更高的排名，从而提高网站访问量，最终提升网站的_____及_____。

(2) 网站优化就是通过对网站功能、_____、网页布局、_____等要素的合理设计，使得网站内容和功能表现形式达到对用户友好并易于宣传推广的最佳效果，充分发挥网站的_____。

(3) 搜索引擎的分类_____和_____。

(4) SEO 主要是指优化_____、_____、_____、_____、外链接和图片及 Flash 等方面。

(5) _____就是在一个页面中，关键字的数量占所有该页面中总的词数量的百分比，该指标对搜索引擎的优化起到重要作用。

2. 选择题

(1) 中文搜索引擎的核心是(　　)。

　　A．分词技术　　　B．关键字　　　　C．搜索频率　　　D．搜索深度

(2) (　　)就是用户在使用搜索引擎时输入的、能够最大程度地概括用户所要查找的信息内容的字或者词，是信息的概括化和集中化。

　　A．搜索深度　　　B．搜索频率　　　　C．关键字　　　　D．分词技术

(3) 网站必须有(　　)，并在首页下方加上地图连接的入口，才可以制作 Sitemap 提交到 Google 里面。

　　A．网站地图　　　B．关键字　　　　C．导航菜单　　　D．多级链接

(4) (　　)是人们进入互联网时对其相应网站的第一印象。

　　A．网址　　　　　B．域名　　　　　C．Logo　　　　　D．动画图片

(5) (　　)可谓一个页面的核心。

　　A．框架　　　　　B．Title　　　　　C．Logo　　　　　D．链接

3. 简答题

(1) 搜索引擎和搜索引擎优化的工作原理是什么？

(2) 搜索引擎优化主要包括哪几个方面？

(3) 如何把网站登录到百度和 Google 中？

(4) 如何查询网站的 PR 值、关键字密度和导入链接数？

(5) 如何把网站登录到 DMOZ 中？

实 训 指 导

项目 1：

将"吉祥置家网"(www.jx9188.com)网站进行外链接优化，使 PR 值达到 2。根据任务要求，写出项目实施方案和项目报告。

任务 1：登录到 DMOZ 开放目录。

任务 2：把网址提交到 Google。

任务 3：通过"百度 site 吧"，把网址加入到百度推广。

任务 4：使用"站长网"SEO 工具，查询外链接收录结果。

项目2：

将"聊城汽车网"(www.lcqch.com)网站进行内部优化，使关键字密度达到 2%。根据任务要求，写出项目实施方案和项目报告。

任务 1：根据网站的经营业务和竞争对手所优化的关键字，确定三个重点优化的关键字。

任务 2：关键字确定后，对首页标题 Title 和标签 Meta 进行优化，并在首页添加带有关键字的注释。

任务 3：根据现在栏目，建立网站地图，并把网站导航加到首页中。

任务 4：在图片 Alt 属性和网站内容中增加关键字数量。

任务 5：使用"站长网"查询工具，查询网站关键字密度。

第 8 章　网站运营与推广

教学任务

网站建设并不是说网站发布到网站上就算完成了。如果一个网站没有进行及时的更新，没有进行良好的维护，不为目标群体所熟悉，那么就不能发挥这个网站的作用，就不会带来好的经济效益和社会效益。网站若想得到好的回报，就应当进行运营，而且是科学的运营。网站的运营贯穿于整个网站的建设过程，特别是与网站的后期运作有很大的关系。如何利用网站盈利，如何对网站进行推广，如何获得更好的绩效。这些都是本章所要介绍的内容。

该教学过程可分为如下 5 个任务。

任务 1：认识网站运营。主要包括网站运营的概念、网站运营的目的及意义。

任务 2：常见网站盈利模式。主要包括常见的网站盈利模式及相关网站的特点。

任务 3：网站运营的重要环节。主要包括网站的市场定位、自身分析、网站建设、业务绩效、后续产品。

任务 4：网站推广的目的及意义。主要包括商业网站推广的意义、非营利网站推广的意义。

任务 5：常用网站推广方式。主要包括传统推广方式、网站推广方式。

任务 6：常用网站推广注意事项。主要包括网站建设时的注意事项、网站推广时的注意事项。

教学过程

本章主要以聊城汽车网为例，介绍网站运营及推广的方式。按照实际工作流程，从网站的市场定位开始，到网站建设完成后的网站推广，以基于工作流程的教学方式进行讲解。

教学目标	主要描述	学生自测
了解网站运营所包含的内容	(1) 掌握网站运营的概念 (2) 理解网站运营的目的及意义	分析自己网站的所属类型，以及网站资金来源
了解网站常见的盈利模式	(1) 掌握网站资金来源分类 (2) 掌握网站的不同盈利模式 (3) 分析不同类型网站的主要盈利模式	分析自己的网站，选择一种或多种适当的盈利模式

教学目标	主要描述	学生自测
了解网站运营中的重要环节	(1) 掌握网站运营过程中的各重要环节 (2) 掌握网站运营过程中的各项资金支出 (3) 分析网站所要使用的盈利模式	从整体分析自己的网站,写出网站运营方案
了解网站推广的目的及意义	(1) 掌握网站推广的概念 (2) 掌握网站推广的意义	总结自己所接触过的推广方式
掌握网站的常用推广方式	(1) 掌握网站的传统推广方式 (2) 掌握网站的网络推广方式 (3) 掌握网站的推广效果监测方法	分析自己的网站特点,选择一种或多种推广方式,写出推广方案
掌握网站推广的常用方法和技巧	掌握网站在推广过程中的常用方法和技巧	分析自己的网站,列出自己的网站在推广时应该注意的问题

8.1　认识网站运营

网站建设不是把网页做出来,放在空间上就算结束,而是一个开始。要想使网站发挥作用,必须对网站进行合理的管理、维护、更新、推广等。这就涉及如何去运营网站,这是网站建设过程中的一个重要环节。

8.1.1　任务分析

通过前几章的介绍,现在制作一个网站已经不成问题。但是,对于网站运营可能还不是很清楚。网站运营并非一次性投资建一个网站那么简单,更重要的工作在于网站建成后的长期更新、维护与推广过程,是一个长期的工作过程。本节的主要任务就是对网站的运营进行介绍,让读者对网站的运营有一个初步认识,了解网站运营的重要性。

8.1.2　相关知识

对于政府网站等非营利型网站来说,网站的运营主要是如何降低运营成本,如何取得更好的绩效,获得更好的社会效益。对于商业网站来说,网站的运营主要是如何获得更高的经济效益。对不同类型的商业网站来说,网站运营所包含的内容是不同的。对于商业网站来说,网站运营的概念一般分为广义与狭义两种,下面分别介绍这两种概念。

(1) 广义网站运营:是指在网站建设完成后,为使网站正常工作并发挥其效能而开展的一系列工作的总称。广义的网站运营包括站点规划、需求整理、内容建设、产品维护等方面。广义的网站运营其实就是网站建设的整体过程,从早期的规划到最后的维护及推广。

(2) 狭义网站运营:是指网络建设体系中一切与网站的后期运作有关的工作。狭义网站运营主要包括网站宣传推广、网络营销管理、网站的完善变化、网站后期更新维护、网站的企业化操作等,其中最重要的就是网站的维护与推广。

网站维护涉及资源和成本问题。对于大部分中小企业,网站维护需要的资源和成本并不会太高。商业网站主要是更新信息,添加或加强网站功能。一般来说,中小企业常采用的方法就是在与做网站的网络公司签订合同时就订下有关网页更新服务的条款，以便于以后进行网站的更新及维护。对于大型企业来说，一般会建立专业的团队来进行网站的维护。

网站推广就复杂艰巨得多了。从交换链接、登录搜索引擎、信息发布到邮件列表维护发送等，各方面都涉及专业知识，这部分知识至关重要，将在 8.2 节中进行详细介绍。

8.2　网站盈利模式

8.2.1　任务分析

网站效益体现在社会效益和经济效益两个方面，网站效益是网站生存的根本。网站只有良好的运营才能正常发挥其效能，而网站如果要良好的运营，必须有足够的资金来源。对于不同的网站来说，其资金来源也不尽相同。对于政府网站来说，资金来源主要是靠专项拨款；对于企业网站来说，资金来源主要是企业的固定经费及电子商务；对于公益网站来说，资金来源主要是靠社会赞助；对于专业网站来说，除了风险投资、专项资金和上市外，还有多种不同的盈利模式。选择什么样的盈利模式是提高网站效益的关键。本节的主要任务是对常见的网站运营模式进行介绍，让读者对常见的网站运营模式有一个较细致的认识，从而在建设网站时可以准确地根据网站内容及客户特点选择相应的网站运营模式。

8.2.2　相关知识

不同的网站有不同的盈利模式，常见的网站盈利模式主要有以下几种。

1. 网站的电子商务服务

1) 网站的个人交易服务(C2C)模式

C2C(Consumer to Consumer，个人与个人之间的电子商务)类网站的主要盈利方式就是收交易佣金或开店费用。网民与网民交易，其中网站的角色就是经济人，收佣金或开店费是最正常的。除了销售商品的交易平台外，还有一种交易平台就是销售服务或知识产品，如中国威客网等。此类网站运作起来，受众群体大，建立信誉难度大、推广与运营的费用很高，需要在某一个专业的领域有足够的优势和充足的资金。

国内知名的 C2C 网站有淘宝网、易趣网、1 拍网、雅宝网、嘉德在线、大中华拍卖网、易必得拍卖网。图 8.1 是易趣网的首页。

国外知名的 C2C 网站有 Morgan Auctions、City Auction、Lets BuyIt、Priceline.com、FairMarket.com、uBid。图 8.2 是 uBid 网站的首页。

2) 网站的网上零售服务(B2C)模式

B2C(Business to Consumer，商家对客户的电子商务)，也就是通常说的商业零售，直接面向消费者销售产品或服务。其中销售产品的有企业自身建立的网上零售平台，如当当网；有第三方建立的 B2C 交易平台，如卓越网；也有些网站是以销售网络服务为主的，如企业网站建设、域名注册、服务器虚拟主机租用服务、网站推广服务(搜索引擎优化)、网站运营咨询服务等。

通常的 B2C 网上零售大概有两种操作方法，一种是自己经销的产品，通过互联网销售；另一种则是建立一个网上零售的平台，让更多的商家通过此平台销售他们的产品。

图 8.1　易趣网

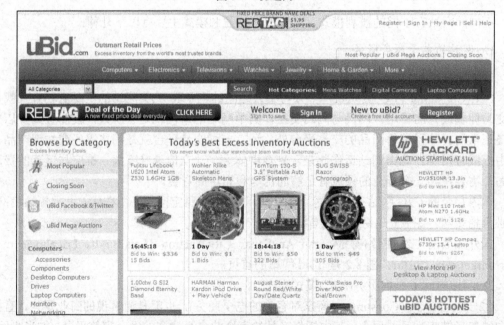

图 8.2　uBid

国内知名 B2C 网站有当当网、卓越网、贝塔斯曼、E 国购物网、西单 igo5、壹号购物网、新浪商城、搜狐商城、网易商城。图 8.3 是网易商城的首页。

国外知名 B2C 网站有 Amazon、Shopper.com、Shopping.com、Epinions.com、CoolSavings.com、BizRate.com、OverStock.com、TicketMaster.com、PriceGrabber。图 8.4 是 Amazon 网站的首页。

图 8.3　网易商城首页

图 8.4　Amazon 网站首页

3) 网站的企业间电子商务服务(B2B)模式

B2B(Business to Business，商家对商家的交易平台)包括两种基本模式：一种是企业之间直接进行的电子商务(如制造商的在线采购和在线供货等)；另一种是通过第三方电子商务网站平台进行的商务活动。

B2B 类网站的主要盈利模式是收取 VIP 会员费，目前会员费已成为我国 B2B 网站最主要的收入来源，虽然 B2B 所针对的群体锁定在商家之间，群体范围并非普通大众，但是商家会有更好的支付能力与更多的交易能力。对于商家来说，成交一笔生意的所得就远远超过支付的会员费用。

国内知名 B2B 网站有阿里巴巴、中国经济信息网、慧聪商务网、中企网、中华商务网等，其中中国经济信息网是国家机构创立的网站，以经济类信息为主。图 8.5 是阿里巴巴网站的首页，图 8.6 是中国经济信息网的首页。

图 8.5　阿里巴巴网站首页

图 8.6　中国经济信息网首页

国外知名 B2B 网站有 Globalsources、TradeEasy.com、ECPlaza.net、EC21.com、WorldBid.com。图 8.7 是 Globalsources 网站的首页。

图 8.7　Globalsources 网站首页

以上几种交易平台类型的网站，常见的盈利模式有以下几种：广告费用、VIP 会员费用、搜索竞价排名或者关键词销售、行业的相关管理软件、交易费用、行业发展报告、网站数据分析报告、专家在线咨询服务、线下服务、数据库营销等。

2. 在线广告

在线广告是网站盈利的比较普遍的形式，从 Banner(旗帜)和 Logo(图标)广告，到 Flash 多媒体动画、在线影视有多种形式。

在线广告的收费方式也是多种多样的，主要的收费方式有以下几种。

(1) CPC(Cost Per Click；Cost Per Thousand Click-Through；每点击成本)，有的时候也被视为每千人点击成本(Cost Per Thousand Click-Through)，是以每次点击(或每一千次点击)为单位收取费用的。

(2) CPM(Cost Per Mille，或者 Cost Per Thousand；Cost Per Impressions；每千人成本)，网上广告收费最科学的方法是按照有多少人看到广告来收费。按访问人次收费已经成为网络广告的惯例。CPM(千人成本)指的是广告投放过程中，听到或者看到某广告的每一人平均分担多少广告成本。传统媒介多采用这种计价方式。

(3) CPA(Cost Per Action)每行动成本，CPA 计价方式是指按广告投放实际效果，即按回应的有效问卷或订单来计费，而不限广告投放量。CPA 的计价方式对于网站而言有一定的风险，但若广告投放成功，其收益也比 CPM 的计价方式要大得多。

(4) CPR(Cost Per Response)每回应成本，以浏览者的每一个回应计费。这种广告计费充分体现了网络广告"及时反应、直接互动、准确记录"的特点，但是，这个显然是属于辅助销售的广告模式，对于那些实际只要亮出名称就已经有一半满足的品牌广告要求，大概所有的网站都会给予拒绝，因为得到广告费的机会比 CPC 还要渺茫。

(5) CPP(Cost Per Purchase)每购买成本，广告主为规避广告费用风险，只有在网络用户单击旗帜广告并进行在线交易后，才按销售笔数付给广告站点费用。

(6) 包月方式，很多国内的网站是按照"一个月多少钱"这种固定收费模式来收费的，这对客户和网站都不公平，无法保障广告客户的利益。虽然国际上一般通用的网络广告收费模式是 CPM(千人印象成本)和 CPC(千人点击成本)，尽管现在很多大的站点多已采用CPM 和 CPC 计费，但很多中小站点依然使用包月制。

(7) PFP(Pay-For-Performance) 按业绩付费，著名市场研究机构福莱斯特(Forrerster)研究公司最近公布的一项研究报告中称，在今后 4 年之内，万维网将从目前的广告收费模式——即根据每千次闪现(Impression)收费——CPM 变为按业绩收费(Pay-For-Performance)的模式。

以上众多收费方式中，现在比较受欢迎的是按点击次数收费，Google 和百度等搜索引擎网站主要都是采取此类广告收费方式。

广告收入在普通网站中也可以实现，只要有较多的浏览群体(最好是某一类型的专业浏览群体)，就具备了网站广告收费的条件，当然，也可以作大型网站的广告合作伙伴，从而获得一定的盈利。

3. 彩铃彩信下载、短信发送、电子杂志订阅等电信增值业务

近几年兴起的互联网短信铃声下载、手机电子书下载等，不仅为手机用户带来了更周到的服务和更精彩的铃声彩信，也为各大网站提供了一个非常良好的人气赚利润的盈利模式。曾经一度短信铃声的营业收入占国内三大门户网站总收入的四成左右，成为最赚钱的网络盈利模式之一。几乎每个进入全球排名前 10 万位的商业性网站和个人网站都在通过SP 来获取经济回报。其中的 SP(Service Provider)即服务提供商，是指互联网内容服务和电信增值服务的直接提供者，负责根据用户的要求开发和提供适合手机用户使用的服务。SP通过运营商提供的增值接口为用户提供服务，然后由运营商在用户的手机费和宽带费中扣除相关服务费，最后运营商和 SP 再按照比例分成。

此类网站中较为知名的有灵通网、空中网等。空中网首页，如图8.8所示。

4. 特殊信息收费服务

上网浏览时，时常会遇到有些网站的信息必须是注册用户才能阅读，有些甚至必须是收费用户，这就是网站特殊信息收费服务类型。

例如，中国化工网(www.chemnet.com.cn)是中国化工行业门户网站。有许多的信息是非收费用户所不能阅读的，这与化工行业特性有关，其产品丰富、价格变化频繁、企业资金实力比较强等特性奠定了许多化工企业愿意付款阅读一些对行情有关的信息或历史资料，如图8.9所示。

图 8.8　空中网首页

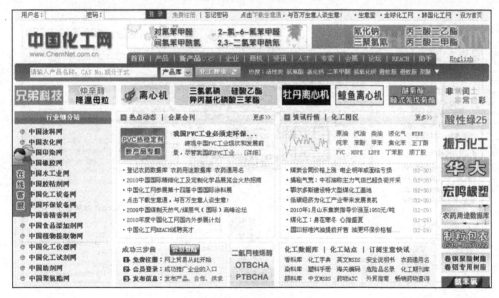

图 8.9　中国化工网

阿里巴巴(www.cn.alibaba.com)是中国 B2B 网站的典范，也使用了注册会员增值服务。另外还有一些人才网站、电子图书、交友网站、在线电影等许多的关键信息也都是仅仅面向收费用户的。

5．网络游戏运营

网络游戏产业是一个新兴的朝阳产业，经历了 20 世纪末的初期形成期阶段及近几年的快速发展, 现在中国的网络游戏产业处在成长期, 并快速走向成熟期的阶段。在中国整个网络经济的发展过程中从无到有, 发展到目前成为中国网络经济的重要组成部分。

网络游戏从收费来看, 主要分为收费和免费两种。收费的网络游戏主要是根据玩家的游戏时间来扣除玩家的游戏点数, 当点数为 0 时, 玩家则不能进入游戏, 只能充值后才能再次进入游戏。免费的网络游戏主要是通过向玩家出售虚拟装备和道具或注册会员来盈利, 一般玩家也可以正常进行游戏, 但是较难或不能得到一些高级的装备和道具。这些装备和道具一般通过交费获得, 或有些装备、道具只有注册收费会员的玩家才能获得, 或有些地图只有注册收费会员的玩家才能进入。

典型的网络游戏网站: 网易游戏(www.163.com)、盛大游戏(www.poptang.com www.shanda.com.cn)、九城游戏(www.the9.com www.ninetowns.com)及其游戏地方代理运营商。

6. 搜索竞排、产品招商

竞价排名是针对搜索引擎类网站中搜索引擎关键词广告的一种形式, 按照付费最高者排名靠前的原则, 对购买了同一关键词的网站进行排名的一种方式。竞价排名也是搜索引擎营销的方式之一。

知名的搜索引擎有百度搜索, Google 搜索, 雅虎搜索, 搜狗, SOSO 搜搜, 中国搜索, 北大天网, 爱问, 有道, Live 搜索等。图 8.10 所示为百度推广网站。

图 8.10　百度推广网站

招商是企业营销过程中的关键环节之一, 是企业将产品推向市场的必由之路。任何一种产品要想走向市场, 必须要通过一定渠道来传递出去。而产品招商类网站就为商家提供了一个寻求销售及代理的平台。

在此类网站中, 有一部分是政府, 是为地方经济服务的, 主要是引进外资、卖出特产等。还有一部分是商业型, 主要以注册会员的形式收取费用来盈利。图 8.11 所示为中国招商引资网。

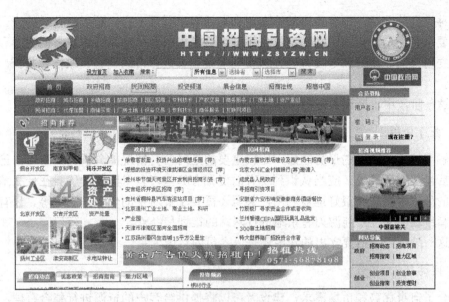

图 8.11　中国招商引资网

互联网的服务提供方式还有很多，商机也举不胜举，只要能想到的，用户有需求的，都有可能成为有价服务的组成部分，都有可能成为网站盈利的来源。

8.2.3　商业网站的运营

网站的运营虽然重点放在后期，但是网站建设也是很重要的一个环节，一个网站能否成功，与网站的运营息息相关。从广义的网站运营的角度来看，网站运营首先要分析所拥有什么资源，利用这些资源可以做什么。通过资源的性质定位网站的性质和战略目标，对网站的目标进行定位分析，围绕战略目标进行网站的策划及建设。开发网站，展开营销计划，吸引客户，同时针对客户的意见修改功能需求，开始试运行网站。分析业务绩效，增加后续产品。

网站的运营，主要以保证网站正常运转为基础，如果网站是以赢利为目的的，那么网站运营不仅要考虑到如何使网站盈利，还要考虑在运营的各个环节中在达到目标的情况下如何节省开支。对于非营利型网站来说，要考虑在保证网站正常运营的情况下如何降低运营的费用。一般网络运营过程中所涉及的主要费用有：网站制作费用、空间租用、服务器托管、专线 IP 接入费用、域名费用和网管费用等。除此之外还有很多运营过程中的基本费用，如人工工资、网页更新编辑、客服、技术支持和管理等。

以下对网站运营中的几个重要阶段，对工作重点及支出情况进行简单介绍。

1.　市场定位

一个网站的定位是其生存发展的基本条件，只有准确的定位才有利于网站的发展，定位不对或太盲目，对网站的发展会很不利，在发展过程中也会走很多弯路。网站按内容来划分，基本可以分为 4 大类：信息类网站主要以信息为主，实用类网站主要以客户实用为主，商务类网站主要以网络交易为主，娱乐类网站主要以娱乐为主。

每种类型的网站,都有各自的特点。它们的客户群不一样,所以运营时的方式也不一样。主要是先决定好自己网站的定位,不可盲目求大求全。网站要求自身的生存和发展,必须确立自己的受众群和专攻方向。这就要求策划者进行市场调查、取样、分析,研究市场取向。

在这一阶段中,所要支出的费用主要是市场调查等活动中人员费用的支出。

2. 自身分析

了解网站定位市场的形势之后,比较重要的是对自身情况的分析。只有对自己有充分的认识后才能有所成长。应当认识到现有的资源有哪些,自身队伍的优势在什么地方,有什么样的外部资源能够很好地被利用,甚至还需要了解对手的优势在哪里等。只有结合自身优势和市场需求,才能游刃有余地进行网站的策划和经营。

在这一阶段中,所要支出的费用还是以人员的费用为主。

3. 网站建设

结合了自身优势和市场需求,建设者可以将提供给客户的资源进行整合整理,对网站进行规划列出网站栏目,并对这些栏目进行内容扩充。扩充内容一方面要投客户所好,另一方面要坚持自身特色和网站的定位,做到稳定现有客户、扩大潜在客户。

一个网站是否有价值,最根本最直接的就是看这个网站的人气如何。网站建设过程中要通过各种方法增加网站的亲和力与吸引力,从而增加点击率吸引客户。例如,增加一些小的调查,有奖活动,小测验等。

在这一阶段中,要考虑如何建设网站,建设一个怎样的网站,当网站制作完成后网站程序需要放到哪里的空间上,选择什么样的域名。这时所要支出的费用主要是网站建设费用、空间租用费用或服务器管理费用、域名购买费用等。前几章已经讲解了相关的知识点,如果建设网站可以自己建设也可以找公司进行建设,网站运营主要是考虑应用哪一种方式比较合适,根据各种方式的优缺点及费用进行选择。

4. 业务绩效

业务绩效主要是指利用各种盈利模式进行盈利的效果或非营利型网站所达到的社会效应。

对于一个盈利模式网站来说,这个环节决定着网站的成败,如果收益差,将严重影响以后网络的运营。对于一个非营利型网站来说,如果所取得的社会效益不理想或利用率不高,也表示网站运营的失败。

在这一阶段中,要考虑如何使网站取得更大的效益(经济效益和社会效益),主要的手段是进行网站的推广,从而提高网站的访问量来带动效益的提升。选择哪种推广方式要根据网站的内容、经济条件等进行综合考虑。所要支出的费用主要是在网站的推广方面。

5. 后续产品

通过后续产品的开发,可以增加网站收入,提高网站活力。例如,光碟制作发行、网站品牌的树立、游戏等。

这一阶段需要建立在网站已有相当高的人气和效益后。所要支出的费用主要是在后续产品的研发及生产上。QQ 网站就是个很好的例子，在已经有相当高的人气和效益后，不断增加新的产品或业务，如 QQ 空间、QQ 校友录、QQ 农牧场等，给腾讯公司带来了很大的收益，QQ 腾讯农场每月可带来高达 5000 万元的收入。

8.3　认识网站推广

8.3.1　任务分析

网站建立之后，要想提高网站的浏览量，提高点击率，就必须被广大客户所认识。在多如繁星的网站中，如何使目标客户更快速准确地找到自己的网站？这就需要进行有效的网站推广。本节的主要任务是对网站推广进行介绍，让读者对网站的推广有一个初步认识，了解网站推广的重要性。

8.3.2　相关知识

网站推广就是指采用各种方法让更多的人知道网站的存在，了解网站的服务内容，进而设法吸引更多的人访问网站。

很多企业或者个人都拥有网站，但并不是所有的网站都需要进行网站推广。有的网站只是一些企事业单位、组织或政府部门内部管理、交流、共享信息的平台，是封闭式的，不需对外开放，对于这样的网站，进行网站推广就没有意义。对于建立的个人主页，如果只是在网页上放了自己的相片、日记等内容，同样也没有推广的必要。推广网站的前提是，该网站本身要有一定的价值。

大多数网站建站都是为了与更多的人共享信息，企业网站实际上就是一个企业产品、服务、企业文化、经营理念等的综合展示平台，最终目的是最大限度地将企业产品或服务推荐给消费者。互联网每天都在诞生上百万个新网站，相似或重复信息严重泛滥，提供相同或类似产品及服务的商家成千上万。理论上只要网站一旦开通就能被访问、有机会被找到，但这实际上只是一种可能，如果一个网站不做宣传和推广，就像大海里的一粒沙石，要等被发现是非常不容易的。为了能在众多的网站中脱颖而出，成为浏览者首先看到的网站，只有通过网站推广，让更多的人访问网站，了解企业提供的产品和服务，才能最终实现让消费者购买企业的产品或服务的目的。

政府网站作为权威信息门户和政府部门的网络发言窗口，直接关系到政府的服务形象和百姓的切身利益。根据《中华人民共和国政府信息公开条例》第十五条"行政机关应当将主动公开的政府信息，通过政府公报、政府网站、新闻发布会以及报刊、广播、电视等便于公众知晓的方式公开。"中的规定，政府应主动公开政府信息。在互联网飞速发展的今天，建设政府网站，实现政府在政治、经济、社会、生活等诸多领域中的管理和服务职能，是政府向社会信息公开的重要形式，有利于政府各类信息的充分共享和决策水平的不断提高，逐步提升政府自身形象。政府网站推广虽然没有那么急需，但一个再好的网站，如果没有推广，别人也不会知道它的存在。政府网站需要推广，特别是一个地方政府网站更需要推广，不然政府网站就起不到应有的作用。

8.4 常用网站推广方式

8.4.1 任务分析

常见网站的推广方式基本上可以分成两大类：一类是传统推广方式，另一类就是网络推广方式。每种推广方式都有各自的特点，在不同时期不同环境拥有各自的优势，选取哪种推广方式需要根据实际情况综合考虑，制定合适的推广方案。本节的主要任务是对常见的推广方式进行介绍，从而使读者在建设网站时可根据网站内容及客户的特点有针对性地选择推广方式。

8.4.2 相关知识

1. 传统推广方式

在互联网呈爆炸式发展的今天，利用网络进行推广是未来的发展趋势，但是对于一些传统的推广方式也不能放弃。特别是在一些网络不是很普及的地区，采用传统的推广方式会更有效果。传统推广方式主要有以下几种。

1) 报纸、广播、电视

报纸具有传播范围广泛、便于收藏、发行量大等特点，长期以来一直作为企业广告的主要媒体。广播具有广泛的听众，它具有收听人群广泛、收听条件简单、一次制作反复使用等特点。电视具有收视人群广泛、传播信息生动、可一次制作反复使用等特点。这三种媒体长期以来一直拥有巨大的客户群体，具有很多的优势，有着良好的宣传效果，企业可以用这些媒体进行网站的推广工作。

2) 户外广告

户外广告包括灯箱广告、路牌广告、横幅广告、巨型广告牌等多种形式。由于是在户外，特别是陈列在繁华地带、高速路两侧、建筑物顶层等位置，特别引人注意，而且有些在晚上还可以为路人提供照明便利，往往会给行人留下很深刻的印象。在这些广告牌上添加设计网站信息可以有效地推广网站。

3) 口头传播

口头传播是比较古老的信息传播方式，就是平时所说的"听说"传播过程。很多情况下，人们知道某个网站的信息就是通过朋友或同事之间的口头介绍来的，甚至熟人之间的口头传播比其他方式更可信。有传媒研究机构分析，理论上只要通过3个人就可以找到世界上任何一个人。如果此分析成立，一个网站的口碑对网站的推广意义非常重大。企业应利用各种公关机会进行网站推广宣传。

4) 对用户直接投递广告

对用户直接投递广告针对性强，可以宣传企业网站的概略内容和商品信息，信息更新速度快。有些企业每月或每旬均制作此类广告，更新产品、更新价格、更新服务。成本低，以50 000份16开广告为例，所需制作费和投递费在7000元左右。如果将此类广告投递到准用户家中，推广效果会比较明显。例如，现在有些企业通过邮政在发放报纸期刊时代发一些此类广告，进行企业网站的推广宣传。

5) VI 系统推广

CIS(Corporate Identity System)意思是企业形象识别系统，普遍意义上的 CIS(Visual Identity)主要指的是 VI 系统。VI 是以标志、标准字、标准色为核心展开的、完整的、系统的视觉表达体系，将企业理念、企业文化、服务内容、企业规范等抽象概念转换为具体符号，塑造出独特的企业形象。好的标志能给人留下深刻的印象，醒目的标志让人过目不忘。可以在 VI 系统中加入网站的信息，进行企业网站的推广。例如，在企业办公用品类、车辆类、服装类等上面印制企业网站进行宣传会起到良好效果。

2. 网络推广方式

长期以来，网站推广一直是网络营销的重点。截至 2009 年 12 月底，中国网民规模达到 3.84 亿人，上网普及率达到 28.9%，网民规模持续扩大，互联网普及率平稳上升。根据互联网发展的趋势，从电子商务网站交易对象的特点和网站的经营特色来看，企业网站创建后，进行网络推广十分必要。

根据中国互联网络中心 2009 年年底发布的报告显示，用户得知新网站的主要途径如图 8.12 所示，由于搜索引擎、其他网站上的链接、电子邮件、网友介绍成为主要途径，那么企业的网络推广应该着重考虑与此相关的推广方式。

网络推广方式实际上都是对网站推广工具和资源的合理利用。根据利用的主要网络资源，网络推广的主要方式可以归纳为搜索引擎推广方法、电子邮件推广方法、资源合作推广方法、信息发布推广方法、病毒性营销方法、快捷网址推广方法、网络广告推广方法、综合网站推广方法等几种。从图 8.12 可知，搜索引擎是目前最为重要的网络推广方式之一。

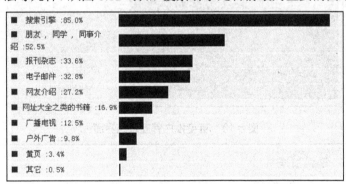

图 8.12　用户得知新网站的主要途径(多选)

1) 搜索引擎推广方法

搜索引擎推广是指利用搜索引擎、分类目录等具有在线检索信息功能的网络工具进行网站推广的方法。由于搜索引擎的基本形式可以分为网络蜘蛛型搜索引擎(简称搜索引擎)和基于人工分类目录的搜索引擎(简称分类目录)。因此，搜索引擎推广的形式也相应地有基于搜索引擎的方法和基于分类目录的方法，前者包括搜索引擎优化、关键词广告、竞价排名、固定排名、基于内容定位的广告等多种形式，而后者则主要是在分类目录合适的类别中进行网站登录。随着搜索引擎形式的进一步发展变化,也出现了其他一些形式的搜索引擎,不过大都以这两种形式为基础。

搜索引擎推广的方法可以分为多种不同的形式,常见的有登录免费分类目录、登录付费分类目录、搜索引擎优化、关键词广告、关键词竞价排名、网页内容定位广告等。常用的搜索引擎的网站推广地址如下。

百度推广　　　http://e.baidu.com/
Google 推广　https://adwords.google.cn/
网易有道　　　http://a.youdao.com/
sogou 推广　　http://www.sogou.com/fuwu/
雅虎壹推广　　http://1.koubei.com/home/index.htm
中搜推广　　　http://service.chinasearch.com.cn/

现以某汽车网站登录百度搜索引擎推广过程为例,介绍搜索引擎推广的一般过程。

百度在全国范围设立了百度推广服务机构,各公司可以与当地服务机构直接联系申请,专业的百度网络营销咨询顾问会提供帮助,也可以在线自助开通百度推广,流程如下。

(1) 登录百度推广管理系统,注册百度推广账户,如图 8.13 所示。登录百度推广管理系统,提交相关资质证明,签订服务合同,缴纳推广费用,如图 8.14 所示。

(2) 添加关键词。在百度推广用户管理系统中新建推广计划和推广单元,添加关键词,撰写网页标题及描述等信息,如图 8.15 所示。

图 8.13　百度推广管理系统界面

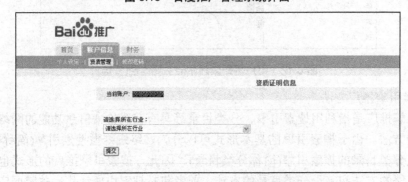

图 8.14　百度推广管理系统资质提交界面

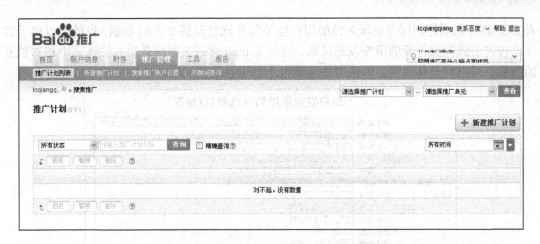

图 8.15　百度推广管理系统推广计划管理界面

(3) 百度在收到合同、资质证明和相关款项并确认公司账户内已添加关键词后，两个工作日内将审核通过公司注册的信息。百度审核通过后即可开通公司账户，提供推广服务。

百度推广对于首次开户的客户，需要一次性缴纳 5600 元，其中 5000 元是客户预存的推广费用，600 元是服务费。开通服务后，客户自助选择关键词设计投放计划，当搜索用户点击客户的推广信息查看详细信息时，会从预存推广费中收取一次点击的费用，每次点击的价格由客户根据自己的实际推广需求自主决定，客户可以通过调整投放预算的方式自主控制推广花费。当账户中预存推广费用完后，客户可以根据情况进行续费。点击价格取决于和其他客户的排名、出价和质量度，最高不会超过为关键词所设定的出价。

一般情况下，每次点击价格的计算公式为

$$每次点击价格 = \frac{下一名出价 \times 下一名关键词质量度}{当前关键词质量度} + 0.01元$$

百度推广具体相关设置工作可以查看百度网站的相关帮助文件，或直接咨询网络营销专业顾问。

各公司应根据自身的实际状况，选择合适的推广形式。搜索引擎优化、关键词广告、关键词竞价排名和内容网络定位，是最直接、最有效的推广方式。

2) 电子邮件推广方法

以电子邮件为主要的网站推广手段，常用的方法包括电子刊物、会员通信、专业服务商的电子邮件广告等。第十三次 CNNIC 调查结果显示，用户经常使用的网络服务如图 8.16 所示，网民在上网使用网络服务时，88.4%的用户经常使用电子邮箱服务，电子邮箱仍排第一位。

基于用户许可的 E-mail 营销与滥发邮件(Spam)不同，许可营销比传统的推广方式或未经许可的 E-mail 营销具有明显的优势。例如，可以减少广告对用户的滋扰、增加潜在客户定位的准确度、增强与客户的关系、提高品牌忠诚度等。根据许可 E-mail 营销所应用的用户电子邮件地址资源的所有形式，可以分为内部列表 E-mail 营销和外部列表 E-mail 营销，或简称内部列表和外部列表。内部列表也就是通常所说的邮件列表，是利用网站的注册用户资料开展的 E-mail 营销方式，常见的形式如新闻邮件、会员通信、电子刊物等。外部列表 E-mail 营销则是利用专业服务商的用户电子邮件地址开展 E-mail 营销，也就是以电子邮件广告的形式向服务商的用户发送信息。许可 E-mail 营销是网络营销方法体系中相对独立的一种，既可以与其他网络营销方法相结合，也可以独立应用。

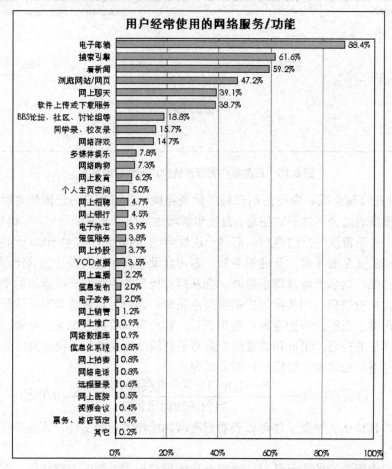

图 8.16　用户经常使用的网络服务

针对公司现有的网站，每当会员注册的时候，都会留下 E-mail。所以，电子邮件推广方法具有一定的可信性，可以针对注册会员和未注册会员进行。

3) 资源合作推广方法

通过网站交换链接、交换广告、内容合作、用户资源合作等方式，在具有类似目标网站之间实现互相推广的目的，其中最常用的资源合作方式为网站链接策略，利用合作伙伴之间网站访问量资源合作互为推广。

每个企业网站均可以拥有自己的资源，这种资源可以表现为一定的访问量、注册用户信息、有价值的内容和功能、网络广告空间等。利用网站的资源与合作伙伴开展合作，实现资源共享，共同扩大收益的目的。在这些资源合作形式中，交换链接是最简单的一种合作方式，调查表明也是新网站推广的有效方式之一。交换链接或称互惠链接，是具有一定互补优势的网站之间的简单合作形式，即分别在自己的网站上放置对方网站的 Logo 或网站名称并设置对方网站的超级链接，使得用户可以从合作网站中发现自己的网站，达到互相推广的目。交换链接的作用主要表现在以下几个方面：获得访问量、增加用户浏览时的印象、在搜索引擎排名中增加优势、通过合作网站的推荐增加访问者的可信度等。交换链接还有比是否可以取得直接效果更深一层的意义。一般来说，每个网站都倾向于链接价值高的其他网站，因此获得其他网站的链接也就意味着获得与合作伙伴和一个领域内同类网站的认可。

友情链接最好能链接一些流量比自己高的、有知名度的网站，或是与自己网站内容互补的网站，然后再是同类网站。链接同类网站要保证自己网站的内容质量要有特点，并且可以吸引人，要不然不如不链接同类网站。例如，汽车之家网站是一个很有名的汽车信息类网站，有很多的用户，其友情链接也很多，如图 8.17 所示。

中国汽车网	和讯汽车	小游戏	中青在线汽车	我爱车
金融界汽车	证券之星	东方财富网	华军软件园	狗仔网
中国广播网汽车	中国财经信息网	汽车新材料	同花顺	股票天下网
搜房地产网	中国经济网汽车	中国汽车交易网	东北网汽车	东北汽车网
hao123网址大全	好酷酷网址之家	865上网导航	北方网-汽车新地	汽车画报网
车人网	Uume视频分享	9991网址大全	世界汽车网	娱乐基地
手机之家	稻树下文学网	酷网先锋	新锐汽车网	天津汽车网
嘟牛游戏网	素材网	保网	云南汽车在线	巴巴变网络相册
无忧音乐网	辽宁二手车网	化工英才网	服装英才网	大众点评网
金融英才网	小说阅读网	湖南汽车网	传媒英才网	医药英才网
中国同学录	IT世界网	汽配祥本查询	新农网	中国汽车人才网
阿土伯交易网	银河汽车网	jin114金导航	东北二手车网	优卡二手车网

图 8.17　汽车之家中的友情链接

4) 信息发布推广方法

将有关的网站推广信息发布在其他潜在用户可能访问的网站上，利用用户在这些网站获取信息的机会实现网站推广的目的。适用于这些信息发布的网站包括在线黄页、分类广告、论坛、博客网站、供求信息平台、行业网站等。信息发布是免费网站推广的常用方法之一，尤其在互联网发展早期，网上信息量相对较少时，往往通过信息发布的方式即可取得满意的效果。不过随着网上信息量爆炸式的增长，这种依靠免费信息发布的方式所能发挥的作用日益降低，同时由于更多更加有效的网站推广方法的出现，信息发布在网站推广的常用方法中的重要程度也有明显的下降。因此，依靠大量发送免费信息的方式已经没有太大意义，不过一些针对性、专业性的信息仍然可以引起人们极大的关注。图 8.18 是中国黄页在线首页，可以在黄页中发布公司网站信息，其他用户或者业务公司就可以在黄页中找到需要的信息。

图 8.18 中国黄页在线

5) 病毒性营销方法

病毒性营销方法并非传播病毒，而是利用用户之间的主动传播，让信息像病毒那样扩散，从而达到推广的目的。病毒性营销方法实质上是在为用户提供有价值的免费服务的同时，附加上一定的推广信息，常用的工具包括免费电子书、免费软件、免费 Flash 作品、免费贺卡、免费邮箱、免费即时聊天工具等可以为用户获取信息、使用网络服务、娱乐等带来方便的工具和内容。如果应用得当，这种病毒性营销方法往往可以以极低的成本取得非常显著的效果。

具体的免费软件和免费的产品索取(包括图片纸质资料)，可以以悬停或者漂浮的形式出现在网站上。

6) 快捷网址推广方法

合理利用网络实名、通用网址以及其他类似的关键词等网站快捷访问方式来实现网站推广的方法。快捷网址使用自然语言和网站 URL 建立其对应关系，这为习惯使用中文的用户，提供了极大的方便。用户只需输入比英文网址要更加容易记忆的快捷网址就可以访问网站，用自己的母语或者其他简单的词汇为网站"更换"一个更好记忆、更容易体现品牌形象的网址，如选择企业名称或者商标、主要产品名称等作为中文网址，这样可以大大弥补英文网址不便于宣传的缺陷，因此在网址推广方面有一定的价值。随着企业注册快捷网址的数量的增加，这些快捷网址的用户数据也相当于一个搜索引擎。这样，当用户利用某个关键词检索时，即使与某网站注册的中文网址并不一致，同样存在被用户发现的可能。

7) 网络广告推广方法

网络广告是常用的网络营销策略之一，在网络品牌、产品促销、网站推广等方面均有明显作用。网络广告的常见形式包括 Banner 广告、关键词广告、分类广告、赞助式广告、E-mail 广告等。Banner 广告所依托的媒体是网页，关键词广告属于搜索引擎营销的一种形式，E-mail 广告则是许可 E-mail 营销的一种。可见网络广告本身并不能独立存在，需要与各种网络工具相结合才能实现信息传递的功能。因此也可以认为，网络广告存在于各种网络营销工具中，只是具体的表现形式不同。将网络广告用于网站推广，具有可选择网络媒体范围广、形式多样、适用性强、投放及时等优点，适合于网站发布初期及运营期的任何阶段。例如，网络图标广告，利用互联网的链接特点，浏览者如果对广告感兴趣，只要用鼠标单击，就能进入相应站点查看详细信息，如图 8.19 所示。

图 8.19　网络图标广告

8) 综合网站推广方法

除了前面介绍的常用网站推广方法之外，还有许多专用性、临时性的网站推广方法，也比较适合，如有奖竞猜、在线优惠券、有奖调查、针对在线购物网站推广的比较购物和购物搜索引擎等。有些甚至采用建立一个辅助网站进行推广。有些网站推广方法可能别出心裁，而有些网站则可能采用有一定强迫性的方式来达到推广的目的，如修改用户浏览器默认首页设置、自动加入收藏夹等方式。

3. 对推广效果进行监测

企业根据自己网站的特点和实力，选择一些网站推广的措施后，针对网站访问情况的变化，对推广效果进行监测，以考核网站的吸引力。关于网站推广的效果监测和评价，目前国内还没有一套统一的标准来进行衡量，只能使用目前常用的评价方法。

1) 网站推广效果的表现形式

经过多种方式的营销推广，网站推广的效果有如下多方面表现。

(1) 浏览量大幅度提升。表示认知的用户增多。

(2) E-mail 反馈信息量增大。表示用户开始使用邮件与企业进行沟通，准用户增多。

(3) 电话咨询频繁。用户利用传统方式了解企业。

(4) 传真咨询。用户利用传统方式了解企业。

(5) 促进线下销售的增长或直接产生销售。

除此之外，还有其他多种表现效果。这些都是很有价值的信息，能主动来询问产品情况的人往往都是未来的用户。至于哪些是网络营销推广带来的，可以在接触中进行了解。在做到一定程度时，可以利用访问统计系统等工具进行监测，对各种网络营销推广的做法进行评估，并改善不足之处。

2) 推广效果监测的措施

网络推广需要时间的积累，而对于如何能监测出推广的真正效果，也已经成为各网站关心的话题。对于网络推广来说，仅以来访电话、咨询数量、订单数量去衡量是不够全面的。下面介绍几种常用实用技术。

(1) 将网站联系方式按照推广的平台最好分门别类地的设置好，做好电话来访记录。例如，百度用一种联系方式，Google 用另一种联系方式，不同的推广平台用不同的联系方式。

(2) 给网站安装营销分析系统。不要小看这个软件，它不仅可以监测到网站的来路(可能网站还有很多欧洲国家在关注)，而且可以帮助分析各种来路的流量统计报告，可以知道每天网站有多少 IP 是从百度来的，有多少是国内的，是南方多还是北方多等，同时可以为市场整体营销提供一个有利的调查报告。

(3) 目前众多的营销分析系统都是在网站建设完毕后安装的，这样有时管理也很麻烦，但现有企业网站系统是将多款营销软件绑定在网站后台中，不仅监测的数据准确，同时查阅也很方便。

(4) 给网站安装在线客服系统。客户浏览网站，当想了解产品时就能马上联系到工作人员。这样不仅把握了商机，更重要的是完善了网站的功能，让网站更具人性化，满足了客户，就满足了企业的发展。

(5) 做好网络投入产出比例的分析表，此项工作要由专人负责和关注。

网络媒介是目前成本最低、投资回报率最高的媒体广告。监测好营销的效果，不仅要有硬件设施，更需要让客服管理提升到一个水平。

对于一个正式运作的企业网站，任何形式的推广都是有成本支出的，企业每年都会有推广资金预算，企业可根据自身情况和推广目标特点选择效果最好的推广方式。对于个人网站，因为资金有限，而自己的网站相对来说成本较低，所以一般采用不付费推广方式，可以登录一些免费的知名搜索引擎进行网站推广。例如，百度免费登录入口 http://www.baidu.com/search/url_submit.htm；新浪免费登录入口 http://bizsite.sina.com.cn/newbizsite/docc/index-2jifu-09.htm；Google 免费登录入口 http://www.google.com/intl/zh-CN/add_url.html。

政府网站推广靠什么方法，是不是和商业网站一样靠 PPC 投放、百度竞价、电子邮件推广等各种网络宣传呢？实际上是没必要的，因为政府网站没有那么多商业竞争。对于政府网站推广，搜索引擎优化可能是最节省费用又最高效的方式，另外还可采用信息发布推广方法。

8.4.3 网站推广注意事项

现在很多企业都用各种方法推广自己的网站，就是想让自己的网站得到更多的访问量。方法虽然各种各样，但如果用错误的方式推广自己站点，实际上会减少访问量。网站推广中应注意以下几点。

(1) 网站域名要与网站主题相符。域名是网站的名片，应具有一定意义，且与网站的主体信息有一定的相关性，如行业网站应使用意思和行业相关的英文单词或汉语拼音缩写，这样不仅可以便于网站访问者记忆，还可以在最大程度上提高百度、Google 等主流搜索引擎对该网站的信誉评价。

(2) 最大限度利用搜索引擎。据分析中小型网站大多数流量都来自搜索引擎，有的网站流量的 80%以上来自搜索。网站建设完后需要登录各大搜索引擎，这样才方便广大的客户搜索企业的网站。因此，要想提高网站的访问率，必须积极利用搜索引擎提供的各种服务，如百度推广等。

(3) 网站设计时，应对网站的结构进行科学规划，以提高网站被搜索引擎收录的概率，所以应注意以下几点。

① 尽量少用图片做链接。因为搜索引擎是一个很大的数据库，而不是一个图片库，搜索引擎首页搜索到的是标题，接着才通过导航系统搜索到网站的其他页面。所以，如果网站导航是文字链接，搜索引擎就很容易搜索到其他页面，使网站的整体形象得到完美展示，如果是图片链接则不能达到这个效果。

② 首页不要做成 Flash。真正的搜索引擎对图片的识别能力很差，首页做成 Flash，不仅不利于搜索引擎排名，而且减慢了进入主页的速度，在一定程度上为客户尽快找到网站设置了一道障碍。

③ 首页不要包含大量图像。网站首页包含的网站的重要基本数据，是搜索引擎收录的主要依据，任何一个搜索引擎都喜欢明显的结构，而不喜欢把网站做成一张皮，让搜索引擎分不清重点所在。

④ 网站应具有自己的特色。诚然，现在 Internet 市场上，各种站点层出不穷，似乎已经没有"唯一"的招牌了，其实不然。从古到今，几乎所有的偏门冷门的出现，都是在别人认为已经没有什么特色的情况下出现的。正因为想到了别人没想到的，所以，才能"唯一"，才能与众不同。只要善于发现，就总能发现自己的特色。

(4) 网站推广时不要过于追求免费。一些人为了省钱，把希望寄托在免费资源上，如疯狂做友情链接、发大量垃圾邮件等，但单纯的链接不可能提高网站流量。至于垃圾邮件，如今没有人不讨厌垃圾邮件，因为它已经给人们的工作带来了很多负面影响，阅读垃圾邮件的概率不到千分之一，更不会考虑服务和产品，并且会影响企业的形象。

(5) 在站点做广告，是每个站长都会做的事，做广告诚然可以，但要注意广告不要占页面太大的篇幅。而且广告的选色和搭配一定要和自己的站点相配合，不要影响站点的总体美观。让人看着舒服的页面和广告，也会带来很高的点击率。

网站推广是个系统工程，而不仅仅是各种网站推广方法的简单应用。新竞争力的网站推广综合解决方案中，将上述网站推广方法作为常规网站推广方法。在网站推广总体策略指导下，不同的网站会根据其特点选用相应的方法，在此基础上进一步采用各种网站推广方法的有效组合，以及更高级的网站推广手段。

本 章 小 结

本章主要介绍了网站运营，侧重网站的后期管理、维护、推广等内容。主要目的就是让学生认识到网站运营的重要性。通过本章的介绍可以使学生了解到不同类型的网站的盈利模式及运营方式。对网站运营中较为重要的环节——网站推广进行了较详尽地介绍。介绍的主要内容有推广的具体技术方法和应遵守的规则。在企业策划网站推广工作时，要充分考虑各种推广方式的优劣，结合自己企业的情况，确定网站推广常用的手段。本章在广泛介绍手段的同时，有针对性地介绍了推广技巧。这些技巧既包括理论界的分析，也包括参与实际工作者的经验与教训。本章的学习为学生实际参与网站的运营及推广工作打下理论与实践基础。

习　题

1. 填空题

(1) 网站的电子商务服务主要分为_____、_____、_____三种模式(可用简称)。

(2) 在进行网站推广时主要有_____、_____、_____、信息发布推广方法、病毒性营销方法、快捷网址推广方法、网络广告推广方法、综合网站推广方法等。

(3) 在线广告收费标准中 CPC 收费模式是指_____。

2. 选择题

(1) 狭义网站运营是指网络建设体系中一切与网站的(　　)运作有关的工作。

　　A．前期　　　　　　B．中期　　　　　C．后期　　　　　　D．全程

(2) 以下(　　)不是传统的推广方式。

　　A．户外广告　　　　　　　　　　B．电视、广播

　　C．信息发布　　　　　　　　　　D．口头传播

(3) 在线广告收费标准中 CPR 收费模式是指(　　)。

　　A．每回应成本　　　　　　　　　B．每行动成本

　　C．每购买成本　　　　　　　　　D．每点击成本

3. 简答题

(1) 列举五种常见的网站盈利模式。

(2) 网站推广应注意哪几点?

实 训 指 导

项目 1:

某地方汽车协会为更好地销售和品牌推广,决定建立一个地方性汽车门户网站。对网站所需内容进行详尽的分析,找出该网站存在的盈利点,其中最主要的是哪种盈利模式,写出运营方案。

任务 1:分析网站的客户群,写出顾客群的特点及顾客需求。

任务 2:分析网站所需内容,确定网站所需的主要功能。

任务 3:根据网站内容特点及顾客群需求,确定网站类型。

任务 4:根据以上分析,找出网站的盈利点,选择其中主要的盈利点,写出网站运营方案。

项目 2：

对聊城汽车网(www.lcqch.com)进行分析，分析网站的定位、客户群、网站内容、网站特点及优势、网站主要盈利模式，根据网站特点，写出网络推广方案。

任务 1：对该网站进行分析，找出该网站的特点及优势。

任务 2：分析客户群的特点及需求，找出客户群浏览网站的特点。

任务 3：根据该网站及客户群的特点，选择一个有针对性的推广方式。

任务 4：根据以上分析，结合网站自身的能力，写出切实可行的推广方案。

附　录

一、《网站建设与管理实务》相关法律法规

1. 《中国互联网络信息中心域名注册实施细则》
2. 《中国互联网络域名注册暂行管理办法》
3. 《中国互联网络信息中心域名争议解决办法》
4. 《通用网址注册办法》
5. 《互联网 IP 地址备案管理办法》
6. 《非经营性互联网信息服务备案管理办法》
7. 《互联网电子公告服务管理规定》
8. 《互联网站从事登载新闻业务管理暂行规定》
9. 《互联网等信息网络传播视听节目管理办法》
10. 《互联网新闻信息服务管理规定》
11. 《互联网信息服务管理办法》
12. 《互联网著作权行政保护办法》
13. 《信息网络传播权保护条例》
14. 《互联网电子邮件服务管理办法》
15. 《中华人民共和国民法通则》
16. 《中华人民共和国刑法》
17. 《中华人民共和国治安管理处罚法》

二、需求说明书格式

1. 引言
1.1　目的
说明编写这份报告的目的，指出预期的读者。

1.2　背景

指出待开发软件系统的名称、行业情况；本项目的任务提出者、开发者、用户；该软件系统同其他系统或其他机构的、基本的相互来往关系。

1.3　参考资料

1.4　术语

列出本报告中用到的专门术语的定义。

2．任务概述

2.1　目标

叙述该项软件开发的意图、应用目标、作用范围以及其他应向读者说明的有关该软件开发的背景材料。

2.2　系统(或用户)的特点

如果是产品开发，应列出本软件的特点，与老版本软件(如果有)的不同之处，与市场上同类软件(如果有)的比较。

3．假定和约束

列出进行本软件开发工作的假定和约束，如经费限制、开发期限等。

4．需求规定

4.1　软件功能说明

列出本系统中所有软件功能子系统和功能。

4.2　对功能的一般性规定

本处仅列出对软件系统的所有功能(或一部分)的共同要求，如要求界面格式统一、统一的错误声音提示、要求有在线帮助等。

4.3　对性能的一般性规定

对数据精度、响应时间的要求。本处仅列出对软件系统的所有功能(或一部分)的共同要求，针对某一功能的专门性能要求应列在该功能规格说明中。

4.4　其他专门要求

视具体情况，列出不在本规范规定中的需求，如对数据库的要求、多平台特性要求、操作特性要求、场合适应性要求等对具体软件系统的所有功能(或一部分)的共同要求，针对某一功能的专门要求应列在该功能说明中。

4.5　对安全性的要求

指出系统对使用权限的管理要求(使用权限分为几级、是否与部门权力体系对应等)、信息加密、信息认证(确定穿过系统或网络的信息没有被修改)方面的要求。

5．运行环境规定

5.1　设备及分布

5.2　支撑软件

5.3　接口

简要说明该软件同其他软件之间的公共接口、数据通信协议等。

5.4　程序运行方式

说明该软件的运行方法。

6．开发成本估算

以列表的方式给出各功能规定所需的开发人员，时间和费用(如差旅费)。

7．尚需解决的问题

以列表的形式列出在需求分析阶段必须解决但尚未解决的问题。

8．附录

三、网站建设方案的格式

1．建设网站前的市场分析

(1) 相关行业的市场是怎样的，市场有什么样的特点，是否能够在互联网上开展公司业务。

(2) 市场主要竞争者分析，竞争对手上网情况及其网站规划、功能作用。

(3) 公司自身条件分析、公司概况、市场优势，可以利用网站提升哪些竞争力，建设网站的能力(如费用、技术、人力等)。

2．建设网站目的及功能定位

(1) 为什么要建立网站？是为了宣传产品，进行电子商务，还是建立行业性网站？是企业的需要还是市场开拓的延伸？

(2) 整合公司资源，确定网站功能。根据公司的需要和计划，确定网站的功能：产品宣传型、网上营销型、客户服务型、电子商务型等。

(3) 根据网站功能，确定网站应达到的目的。

(4) 企业内部网(Intranet)的建设情况和网站的可扩展性。

3．网站技术解决方案

根据网站的功能确定网站技术解决方案。

(1) 采用自建服务器，还是租用虚拟主机。

(2) 选择操作系统，用 Linux 还是 Windows 2003。分析投入成本、功能、开发、稳定性和安全性等。

(3) 采用系统性的解决方案，还是自己开发。

(4) 网站安全性措施，防黑客、防病毒方案。

(5) 相关程序开发，如网页程序 ASP、JSP、ASP.NET、数据库程序等。

4．网站内容规划

(1) 根据网站的目的和功能规划网站内容，一般企业网站应包括公司简介、产品介绍、服务内容、价格信息、联系方式、网上订单等基本内容。

(2) 电子商务类网站要提供会员注册、详细的商品服务信息、信息搜索查询、订单确认、付款、个人信息保密措施、相关帮助等。

(3) 如果网站栏目比较多，则考虑采用网站编程专人负责相关内容。注意：网站内容是网站吸引浏览者最重要的因素，无内容或不实用的信息不会吸引匆匆浏览的访客。可事先对人们希望阅读的信息进行调查，并在网站发布后调查人们对网站内容的满意度，以及时调整网站内容。

5.　网页设计

(1) 网页设计要符合美术设计要求，网页美术设计一般要与企业整体形象一致，要符合 CI 规范。要注意网页色彩、图片的应用及版面规划，保持网页的整体一致性。

(2) 在新技术的采用上要考虑主要目标访问群体的分布地域、年龄阶层、网络速度、阅读习惯等。

(3) 制定网页改版计划，如半年到一年时间进行较大规模改版等。

6.　网站维护

(1) 服务器及相关软硬件的维护，对可能出现的问题进行评估，制定响应时间。

(2) 数据库维护，有效地利用数据是网站维护的重要内容，因此数据库的维护要受到重视。

(3) 内容的更新、调整等。

(4) 制定相关网站维护的规定，将网站维护制度化、规范化。

7.　网站测试

网站发布前要进行细致周密的测试，以保证正常浏览和使用。主要测试内容如下。

(1) 服务器稳定性、安全性。

(2) 程序及数据库测试。

(3) 网页兼容性测试，如浏览器、显示器。

(4) 根据需要的其他测试。

8.　网站发布与推广

(1) 网站测试后进行发布的公关、广告活动。

(2) 搜索引擎登记等。

9.　网站建设日程表

各项规划任务的开始完成时间、负责人等。

10.　费用明细

各项事宜所需费用清单。

参 考 文 献

[1] 李建青. 网站建设与管理维护[M]. 北京：中国铁道出版社，2009.

[2] 梁露，赵春利，李多. 电子商务网站建设与实践[M]. 北京：人民邮电出版社，2008.

[3] 顾正刚. 网站规划与建设[M]. 北京：机械工业出版社，2009.

[4] 王伟. Windows Server 2003 维护与管理技能教程[M]. 北京：北京大学出版社，2009.

[5] 王隆杰，梁广民，杨名川. Windwos Server 2003 网络管理实训教程[M]. 北京：清华大学出版社，2006.

[6] 杨帆. SEO 攻略——搜索引擎优化策略与实战案例详解[M]. 北京：人民邮电出版社，2009.

[7] 欧朝晖. 解密 SEO——搜索引擎优化与网站成功战略[M]. 北京：电子工业出版社，2009.

[8] 萨师煊，王珊. 数据库系统概论[M]. 北京：高等教育出版社，1984.

[9] 王春红，徐洪祥. 网站规划建设与管理维护教程与实训[M]. 北京：北京大学出版社，2006.

[10] 樊志育. 广告制作[M]. 上海：上海人民出版社，1997.

[11] http://www.w3cn.org

[12] http://www.digda.cn/

[13] http://www.phpcms.cn

[14] 刘志军. 搜索引擎优化(SEO)从入门到精通(电子书).
http://www.sinoit.org.cn/seo/Author/liuzhijun.html

[15] 胡宝介. 搜索引擎优化(SEO)知识完全手册(电子书).
http://www.jingzhengli.cn/sixiangku/ebook/2010_hbj_seo.htm

全国高职高专计算机、电子商务系列教材推荐书目

【语言编程与算法类】

序号	书号	书名	作者	定价	出版日期	配套情况
1	978-7-301-13632-4	单片机 C 语言程序设计教程与实训	张秀国	25	2012	课件
2	978-7-301-15476-2	C 语言程序设计(第 2 版)(2010 年度高职高专计算机类专业优秀教材)	刘迎春	32	2013 年第 3 次印刷	课件、代码
3	978-7-301-14463-3	C 语言程序设计案例教程	徐翠霞	28	2008	课件、代码、答案
4	978-7-301-16878-3	C 语言程序设计上机指导与同步训练(第 2 版)	刘迎春	30	2010	课件、代码
5	978-7-301-17337-4	C 语言程序设计经典案例教程	韦良芬	28	2010	课件、代码、答案
6	978-7-301-20879-3	Java 程序设计教程与实训(第 2 版)	许文宪	28	2013	课件、代码、答案
7	978-7-301-13570-9	Java 程序设计案例教程	徐翠霞	33	2008	课件、代码、习题答案
8	978-7-301-13997-4	Java 程序设计与应用开发案例教程	汪志达	28	2008	课件、代码、答案
9	978-7-301-10440-8	Visual Basic 程序设计教程与实训	康丽军	28	2010	课件、代码、答案
10	978-7-301-15618-6	Visual Basic 2005 程序设计案例教程	靳广斌	33	2009	课件、代码、答案
11	978-7-301-17437-1	Visual Basic 程序设计案例教程	严学道	27	2010	课件、代码、答案
12	978-7-301-09698-7	Visual C++ 6.0 程序设计教程与实训(第 2 版)	王 丰	23	2009	课件、代码、答案
13	978-7-301-15669-8	Visual C++程序设计技能教程与实训——OOP、GUI 与 Web 开发	聂 明	36	2009	课件
14	978-7-301-13319-4	C#程序设计基础教程与实训	陈 广	36	2012 年第 7 次印刷	课件、代码、视频、答案
15	978-7-301-14672-9	C#面向对象程序设计案例教程	陈向东	28	2012 年第 3 次印刷	课件、代码、答案
16	978-7-301-16935-3	C#程序设计项目教程	宋桂岭	26	2010	课件
17	978-7-301-15519-6	软件工程与项目管理案例教程	刘新航	28	2011	课件、答案
18	978-7-301-12409-3	数据结构(C 语言版)	夏 燕	28	2011	课件、代码、答案
19	978-7-301-14475-6	数据结构(C#语言描述)	陈 广	28	2012 年第 3 次印刷	课件、代码、答案
20	978-7-301-14463-3	数据结构案例教程(C 语言版)	徐翠霞	28	2009	课件、代码、答案
21	978-7-301-18800-2	Java 面向对象项目化教程	张雪松	33	2011	课件、代码、答案
22	978-7-301-18947-4	JSP 应用开发项目化教程	王志勃	26	2011	课件、代码、答案
23	978-7-301-19821-6	运用 JSP 开发 Web 系统	涂 刚	34	2012	课件、代码、答案
24	978-7-301-19890-2	嵌入式 C 程序设计	冯 刚	29	2012	课件、代码、答案
25	978-7-301-19801-8	数据结构及应用	朱 珍	28	2012	课件、代码、答案
26	978-7-301-19940-4	C#项目开发教程	徐 超	34	2012	课件
27	978-7-301-15232-4	Java 基础案例教程	陈文兰	26	2009	课件、代码、答案
28	978-7-301-20542-6	基于项目开发的 C#程序设计	李 娟	32	2012	课件、代码、答案

【网络技术与硬件及操作系统类】

序号	书号	书名	作者	定价	出版日期	配套情况
1	978-7-301-14084-0	计算机网络安全案例教程	陈 昶	30	2008	课件
2	978-7-301-16877-6	网络安全基础教程与实训(第 2 版)	尹少平	30	2012 年第 4 次印刷	课件、素材、答案
3	978-7-301-13641-6	计算机网络技术案例教程	赵艳玲	28	2008	课件
4	978-7-301-18564-3	计算机网络技术案例教程	宁芳露	35	2011	课件、习题答案
5	978-7-301-10226-8	计算机网络技术基础	杨瑞良	28	2011	课件
6	978-7-301-10290-9	计算机网络技术基础教程与实训	桂海进	28	2010	课件、答案
7	978-7-301-10887-1	计算机网络安全技术	王其良	28	2011	课件、答案
8	978-7-301-12325-6	网络维护与安全技术教程与实训	韩最蛟	32	2010	课件、习题答案
9	978-7-301-09635-2	网络互联及路由器技术教程与实训(第 2 版)	宁芳露	27	2012	课件、答案
10	978-7-301-15466-3	综合布线技术教程与实训(第 2 版)	刘省贤	36	2012	课件、习题答案
11	978-7-301-15432-8	计算机组装与维护(第 2 版)	肖玉朝	26	2009	课件、习题答案
12	978-7-301-14673-6	计算机组装与维护案例教程	谭 宁	33	2012 年第 3 次印刷	课件、习题答案
13	978-7-301-13320-0	计算机硬件组装和评测及数码产品评测教程	周 奇	36	2008	课件
14	978-7-301-12345-4	微型计算机组成原理教程与实训	刘辉珞	22	2010	课件、习题答案
15	978-7-301-16736-6	Linux 系统管理与维护(江苏省省级精品课程)	王秀平	29	2013 年第 3 次印刷	课件、习题答案
16	978-7-301-10175-9	计算机操作系统原理教程与实训	周 峰	22	2010	课件、答案
17	978-7-301-16047-3	Windows 服务器维护与管理教程与实训(第 2 版)	鞠光明	33	2010	课件、答案
18	978-7-301-14476-3	Windows2003 维护与管理技能教程	王 伟	29	2009	课件、习题答案
19	978-7-301-18472-1	Windows Server 2003 服务器配置与管理情境教程	顾红燕	24	2012 年第 2 次印刷	课件、习题答案

【网页设计与网站建设类】

序号	书号	书名	作者	定价	出版日期	配套情况
1	978-7-301-15725-1	网页设计与制作案例教程	杨森香	34	2011	课件、素材、答案
2	978-7-301-15086-3	网页设计与制作教程与实训(第 2 版)	于巧娥	30	2011	课件、素材、答案

序号	书号	书名	作者	定价	出版日期	配套情况
3	978-7-301-13472-0	网页设计案例教程	张兴科	30	2009	课件
4	978-7-301-17091-5	网页设计与制作综合实例教程	姜春莲	38	2010	课件、素材、答案
5	978-7-301-16854-7	Dreamweaver 网页设计与制作案例教程(2010 年度高职高专计算机类专业优秀教材)	吴 鹏	41	2012	课件、素材、答案
6	978-7-301-11522-0	ASP .NET 程序设计教程与实训(C#版)	方明清	29	2009	课件、素材、答案
7	978-7-301-21777-1	ASP .NET 动态网页设计案例教程(C#版)(第 2 版)	冯 涛	35	2013	课件、素材、答案
8	978-7-301-10226-8	ASP 程序设计教程与实训	吴 鹏	27	2011	课件、素材、答案
9	978-7-301-13571-6	网站色彩与构图案例教程	唐一鹏	40	2008	课件、素材、答案
10	978-7-301-16706-9	网站规划建设与管理维护教程与实训(第 2 版)	王春红	32	2011	课件、答案
11	978-7-301-21776-4	网站建设与管理案例教程(第 2 版)	徐洪祥	31	2013	课件、素材、答案
12	978-7-301-17736-5	.NET 桌面应用程序开发教程	黄 河	30	2010	课件、素材、答案
13	978-7-301-19846-9	ASP .NET Web 应用案例教程	于 洋	26	2012	课件、素材
14	978-7-301-20565-5	ASP.NET 动态网站开发	崔 宁	30	2012	课件、素材、答案
15	978-7-301-20634-8	网页设计与制作基础	徐文平	28	2012	课件、素材、答案
16	978-7-301-20659-1	人机界面设计	张 丽	25	2012	课件、素材、答案

【图形图像与多媒体类】

序号	书号	书名	作者	定价	出版日期	配套情况
1	978-7-301-09592-8	图像处理技术教程与实训(Photoshop 版)	夏 燕	28	2010	课件、素材、答案
2	978-7-301-14670-5	Photoshop CS3 图形图像处理案例教程	洪 光	32	2010	课件、素材、答案
3	978-7-301-12589-2	Flash 8.0 动画设计案例教程	伍福军	29	2009	课件
4	978-7-301-13119-0	Flash CS 3 平面动画案例教程与实训	田启明	36	2008	课件
5	978-7-301-13568-6	Flash CS3 动画制作案例教程	俞 欣	25	2012 年第 4 次印刷	课件、素材、答案
6	978-7-301-15368-0	3ds max 三维动画设计技能教程	王艳芳	28	2009	课件
7	978-7-301-18946-7	多媒体技术与应用教程与实训(第 2 版)	钱 民	33	2012	课件、素材、答案
8	978-7-301-17136-3	Photoshop 案例教程	沈道云	25	2011	课件、素材、视频
9	978-7-301-19304-4	多媒体技术与应用案例教程	刘辉珞	34	2011	课件、素材、答案
10	978-7-301-20685-0	Photoshop CS5 项目教程	高晓黎	36	2012	课件、素材

【数据库类】

序号	书号	书名	作者	定价	出版日期	配套情况
1	978-7-301-10289-3	数据库原理与应用教程(Visual FoxPro 版)	罗 毅	30	2010	课件
2	978-7-301-13321-7	数据库原理及应用 SQL Server 版	武洪萍	30	2010	课件、素材、答案
3	978-7-301-13663-8	数据库原理及应用案例教程(SQL Server 版)	胡锦丽	40	2010	课件、素材、答案
4	978-7-301-16900-1	数据库原理及应用(SQL Server 2008 版)	马桂婷	31	2011	课件、素材、答案
5	978-7-301-15533-2	SQL Server 数据库管理与开发教程与实训(第 2 版)	杜兆将	32	2012	课件、素材、答案
6	978-7-301-13315-6	SQL Server 2005 数据库基础及应用技术教程与实训	周 奇	34	2013 年第 7 次印刷	课件
7	978-7-301-15588-2	SQL Server 2005 数据库原理与应用案例教程	李 军	27	2009	课件
8	978-7-301-16901-8	SQL Server 2005 数据库系统应用开发技能教程	王 伟	28	2010	课件
9	978-7-301-17174-5	SQL Server 数据库实例教程	汤承林	38	2010	课件、习题答案
10	978-7-301-17196-7	SQL Server 数据库基础与应用	贾艳宇	39	2010	课件、习题答案
11	978-7-301-17605-4	SQL Server 2005 应用教程	梁庆枫	25	2012 年第 2 次印刷	课件、习题答案

【电子商务类】

序号	书号	书名	作者	定价	出版日期	配套情况
1	978-7-301-10880-2	电子商务网站设计与管理	沈凤池	32	2011	课件
2	978-7-301-12344-7	电子商务物流基础与实务	邓之宏	38	2010	课件、习题答案
3	978-7-301-12474-1	电子商务原理	王 震	34	2008	课件
4	978-7-301-12346-1	电子商务案例教程	龚 民	24	2010	课件、习题答案
5	978-7-301-12320-1	网络营销基础与应用	张冠凤	28	2008	课件、习题答案
6	978-7-301-18604-6	电子商务概论（第 2 版）	于巧娥	33	2012	课件、习题答案

【专业基础课与应用技术类】

序号	书号	书名	作者	定价	出版日期	配套情况
1	978-7-301-13569-3	新编计算机应用基础案例教程	郭丽春	30	2009	课件、习题答案
2	978-7-301-18511-7	计算机应用基础案例教程(第 2 版)	孙文力	32	2012 年第 2 次印刷	课件、习题答案
3	978-7-301-16046-6	计算机专业英语教程(第 2 版)	李 莉	26	2010	课件、答案
4	978-7-301-19803-2	计算机专业英语	徐 娜	30	2012	课件、素材、答案
5	978-7-301-21004-8	常用工具软件实例教程	石朝晖	37	2012	课件

电子书(PDF 版)、电子课件和相关教学资源下载地址：http://www.pup6.cn，欢迎下载。
联系方式：010-62750667，liyanhong1999@126.com，linzhangbo@126.com，欢迎来电来信。